"十三五"国家重点出版物出版规划项目　现代机械工程系列精品教材
普通高等教育"十三五"工程训练系列规划教材

工程训练实用教程

主编　张玉华　　杨树财

参编　于志祥　　纪　珊　　石春源　　徐雯雯

　　　孙汝苇　　郭静兰　　陈明明

机 械 工 业 出 版 社

本书是根据教育部普通高等学校工程训练教学指导委员会要求,结合高校工程训练中心实际情况、国内外高等工程教育发展状况和编者多年实践教学经验编写而成的,主要从高等学校本科生和专科生所必备的工程训练实训技能出发,结合工程训练实训项目进行针对性强化训练,使本科生和专科生掌握相应的专业技能和基础知识,并在熟悉实训设备操作的同时掌握机械制造基本技能;其次,对于大众读者,本书几乎包括了与基础制造相关的所有基础知识,如工程材料及热处理、材料成形训练、切削加工训练、数控加工训练和特种加工训练等内容,因此,对于大众读者也同样适用。

图书在版编目(CIP)数据

工程训练实用教程/张玉华,杨树财主编. —北京:
机械工业出版社,2017.8(2025.1重印)
"十三五"国家重点出版物出版规划项目 现代机械
工程系列精品教材 普通高等教育"十三五"工程训练
系列规划教材
ISBN 978-7-111-56932-9

Ⅰ.①工… Ⅱ.①张… ②杨… Ⅲ.①机械制造工艺-
高等学校-教材 Ⅳ.①TH16

中国版本图书馆 CIP 数据核字(2017)第 115598 号

机械工业出版社(北京市百万庄大街 22 号 邮政编码 100037)
策划编辑:丁昕祯 责任编辑:丁昕祯 杨 璇 任正一
封面设计:张 静 责任校对:郑 婕
责任印制:张 博
北京建宏印刷有限公司印刷
2025 年 1 月第 1 版第 5 次印刷
184mm×260mm·17.75 印张·434 千字
标准书号:ISBN 978-7-111-56932-9
定价:37.50 元

电话服务   网络服务
客服电话:010-88361066   机 工 官 网:www.cmpbook.com
          010-88379833   机 工 官 博:weibo.com/cmp1952
          010-68326294   金 书 网:www.golden-book.com
封底无防伪标均为盗版   机工教育服务网:www.cmpedu.com

前　言

　　本书是根据教育部普通高等学校工程训练教学指导委员会要求，结合高校工程训练中心实际情况、国内外高等工程教育发展状况和编者多年实践教学经验编写而成的。本书共有四个模块 11 章内容，其中模块一为工程训练基础知识，内容包括工程材料与钢的热处理、切削加工基础知识，共 2 章；模块二为材料成形训练与实践，内容包括铸造成形及其基本技能训练、焊接成形及其基本技能训练，共 2 章；模块三为传统加工工艺训练与实践，内容包括车削加工及其基本技能训练、铣削加工及其基本技能训练、磨削加工及其基本技能训练、钳工基本技能训练，共 4 章；模块四为先进制造工艺训练与实践，内容包括数控车削加工及其基本技能训练、数控铣削加工及其基本技能训练、电火花线切割及其基本技能训练，共 3 章。各章均以基本技能训练为宗旨，明确各实训项目的实训守则，加强学生安全意识，明确安全文明生产知识以及各工种的安全隐患、操作规范等，并且编写有项目实例，以便于实训教学，巩固知识。

　　本书主要从高等学校本科生和专科生所必备的工程训练实训技能出发，结合工程训练实训项目进行针对性强化训练，使本科生和专科生掌握相应的专业技能和基础知识，并在熟悉实训设备操作的同时掌握机械制造基本技能；其次，对于大众读者，本书几乎包括了基础制造相关的所有基础知识，如工程材料及热处理、材料成形训练、切削加工训练、数控加工训练和特种加工训练等内容，因此，对于大众读者也同样适用。

　　本书由杨树财和张玉华担任主编，并负责全书统稿，由司乃钧教授担任主审。参与编写的教师及分工为：杨树财（第 1、8 章）、郭静兰（第 2、11 章）、孙汝苇（第 3 章）、纪珊（第 4 章）、徐雯雯（第 5 章）、石春源（第 6 章）、张玉华（第 7 章）、于志祥（第 9 章）、陈明明（第 10 章）。

　　由于编者水平和经验有限，书中难免存在不妥之处，恳请各位同行和读者批评指正。

编　者

目　录

模块一 工程训练基础知识

第1章 工程材料与钢的热处理

1.1 工程材料

1.1.1 工程材料概述

材料是人类生产和生活的物质基础，是人类文明进步与社会发展的基石。工程材料是材料的重要组成部分。工程材料是指制造工程结构和机器零件所使用的材料，主要包括金属材料、非金属材料和复合材料三大类。材料、信息和能源技术已构成了现代社会的三大支柱，而且能源和信息的发展都离不开材料，因此世界各国都把研究、开发新材料放在突出地位。

1.1.2 工程材料的分类

工程上使用的材料种类繁多，有许多不同的分类方法。按化学成分、结合键的特点，可将工程材料进行如图 1-1 所示的分类。

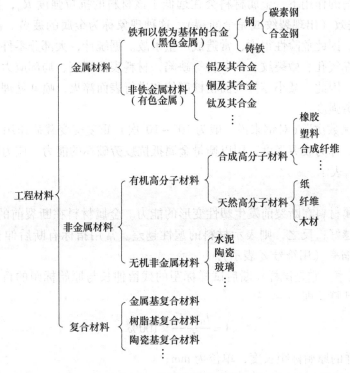

图 1-1 工程材料的分类

1.2　金属材料

金属材料是应用最广泛的工程材料。金属材料可分为黑色金属和有色金属。黑色金属主要包括铁和以铁为基的合金，包括碳素钢、合金钢、铸铁等；有色金属包括铜及铜合金、铅及铅合金、钛及钛合金等。

金属材料的主要性能是指其使用性能及工艺性能。使用性能是指机器零件在正常工作情况下金属材料应具备的性能，包括力学性能、物理性能和化学性能。工艺性能是指零件在冷、热加工制造过程中金属材料所表现出来的性能，主要有铸造、锻压、焊接、热处理和切削加工等性能。

1.2.1　金属材料的力学性能

在机械行业中选用材料，一般以力学性能作为主要依据。力学性能是指金属在载荷作用下所表现出来的抵抗变形或断裂的性能。力学性能指标是零件在设计计算、选材、工艺评定以及材料检验时的主要依据。力学性能是指金属在外力作用下所表现出来的特性，常用的指标有强度、塑性、硬度、冲击韧度和疲劳强度等。

1. 强度

强度是金属材料在外力作用下抵抗塑性变形和断裂的能力。它是通过拉伸试验测得的。塑性变形又称为永久变形。常用强度判据是屈服强度和抗拉强度。屈服强度以符号 R_{eL}（或 $R_{p0.2}$）表示，单位为 MPa，是指在拉伸过程中，力不增加材料仍能继续伸长时的应力；抗拉强度以符号 R_m 表示，单位为 MPa，代表材料抵抗断裂的能力。

很多机械零件，如各种轴、齿轮、连杆、弹簧等，都是在交变载荷的作用下工作的。在这种重复交变载荷的作用下，金属材料会在远低于该材料的抗拉强度 R_m，甚至小于屈服强度 R_{eL} 的应力下失效（出现裂纹或完全断裂），这种现象称为金属的疲劳。由于疲劳断裂前无明显塑性变形，因此危险性很大，常造成严重事故。据统计，大部分零件的损坏是由疲劳造成的。材料存在气孔、微裂纹、夹杂物等缺陷，材料表面划痕、局部应力集中等因素，均可加快疲劳断裂。因此，减小零件表面粗糙度值和进行表面淬火、喷丸处理、表面滚压等均可提高材料的疲劳强度。

当金属在"无数次"（对钢来说一般为 $10^6 \sim 10^7$ 次）重复交变载荷作用下而不致引起断裂时的最大应力，称为疲劳强度，用以衡量金属抵抗疲劳破坏的能力。应力循环对称时的疲劳强度用符号 σ_{-1} 表示。

2. 塑性

塑性是指金属材料在断裂前发生塑性变形的能力。金属材料在断裂前的塑性变形越大，表示材料的塑性越好；反之，则表示材料的塑性越差。常用指标有断后伸长率（用符号 A 表示）和断面收缩率（用符号 Z 表示）。

1）断后伸长率。它是试样拉断后试样标距的残留伸长与原始标距的百分比，用符号 A 表示，可按下式计算，即

$$A = \frac{L_1 - L_0}{L_0} \times 100\%$$

式中　L_0——试样的原始标距长度，单位为 mm；

　　　L_1——试样拉断后的标距残留长度，单位为 mm。

2）断面收缩率。它是试样拉断处横截面面积的最大减少量与原始横截面面积的百分比，用 Z 表示，可按下式计算，即

$$Z = \frac{S_o - S_1}{S_o} \times 100\%$$

式中　S_1——试样拉断处的最小横截面面积，单位为 mm^2；

　　　S_o——试样的原始横截面面积，单位为 mm^2。

3. 硬度

硬度是衡量金属材料抵抗硬物侵入其表面的能力。硬度是衡量金属材料软硬程度的一项重要的性能指标。材料的硬度是通过硬度试验测得的。生产中常用的硬度有布氏硬度（HBW）和洛氏硬度（HR）。

1）布氏硬度。布氏硬度的测量方法是在规定的检测力（F）作用下，将一定直径（D）的硬质合金球压入试样表面，保持一定时间，然后去除检测力，测量试样表面上所压印痕直径（d），根据 d 可以计算出压痕球形表面积（S），如图 1-2 所示。布氏硬度值是检测力（F）除以压痕球形表面积（S）所得的商。压痕大，表示钢球压入深，硬度值低；反之则硬度值高。

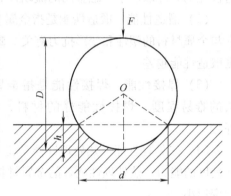

图 1-2　布氏硬度试验原理图

布氏硬度法压痕面积较大，其硬度值比较稳定，故测量数据重复性好，准确度高。它的缺点是测量费时，且因压痕面积较大，不适于成品检验。

2）洛氏硬度。洛氏硬度的测量方法是以顶角为 120°的金刚石圆锥体（或直径 1.588~3.18mm 淬火钢球）作为压头，在规定的载荷下，垂直压入被测金属表面，保持一定时间后，卸载后依据压入深度，由刻度盘的指针直接指示出 HR 值。

洛氏硬度测量简单、迅速、压痕小，可用于成品检验。它的缺点是测量的硬度重复性效果较差。为此，必须在不同部位测量数次。

硬度测定设备简单，测量迅速，不损坏被测量零件，同时强度和硬度有一定的换算关系，故在零件图样的技术条件中，通常标出硬度要求。

4. 冲击韧度

冲击韧度是材料抵抗冲击载荷的能力。一般用 a_k 表示，单位为 J/cm^2。许多机械零件和工具在工作过程中往往受到冲击载荷的作用。由于冲击载荷的加载速度高，整个材料的均匀塑性变形来不及进行，使得材料各个区域的塑性变形不均匀，导致应力分布也不均匀。当原材料质量有缺陷时，在冲击载荷的作用下，便出现因韧性下降而脆断的现象。因此冲击韧度也就成了材料的一项重要指标。

1.2.2　金属材料的物理、化学及其工艺性能

金属材料的主要物理性能有密度、熔点、热膨胀性、导电性和导热性等。由于机器零件的用途不同，对其物理性能要求也有所不同。例如：飞机零件常选用密度小的铝、镁、钛合金来制造；设计电动机、电器零件时，常要考虑金属材料的导电性等。

金属材料在室温或高温时抵抗各种化学作用的能力称为化学性能，如耐酸性、耐碱性、抗氧化性等。在腐蚀介质中或在高温下工作的机器零件，由于比在空气中或室温时的腐蚀更为强烈，故在设计这类零件时应特别注意金属材料的化学性能，并采用化学稳定性良好的合金，如化工设备、医疗用具等常采用不锈钢来制造，而内燃机排气阀和电站设备的一些零件则常选用耐热钢来制造。

金属材料工艺性能的优劣是制造合格机器零件难易程度的体现。在机械产品设计中，选择具有良好工艺性能的金属材料，是制造合格机器零件的基础，是提高生产率和经济效益的保证。金属材料工艺性能主要分为以下五种。

（1）铸造性能　铸造性能是指金属材料能否用铸造方法生产优质铸件的难易程度。铸造性能的好坏取决于熔融金属的流动性和收缩性。

（2）锻造性能　锻造性能是指金属材料在锻压过程中能否获得优良锻压件的难易程度。它与金属材料的塑性和变形抗力有关。塑性越高，变形抗力越小，则锻造性能越好；反之，则锻造性能越差。

（3）焊接性能　焊接性能是指金属材料在一定焊接工艺条件下，获得优质焊接接头的难易程度。焊接性能好的材料，易于用一般的焊接方法和简单的工艺措施进行焊接。

（4）热处理性能　热处理性能是指金属材料在一定热处理工艺条件下，获得一定强度和硬度的能力。热处理性能好的金属材料在一般条件下，易于获得优良的组织和性能，且尺寸变形小。

（5）切削加工性能　在一定条件下，材料被刀具切削加工的难易程度称为切削加工性能。一般由工件切削后的表面粗糙度及刀具寿命等方面来衡量。切削加工性能好的材料，加工刀具的磨损量小，切削用量大，加工的表面质量较好。

1.3　常用金属材料及其牌号

常见的金属材料是指铁、铝、铜等纯金属及其合金。机械零件所用金属材料多种多样，为了使生产、管理方便有序，根据有关标准对不同金属材料规定了它们的牌号表示方法，以示统一和便于选择、使用。

1.3.1　碳素钢

碳素钢简称为碳钢，是指碳的质量分数小于2.11%，除铁、碳和限量以内的硅、锰、磷、硫等杂质外，不含其他合金元素的钢。碳素钢的性能主要取决于碳的质量分数。碳的质量分数增加，钢的强度、硬度升高，塑性、韧性和焊接性降低。与其他钢类相比，碳素钢使用最早，成本低，性能范围宽，用量最大。钢的分类方法很多，常见的分类如图1-3所示。

1. 碳素结构钢

低碳钢和碳的质量分数较少的中碳钢都属于普通碳素结构钢。这类钢内硫、磷等有害杂质的含量较高，但性能仍能满足一般工程结构、建筑结构及一些机件的使用要求，且价格低廉，因此在国民经济各个部门得到广泛应用。

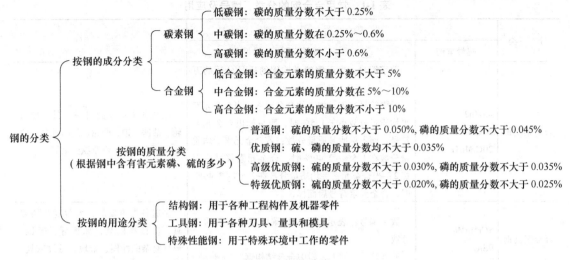

图 1-3　钢的分类

普通碳素结构钢的牌号以代表屈服强度"屈"字的汉语拼音首位字母 Q 和后面三位数字来表示，如 Q215、Q235 等，每个牌号中的数字均表示该钢种的最低屈服强度（MPa）。

优质碳素结构钢的牌号用两位数字表示钢中平均碳的质量分数的万分数，硫、磷含量较低，主要用来制造较为重要的机件。08、10、15、20、25 等牌号属于低碳钢，其塑性好，易于拉拔、冲压、挤压、锻造和焊接。其中 20 钢用途最广，常用来制造螺钉、螺母、垫圈、小轴、冲压件、焊接件等。30、35、40、45、50、55 等牌号属于中碳钢，其强度和硬度有所提高，淬火后的硬度可显著增加。其中，以 45 钢最为典型，它不仅强度、硬度较高，且有较好的塑性和韧性，即综合性能优良。45 钢在机械结构中用途最广，常用来制造轴、丝杠、齿轮、连杆、套筒、键、重要的螺钉与螺母等。60、65、70、75 等牌号属于高碳钢，它们经过淬火、回火后，不仅强度、硬度提高，且弹性优良，常用来制造小弹簧、发条、钢丝绳、轧辊等。

2. 碳素工具钢

碳素工具钢属优质钢，牌号以"T"起首，其后的一位或两位数字表示钢中的平均碳的质量分数的千分数。例如：T8 表示平均碳的质量分数为 0.8% 的碳素工具钢。淬火后，碳素工具钢的强度、硬度较高。为了便于加工，常以退火状态供应，使用时再进行热处理。

碳素工具钢随着平均碳的质量分数的增加，硬度和耐磨性增加，而塑性、韧性逐渐降低，所以 T7、T8 钢常用来制造韧性要求较高、硬度中等的工具，如冲头、錾子等；T10 钢用来制造韧性中等、硬度较高的工具，如钢锯条、丝锥等；T12、T13 用来制造硬度高、耐磨性好、韧性较低的工具，如量具、锉刀、刮刀等。

1.3.2　合金钢

为了改善碳素钢的某些性能或使之具有某些特殊性能，炼钢时有意加入一些元素，称为合金元素。含有合金元素的钢称为合金钢。常用合金钢的分类、牌号及应用，见表1-1。

表 1-1　常用合金钢的分类、牌号及应用

分　类	牌　号		应　用
	牌号举例	牌号说明	
合金结构钢	45Mn2 20CrMnMo 20CrMnTi	数字编号：表示钢的平均碳的质量分数的万分数 元素符号：表示加入的合金元素，当合金元素平均质量分数小于 1.5% 时，则只标出合金元素符号，而不标明其质量分数；若合金元素平均质量分数在 1.5%~2.49% 时，合金元素符号后面标 2；当合金元素平均质量分数在 2.5%~3.49% 时，合金元素符号后面标 3	制造各类重要的机械零件，如齿轮、活塞、销、凸轮、气门顶杆、曲轴、压力容器、汽车纵横梁等
合金工具钢	5CrMnMo 9SiCr	数字编号：表示钢的平均碳的质量分数的千分数 元素符号：同上一栏中合金结构钢	制造各类重要的、大型复杂的刀具、量具和模具，如板牙、丝锥、形状复杂的冲模、量块、螺纹塞规、样板、铣刀、车刀、刨刀、钻头等
特殊性能钢	12Cr18Ni9 20Cr13	数字编号：表示钢的平均碳的质量分数的万分数 元素符号：表示加入的合金元素，当合金元素平均质量分数小于 1.5% 时，则只标出元素符号，而不标明其质量分数；倘若元素平均质量分数在 1.5%~2.49% 时，元素符号后面标 2；当元素质量分数在 2.5%~3.49% 时，元素符号后面标 3	不锈钢：医疗器械、耐酸容器 耐热钢：加热炉构件、加热器等 耐磨钢：破碎机颚板、衬板等

1.3.3　铸铁

铸铁是指碳的质量分数大于 2.11% 的铁碳合金。工业上常用铸铁的碳的质量分数一般在 2.5%~4%，此外，铸铁中锰、硅、磷、硫等杂质也比钢中多。

铸铁中碳一般以两种形态存在，即化合状态的渗碳体（Fe_3C）和游离状态的石墨，这就使铸铁的内部组织、性能、用途方面存在较大的差异。白口铸铁（碳以化合状态为主）断口呈银白色，硬又脆，一般不直接加工制件；灰铸铁（碳以游离状态为主）断口呈暗灰色，应用最为广泛。常用铸铁的分类、牌号及应用，见表 1-2。

表 1-2　常用铸铁的分类、牌号及应用

分　类	牌　号		应　用
	牌号举例	牌号说明	
灰铸铁	HT100 HT150 HT200 HT350	HT：表示灰铁汉语拼音字首 数字：表示该材料的最低抗拉强度值（MPa），如 HT200 表示 $R_m \geq 200MPa$ 的灰铸铁	制造各类机械零件，如机床床身、飞轮、机座、轴承座、气缸体、齿轮箱、液压泵体等
可锻铸铁	KT300-06 KT350-10 KT450-06 KT650-02 KT700-02	KT：表示可铁汉语拼音字首 数字：分别表示材料的最低抗拉强度值（MPa）和最低伸长率 A（%），如 KT450-06 表示抗拉强度 R_m 不低于 450MPa，伸长率 A 不低于 6% 的可锻铸铁	制造各类机械零件，如曲轴、连杆、凸轮轴、摇臂、活塞环等

（续）

分　类	牌　　号		应　　用
	牌号举例	牌号说明	
球墨铸铁	QT400-18 QT500-7 QT600-3 QT900-2	QT：表示球铁汉语拼音字首 数字：分别表示材料的最低抗拉强度值（MPa）和最低伸长率 A（%），如 QT400-18 表示抗拉强度 R_m 不低于 400MPa，伸长率 A 不低于 18% 的球墨铸铁	用它可以代替部分铸钢或锻钢件，制造承受较大载荷、受冲击和耐磨损的零件，如大功率柴油机的曲轴、轧辊、中压阀门、汽车后桥等

1.3.4　有色金属及其合金

除黑色金属以外的其他金属与其合金，统称为有色金属及其合金。有色金属及其合金具有许多与钢铁不同的特性，如优异的化学稳定性（铅、钛等），优良的导电性和导热性（银、铜、铝等），高导磁性（铁镍合金等），高强度（铝合金、钛合金等），高熔点（钨、钽、锆等）。所以，在现代工业中，除大量使用黑色金属外，还广泛使用有色金属及其合金。

1. 铜及其合金

铜作为人类使用最早的一种金属，具有优良的导电性、导热性和耐蚀性，又有一定的力学性能、工艺性能。

（1）纯铜　纯铜呈紫红色。我国工业纯铜根据所含杂质多少分为四级，用 T1 ~ T4 表示，数字越大纯度越低。

（2）黄铜　它是铜和锌所组成的合金。当黄铜中锌的质量分数小于 32% 时，锌能全部溶解在铜内。这类黄铜具有良好的塑性，可在冷态或热态下经压力加工（轧、锻、冲、拉、挤）成形，而且价格也比较便宜。因此它广泛应用于制造零件、电器元件和生活用品。黄铜按加入合金元素不同可分为一般黄铜和特殊黄铜两类。按加工方法的不同，黄铜可分为压力加工黄铜和铸造黄铜。

普通黄铜的牌号用字母"H"和一组数字表示，数字的大小表示平均铜的质量分数的百分数，如 H62 表示铜的质量分数为 62%，锌的质量分数为 38% 的黄铜。一般黄铜中加入铝、铁、硅、锰等合金元素，即可制成性能得到进一步改善的特殊黄铜，压力加工特殊黄铜的编号方法是："H + 第二主加元素的符号 + 平均铜的质量分数的百分数 + 合金元素平均质量分数的百分数"。例如：HSn62-1 表示平均铜的质量分数为 62%、平均锡的质量分数为 1%、其余为 Zn 的锡黄铜。铸造特殊黄铜牌号由 Z + 铜和合金元素符号 + 合金元素平均质量分数的百分数组成，如 ZCuZn31Al2。

2. 铝及其合金

铝及其合金是工业生产中用量最大的非铁金属材料，由于它在物理、力学和工艺等方面的优异性能，常用作工程结构材料和功能材料。

（1）纯铝　它比密度小，导电、导热性好，耐蚀性强。纯铝按其纯度分为工业高纯铝和工业纯铝两种。工业高纯铝中铝的质量分数 ≥99.93%。工业纯铝中铝的质量分数为 99.5% 有 6 个合金牌号，分别为 1050、1050A、1450、1350、1A50、1R50，铝的质量分数为 99.35% 的有 4 个合金牌号，分别为 1035、1235、1435、1R35。这表明随着合金用途的不同，合金牌号更加细化。

（2）铝合金　它具有较高的强度和良好的加工性能。根据成分和加工特点，铝合金分为变形铝合金和铸造铝合金。它们主要差别在于，铸造铝合金中合金化元素硅的最大含量超过多数变形铝合金中的硅含量。铸造铝合金除含有强化元素之外，还必须含有足够量的共晶型元素（通常是硅），以使合金有相当的流动性。

用于铸造生产中的铝合金称为铸造铝合金。它不仅具有较好的铸造性能和耐蚀性能，而且还能用变质处理的方法使强度进一步提高，应用较为广泛，如用作内燃机活塞、气缸头、气缸散热套等。这类铝合金牌号组成为"Z + 基体元素符号 + 主加元素符号 + 主加元素平均质量分数 + 第二主加元素符号 + 第二主加元素平均质量分数（≥1%时标注）……"，如ZAlSi7Mg，表示铸造铝合金中硅的平均质量分数为7%。

变形铝合金包括防锈铝合金、锻造铝合金、硬铝合金和超硬铝合金几种。它们大多通过塑性变形轧制成板、带、棒、线等半成品使用。除防锈铝合金之外，其他三种都属于可以热处理强化的合金，常用来制造飞机大梁、桁架、起落架及发动机风扇叶片等高强度构件。

1.3.5　非金属材料

非金属材料是近年来发展迅速的工程材料，因其拥有金属材料无法具备的某些性能，如电绝缘性，耐蚀性等，在工业生产中发挥越来越大的作用。

1. 高分子材料

高分子材料也称为聚合物材料，是以高分子化合物为基体，再配有其他添加剂（助剂）所构成的材料。高分子材料按来源分为天然高分子材料和合成高分子材料。合成高分子材料既包括日常所见的塑料、合成橡胶和合成纤维，也包括经常用到的涂料和粘合剂以及生活中比较少见的功能高分子材料，如净化水的离子交换树脂。

（1）塑料　塑料是高分子化合物，其主要成分是合成树脂，在一定温度、压力下可软化成形，是最主要的工程结构材料之一。由于塑料具有许多优良的性能，如具有良好的电绝缘性、耐蚀性、耐磨性、成形性且密度小等，因此它不仅在日常生活中随处可见，而且在工程结构中也得到了广泛的应用。塑料的种类很多，按性能可分为热塑性塑料和热固性塑料两大类。

热塑性塑料在加热时软化和熔融，冷却后保持一定的形状，再次加热时又可软化和熔融，具有可塑性。热塑性塑料有聚乙烯、聚氯乙烯、聚苯乙烯、聚丙烯和 ABS 等。

热固性塑料是在固化后加热时，不能再次软化和熔融，不再具有可塑性。热固性塑料有酚醛塑料、环氧塑料等。

塑料按用途又可分为通用塑料、特种塑料和工程塑料。通用塑料价格低、产量高，约占塑料总产量的 3/4 以上，如聚乙烯、聚氯乙烯等；工程塑料是指用来制造工程构件的塑料，其强度大、刚度高、韧性好，如聚酰胺、聚甲醛、聚碳酸酯等。特种塑料工作温度高于150°，成本高，如聚四氟乙烯、有机硅树脂、环氧树脂等。

（2）橡胶　早期的橡胶是取自橡胶树、橡胶草等植物的胶乳，加工后制成具有弹性、绝缘性、不透水和空气的材料。橡胶分为天然橡胶与合成橡胶两种。橡胶一般在 −40 ~ 80℃ 范围内具有高弹性，通常还具有储能、隔音、绝缘、耐磨等特性。橡胶制品广泛应用于工业或生活各方面。

（3）合成纤维　合成纤维是指呈黏流态的高分子材料，经过喷丝工艺制成。它具有强度高、密度小、耐磨、耐蚀等特点，不仅广泛应用于制造衣料等生活用品，还用于交通、农业、国防等领域。常用的合成纤维有涤纶、棉纶和腈纶等。

2. 陶瓷材料

陶瓷材料是用天然或合成化合物经过成形和高温烧结制成的一类无机非金属材料。它具有高熔点、高硬度、高耐磨性、耐氧化等优点，可用作结构材料、刀具材料。由于陶瓷还具有某些特殊的性能，又可作为功能材料。陶瓷是陶器和瓷器的总称。陶瓷材料大多是氧化物、氮化物、硼化物和碳化物等。常见工业陶瓷的分类、性能、用途，见表1-3。

表1-3　常见工业陶瓷的分类、性能、用途

分　类	性　能	用　途
普通陶瓷	质地坚硬；有良好的抗氧化性、耐蚀性、绝缘性；强度较低；耐一定高温	日用、电气、化工、建筑用陶瓷，如装饰陶瓷、餐具、绝缘子、耐蚀容器、管道等
特种陶瓷	有自润滑性及良好的耐磨性、高硬度；化学稳定性、绝缘性；耐蚀、耐高温	切削工具、量具、高温轴承、拉丝模、高温炉零件、内燃机火花塞等
金属陶瓷	强度高、韧性好、耐蚀、高温下强度好	刃具、模具、喷嘴、密封环、叶片、涡轮等

1.3.6　复合材料

复合材料是由两种或两种以上不同性质的材料，通过物理或化学的方法在宏观（微观）上组成的具有新性能的材料。各种材料在性能上互相取长补短，产生协同效应，使复合材料的综合性能优于原组成材料而满足各种不同的要求。复合材料的基体材料分为金属和非金属两大类。金属基体常用的有铝、镁、铜、钛及其合金。非金属基体主要有合成树脂、橡胶、陶瓷、石墨、碳等。增强材料主要有玻璃纤维、碳纤维、硼纤维、芳纶纤维、碳化硅纤维、石棉纤维、晶须、金属丝和硬质细粒等。

复合材料是一种混合物，在很多领域都发挥了很大的作用，代替了很多传统材料。复合材料按其组成分为金属与金属复合材料、非金属与金属复合材料、非金属与非金属复合材料。按其结构特点又分为：①纤维增强复合材料，将各种纤维增强体置于基体材料内复合而成，如纤维增强塑料、纤维增强金属等；②夹层复合材料，由性质不同的表面材料和芯材组合而成，通常面材强度高、薄，芯材质轻、强度低，但具有一定刚度和厚度，分为实心夹层和蜂窝夹层两种；③细粒复合材料，将硬质细粒均匀分布于基体中，如弥散强化合金、金属陶瓷等；④混杂复合材料，由两种或两种以上增强相材料混杂于一种基体相材料中构成，与普通单增强相复合材料比，其冲击强度、疲劳强度和断裂韧度显著提高，并具有特殊的热膨胀性能，其分为层内混杂、层间混杂、夹芯混杂、层内层间混杂和超混杂复合材料。

1.4　钢的热处理技术

钢的热处理是将钢在固态下加热并保温一定时间，然后以特定的冷却速度冷却，用以改变其内部组织结构，从而得到所需组织和性能的工艺方法。热处理分为整体热处理、表面热处理和化学热处理三大类。整体热处理是对工件整体加热，然后以适当的冷却速度冷却，获得需要的金相组织，以改变其整体力学性能的金属热处理工艺。钢铁整体热处理大致有退火、正火、淬火和回火四种基本工艺。表面热处理是通过对钢件表面的加热、冷却而改变表面力学性能的金属热处理工艺。表面淬火是表面热处理的主要内容，其目的是获得高硬度的表面层和有利的内应力分布，以提高工件的耐磨性和抗疲劳性能。化学热处理主要有渗碳、渗氮及碳氮共渗等。

钢的热处理工艺过程包括加热、保温和冷却三个阶段，可用温度-时间坐标图形来表示，称为钢的热处理工艺曲线，如图1-4所示。

热处理工艺有三大要素：加热的最高温度；保温时间；冷却速度。同种材料，由于采用不同的加热的最高温度、保温时间、冷却速度，以及不同的加热、冷却介质，所获得的组织和性能千差万别。对于不同材料，不同结构的零件，要根据具体的加热工艺性和力学性能要求，制定具体的热处理工艺，并可穿插于其他各种工艺之间进行。

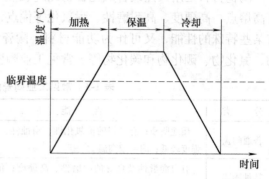

图1-4　钢的热处理工艺曲线

1.4.1　钢的热处理工艺

按热处理的顺序，热处理可分为预先热处理和最终热处理两大类。预先热处理的目的是清除铸造、锻造加工过程中所造成的缺陷和内应力，改善切削加工性能，为最终热处理做组织准备，如退火、正火。最终热处理是使得金属达到最终的服役条件，包括适合的硬度、韧度、强度等。最终热处理一般为淬火、回火、表面淬火和化学热处理等。

1. 退火

退火是指将材料加热到适当温度后，保温一定时间，然后再慢慢冷却的热处理过程。退火分为完全退火、不完全退火、去应力退火、均匀化退火、球化退火，如图1-5所示。退火的目主要有以下四点。

1）改善或消除在铸造、锻压、轧制和焊接过程中所造成的各种组织缺陷以及残余应力，防止工件变形、开裂。

2）软化工件以便进行切削加工。

3）细化晶粒、改善组织以提高工件的力学性能。

4）为最终热处理（淬火、回火）做好组织准备。

2. 正火

正火又称为"常化"，是将工件加热至Ac_3（Ac是指加热时自由铁素体全部转变为奥氏体的终了温度，一般是在$727 \sim 912℃$）或Ac_{cm}（Ac_{cm}是实际加热中过共析钢完全奥氏体化的临界温度线）

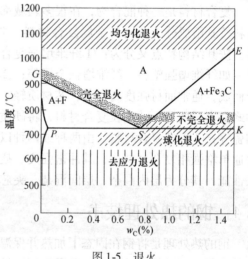

图1-5　退火

以上$30 \sim 50℃$，保温一段时间后，从炉中取出在空气中或喷水、喷雾、吹风冷却的金属热处理工艺。它的目的是使晶粒细化和碳化物分布均匀化。正火与退火的不同点是正火冷却速度比退火冷却速度稍快，因而正火组织要比退火组织更细一些，其力学性能也有所提高。另外，正火是在炉外冷却，不占用设备，生产率较高，因此生产中尽可能采用正火来代替退火。对于形状复杂的重要锻件，在正火后还需进行高温回火（$550 \sim 650℃$），高温回火的目的在于消除正火冷却时产生的应力，提高韧性和塑性。

3. 淬火

钢的淬火是将钢加热到临界温度 Ac_3（亚共析钢）或 Ac_1（共析钢和过共析钢）以上温度，保温一段时间，使之全部或部分奥氏体化，然后以大于临界冷却速度的速度快冷到 Ms 以下（或 Ms 附近等温）进行马氏体（或贝氏体）转变的热处理工艺。淬火的目的是使过冷奥氏体进行马氏体或贝氏体转变，得到马氏体或贝氏体组织，然后配合以不同温度的回火，以获得所需的力学性能，从而满足各种机械零件和工具的不同使用要求。也可以通过淬火满足某些特种钢材的铁磁性、耐蚀性等特殊的物理、化学性能。

4. 回火

回火是将经过淬火的工件重新加热到低于临界温度 Ac_1（加热时珠光体向奥氏体转变的开始温度）的适当温度，保温一段时间后在空气或水、油等介质中冷却的金属热处理工艺，或将淬火后的合金工件加热到适当温度，保温若干时间，然后缓慢或快速冷却。回火一般用于减小或消除淬火钢件中的内应力，或者降低其硬度和强度，以提高其塑性或韧性。淬火后的工件应及时回火，通过淬火和回火的相配合，才可以获得所需的力学性能。在生产中，往往是根据工件所要求的硬度确定回火温度，有低温回火、中温回火和高温回火。一般来说，回火温度越高，硬度、强度越低，而塑性、韧性越高。淬火后进行高温回火又称为调质处理。

5. 表面淬火

表面淬火是将工件表面加热到淬火温度，然后迅速冷却，使表面一定深度范围内到达淬火目的的热处理工艺。表面淬火的目的在于获得高硬度、高耐磨性的表面，而心部仍然保持原有的良好韧性，常用于机床主轴、齿轮、发动机的曲轴等。表面淬火时通过快速加热，使工件表面很快达到淬火温度，在热量来不及穿到工件心部就立即冷却，实现局部淬火。

6. 化学热处理

化学热处理是利用化学反应、有时兼用物理方法改变工件表层化学成分及组织结构，以便得到比均质材料更好的技术经济效益的金属热处理工艺。它可以更大程度地提高工件表面的硬度、耐磨性和耐蚀性，而心部仍保持原有性能。化学热处理按渗入元素的种类命名，常见的有渗碳、渗氮、碳氮共渗、渗铝等。

1.4.2　常用热处理设备

热处理设备可分为主要设备和辅助设备两大类。主要设备包括热处理炉、加热装置、冷却设备、测试和控制仪表等。辅助设备包括检验设备、校正设备和消防安全设备等。

1. 热处理炉

常用的热处理炉有箱式电阻炉、井式电阻炉和盐浴炉等。

（1）箱式电阻炉　箱式电阻炉主要由炉体和控制箱两大部分组成。箱式电阻炉一般工作在自然气氛条件下，多为内加热工作方式，采用耐火材料和保温材料做炉衬。它用于对工件进行正火、退火、淬火等热处理及其他加热用途。按照加热温度的不同，箱式电阻炉一般分为三种类型，温度高于 1000℃ 称为高温箱式电阻炉，温度在 600～1000℃ 称为中温箱式电阻炉，温度低于 600℃ 称为低温箱式电阻炉，以满足不同热处理温度的需要。它具有操作简便，控温准确，劳动条件好等优点。

（2）井式电阻炉　井式电阻炉的工作原理与箱式电阻炉相同，因其炉口向上，形如井状而得名，如图1-6所示。常用的井式电阻炉有中温井式炉、低温井式炉和气体渗碳炉三种。井式电阻炉采用吊车起吊零件，能减轻劳动强度，故应用较广。

（3）盐浴炉　盐浴炉是用液态的熔盐作为加热介质对工件进行加热。它的特点是加热速度快而均匀，工件氧化、脱碳少，适宜于细长工件悬挂加热或局部加热，可以减少变形。盐浴炉可以进行正火、淬火、化学热处理、局部淬火、回火等。

2. 冷却设备

常用的冷却设备有水槽、油槽、浴炉、缓冷坑等。介质包括自来水、盐水、机油、硝酸盐溶液等。

3. 检验设备

常用的检验设备有洛氏硬度计、布氏硬度计、金相显微镜、物理性能测试仪、游标卡尺、量具、无损探伤设备等。

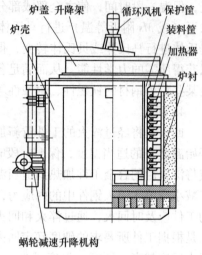

图1-6　井式电阻炉

1.5　热处理基本技能训练

1.5.1　实训守则

1）实训过程中穿戴好防护用具。

2）先断电然后从炉中取出工件。工件合理放置，且不能与电阻丝接触。

3）淬火时应随时测试温度，硝酸盐和油脂淬火时应隔开。

4）刚刚取出的热处理件不得靠近可燃物。

5）淬火槽应有盖子，一旦淬火液着火，应立即盖上盖子。

6）操作结束后要记得切断火源、电源。

1.5.2　项目实例

项目一：回火训练

项目任务：

1）理解回火的作用。

2）掌握回火的几种方式。

3）了解这几种方式各使用在什么场合。

项目二：45钢的热处理操作训练

把45钢加热至850℃并保温后进行冷却，填写表1-4内容（硬度高低可不写，用比较词回答）。

表1-4　45钢的热处理操作训练

序号	冷却方式	热处理名称	硬度高低
1	炉冷		
2	空冷		
3	水冷		
4	水冷＋高温回火		

第2章　切削加工基础知识

2.1　切削加工概述

在现代制造技术中，切削加工占全部机器制造工作量的 1/3 以上。为了生产出合格的机器零件，用刀具从金属材料上切去多余的金属层，获得几何形状、尺寸精度和表面质量都符合要求的零件的生产方法称为切削加工。切削加工过程就是刀具从工件表面上切除多余材料，从切屑形成开始到加工表面形成为止的完整加工过程。

2.1.1　切削加工的分类

按工艺特征，切削加工一般可分为车削、铣削、钻削、镗削、铰削、刨削、插削、拉削、锯削、磨削、研磨、珩磨、超精密加工、抛光、齿轮加工、蜗轮加工、螺纹加工和刮削等。

按材料切除率和加工精度，切削加工可分为粗加工、半精加工、精加工、精整加工、修饰加工、超精密加工等。粗加工是用大的背吃刀量，经一次或少数几次进给，从工件上切去大部分或全部加工余量的加工方法，如粗车、粗刨、粗铣、钻削和锯削等。粗加工效率高但精度较低，一般用作预先加工；半精加工一般作为粗加工与精加工之间的中间工序；精加工是用精细切削的方式，使加工表面达到较高的精度和表面质量，如精车、精刨、精铰、精磨等，精加工一般是最终加工；精整加工是在精加工后进行，其目的是为了获得更小的表面粗糙度值，并稍微提高精度，精整加工的加工余量小，如珩磨、研磨、超精磨削和超精加工等；修饰加工的目的是为了减小表面粗糙度值，以提高防蚀、防尘性能和改善外观，而并不要求提高尺寸和几何精度，如抛光、砂光等；超精密加工主要用于航天、激光、电子、核能等需要某些特别精密零件的加工，其精度高达 IT4 以上，如镜面车削、镜面磨削、软磨粒机械化学抛光等。

按表面形成方法，切削加工可分为刀尖轨迹法、成形刀具法、展成法三类。刀尖轨迹法是依靠刀尖相对于工件表面的运动轨迹来获得工件所要求的表面几何形状，如车削外圆、刨削平面、磨削外圆、用靠模车削成形面等，刀尖的运动轨迹取决于机床所提供的切削工具与工件的相对运动。成形刀具法简称为成形法，是用与工件的最终表面轮廓相匹配的成形刀具或成形砂轮等加工出成形面，如成形车削、成形铣削和成形磨削等，由于成形刀具的制造比较困难，因此一般只用于加工短的成形面。展成法又称为滚切法，是加工时切削工具与工件做相对展成运动，刀具和工件的瞬心线相互做纯滚动，两者之间保持确定的速比关系，所获得加工表面就是切削刃在这种运动中的包络面，齿轮加工中的滚齿、插齿、剃齿、珩齿和磨齿等均属展成法加工。有些切削加工兼有刀尖轨迹法和成形刀具法的特点，如螺纹车削。

2.1.2　切削运动的形式

各种机械零件的形状虽然各异，但从几何成形的角度来看，它们基本上都是由圆柱面、圆锥面、平面和成形面等组成的。因此，只要能对这几种表面进行加工，就能完成几乎所有机械零件的加工。

圆柱面和圆锥面是以直线为母线，以圆为运动轨迹做旋转运动时所形成的表面。平面是以一条直线为母线，以另一条直线为运动轨迹做平移运动时所形成的表面。成形面是以曲线为母线，以圆为运动轨迹做旋转运动时，或以直线为运动轨迹做平移运动时所形成的表面。

要完成零件表面的切削加工，刀具和工件应具有形成表面的基本运动，称为切削运动。切削运动即刀具和工件的相对运动。同时，切削运动又分为主运动和进给运动。

1. 主运动

主运动是指形成机床切削速度或消耗主要动力的工作运动，即在切削过程中刀具切下切屑所需的运动。主运动只有一个，可以由工件完成，也可以由刀具完成，可以是旋转运动，也可以是直线运动。在整个运动系统中，主运动速度最高，消耗的功率最大。车削时，主运动是工件的回转运动，如图 2-1 所示。

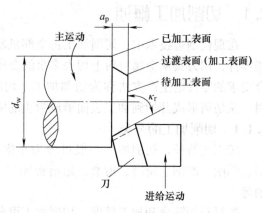

图 2-1　车削运动

2. 进给运动

进给运动是指提供连续切削可能性的运动，使金属层不断投入切削的运动，以加工出完整表面所需的运动。进给运动可以有多个，速度低，消耗的功率小。车削外圆时，进给运动是刀具的纵向运动和横向运动；牛头刨床刨削时，进给运动是工作台的移动。表 2-1 列出了各类机床的主运动和进给运动。

表 2-1　各类机床的主运动和进给运动

机床名称	主　运　动	进给运动
卧式车床	工件旋转运动	车刀纵向、横向、斜向直线运动
钻床	钻头旋转运动	钻头轴向移动
卧式、立式铣床	铣刀旋转运动	工件纵向、横向、斜向直线运动
牛头刨床	刨刀往复运动	工件横向间歇移动或刨刀垂向、斜向间歇移动
龙门刨床	工件往复移动	刨刀横向、垂向、斜向间歇运动
外圆磨床	砂轮高速旋转	工件转动，工件往复移动，砂轮横向移动
内圆磨床	砂轮高速旋转	工件转动，工件往复移动，砂轮横向移动
平面磨床	砂轮高速旋转	工件往复移动，砂轮横向、垂向移动

2.1.3　切削用量

在工件切削过程中，工件上有三个依次变化的表面，它们分别为待加工表面、过渡表面和已加工表面，如图 2-2 所示。

1）待加工表面。即将被切去的金属层表面。

2）过渡表面。切削刃正在切削而形成的表面，过渡表面又称为加工表面或切削表面。

3）已加工表面。已经切去多余金属层而形成的新表面。

切削用量包括切削速度、进给量和背吃刀量三个要素，简称为切削三要素。不同的加工方法、加工工艺，选取不同的切削用量。

由图 2-2 可知，切削三要素中切削速度用 v_c 表示，进给量用 f 表示，背吃刀量用 a_p 表示。

1. 切削速度 v_c

切削刃上选定点在主运动方向上相对于工件的瞬时速度，称为切削速度，即主运动速度，单位为 m/s。

若主运动为旋转运动，切削速度为其最大的线速度，即

$$v_c = \pi dn / (1000 \times 60)$$

式中　d——待加工表面或刀具的最大直径，单位为 mm；

　　　n——工件或刀具转数，单位为 r/min。

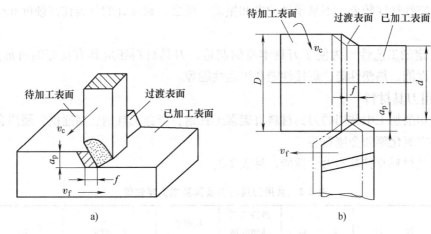

图 2-2　切削三要素和切削表面
a）刨削加工示意　b）车削加工示意

2. 进给量 f

在进给运动方向上，刀具相对于工件的位移量，称为进给量，可用刀具或工件每转或每行程的位移量来表示和度量。

进给速度 v_f（单位为 mm/min）是指单位时间内，刀具沿进给方向移动的距离，即

$$v_f = nf$$

式中　n——车床主轴的转速，单位为 r/min；

　　　f——刀具的进给量，单位为 mm/r。

3. 背吃刀量 a_p

主切削刃与工件切削表面接触长度在主运动方向和进给运动方向所组成平面的法线方向上测量的值，单位为 mm。

2.2　切削刀具

2.2.1　切削刀具材料特性

刀具要在强力、高温和剧烈摩擦的条件下工作，同时还要承受冲击和振动，因此刀具材料应具备如下的切削性能。

（1）高硬度　刀具切削部分的材料应具有较高的硬度，其最低硬度要高于工件的硬

度，以便切入工件。在常温下，刀具材料的硬度一般应在60HRC以上。硬度越高，耐磨性越好。

（2）热硬性好　热硬性好是要求刀具材料在高温下保持其良好的硬度性能。热硬性常用热硬温度来表示。热硬温度是指刀具材料在切削过程中硬度不降低时的温度，其温度越高，刀具材料在高温下耐磨性就越好。

（3）高的耐磨性　耐磨性指刀具抵抗切削加工中磨损的性能。一般来说，刀具材料的硬度越高，耐磨性也越好。

（4）足够的强度和韧性　只有具备足够的强度和韧性，刀具才能承受切削力和切削时产生的振动，以防脆性断裂和崩刃。一般的刀具材料，如果硬度高和热硬性好，在高温下必耐磨，但其韧性往往较差，不易承受冲击和振动。反之，韧性好的材料往往硬度和热硬温度较低。

（5）一定的工艺性　为便于刀具本身的制造，刀具材料还应具有良好的可加工性能，如机械加工性能、热塑性能、焊接性能和淬透性能等。

2.2.2　常用刀具材料

目前在切削加工中常用的刀具材料有碳素工具钢、合金工具钢、高速钢、硬质合金、陶瓷材料、立方氮化硼和金刚石等。

常用刀具材料及其基本力学性能，见表2-2。

表2-2　常用刀具材料及其基本力学性能

种　类	牌　号	硬　度	维持切削性能的最高温度/℃	抗弯强度/GPa	工艺性能	用　途
碳素工具钢	T8A T10A T12A 等	60～64HRC （81～83HRA）	～200	2.45～2.75	可冷热加工成形，工艺性能良好，磨削性好，须热处理	只用于手动刀具，如手动丝锥、板牙、铰刀、锯条、锉刀等
合金工具钢	9SiCr CrWMn 等	60～65HRC （81～83HRA）	250～300	2.45～2.75		只用于手动或低速机动刀具，如丝锥、板牙、拉刀等
高速钢	W18Cr4V W6Mo5Cr4V2 等	62～70HRC （82～87HRA）	540～600	2.45～4.41	可冷热加工成形，工艺性能好，须热处理，磨削性好，但高钒类较差	用于各种刀具，特别是形状较复杂的刀具，如钻头、铣刀、拉刀、齿轮刀具、丝锥、板牙、刨刀等
硬质合金	P10 M10 K10 等	89～94HRA	800～1000	0.88～2.45	压制烧结后使用，不能冷热加工，多镶片使用，无须热处理	车刀刀头大部分采用硬质合金，铣刀、钻头、滚刀、丝锥等也可镶刀片使用。钨钴类加工铸铁，有色金属；钨钴钛类加工碳素钢、合金钢、淬硬钢等

（续）

种　类	牌　号	硬　度	维持切削性能的最高温度/℃	抗弯强度/GPa	工艺性能	用　途
陶瓷材料		91～94HRA	＞1200	0.441～0.833	采用天然原料如长石、黏土和石英等烧结而成，是典型的硅酸盐材料	多用于车刀，性脆，适于连续切削、精加工用
立方氮化硼		7300～9000HV			压制烧结而成，可用金刚石砂轮磨削	用于硬度、强度较高材料的精加工。在空气中温度高达1300°时仍保持稳定
金刚石		10000HV			用天然金刚石砂轮刃磨极困难	用于有色金属的高精度、低粗糙度值切削，700～800℃时易炭化

2.3　常用量具

2.3.1　量具的种类

为保证质量，机器中的每个零件都必须根据图样制造。零件是否符合图样要求，只有经过测量工具检验才知道，这些用于测量的工具称为量具。常用的量具有钢直尺、直角尺、塞规、卡规、百分表、游标卡尺、千分尺等。

1. 钢直尺

钢直尺的长度规格有150mm、300mm、500mm、1000mm 四种。其中长度规格为150mm钢直尺的测量精度为0.5mm，其余规格的为1mm。钢直尺常用来测量毛坯和要求精度不高的零件。

钢直尺的使用应根据零件形状灵活掌握，例如：

1）测量矩形件宽度时，要使钢直尺和被测零件的一边垂直，和被测零件的另一边平行（图2-3a）。

2）测量圆柱体长度时，要把钢直尺准确地放在圆柱体的母线上（图2-3b）。

3）测量圆柱体外径（图2-3c）或圆孔内径（图2-3d）时，要使钢直尺靠着零件端面一侧的边线来回摆动，直到获得最大的尺寸，即直径的尺寸。

2. 直角尺

直角尺，如图2-4所示。它的两边成90°，所以又称为"90°角尺"，用来检查工件的垂直度。使用时将它的一边与工件的基准面贴紧，然后使另一边与工件的另一表面接触，如果工件的两个面不垂直，可根据光隙判断误差状况。也可用塞尺（图2-5）测量其缝隙大小。

塞尺又称为厚薄尺，是测量间隙的薄片量尺。它由一组厚度不等的薄钢片所组成，每片钢片上印有厚度标记。使用时根据被测间隙的大小，选择厚度接近的薄钢片（可用几片组合）插入被测间隙。使用塞尺时必须先擦净尺面和工件，组合成某一厚度时选用的片数越少越好。塞尺插入间隙时用力不要太大，以免折弯尺片。

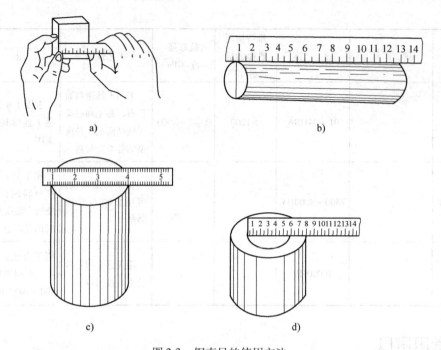

图 2-3　钢直尺的使用方法

a）测量矩形件宽度　b）测量圆柱体长度　c）测量圆柱体外径　d）测量圆孔内径

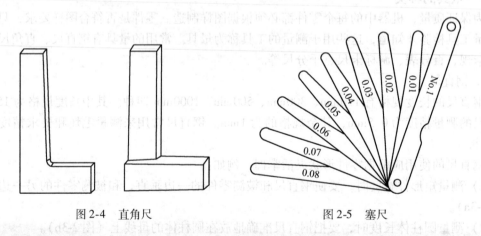

图 2-4　直角尺　　　　　　　　图 2-5　塞尺

3. 塞规和卡规

在成批大量生产中，常用具有固定尺寸的量具来检验工件，这种量具称为量规。工件图样上的尺寸是保证有互换性的极限尺寸。测量工件尺寸的量规通常制成两个极限尺寸，即上极限尺寸和下极限尺寸。测量光滑的孔或轴用的量规称为光滑量规。光滑量规根据用于测量内外尺寸的不同，分塞规和卡规两种。

（1）塞规　塞规是用来测量工件的孔、槽等内尺寸的。它也做成上极限尺寸和下极限尺寸两种。它的下极限尺寸一端称为通端，上极限尺寸一端称为止端，常用的塞规如图 2-6 所示，塞规的两头各有一个圆柱体，长圆柱体一端为通端，短圆柱体一端为止端。检查工件时，合格的工件应当能通过通端而不能通过止端。

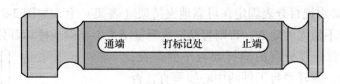

图 2-6　塞规

（2）卡规　卡规用来测量圆柱形、长方形、多边形等工件的尺寸。卡规应用最多的形式，如图 2-7 所示。如果轴的图样尺寸为 $\phi 80^{-0.04}_{-0.12}$ mm，卡规的上极限尺寸为 80mm － 0.04mm ＝ 79.96mm，下极限尺寸为 80mm － 0.12mm ＝ 79.88mm。卡规的 79.96mm 一端称为通端；卡规的 79.88mm 一端称为止端。

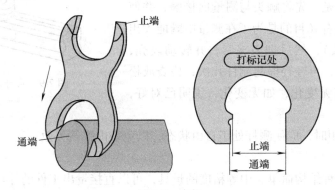

图 2-7　卡规

测量时，如果卡规的通端能通过工件，而止端不能通过工件，则表示工件合格；如果卡规的通端能通过工件，而止端也能通过工件，则表示工件尺寸太小，已成废品；如果通端和止端都不能通过工件，则表示工件尺寸太大，不合格，必须返工。

4. 百分表

百分表是精密量具，主要用于校正工件的安装位置、校验零件的形状、方向和位置误差以及测量零件的内径等。常用百分表的测量精度为 0.01mm。

（1）百分表的读数方法　图 2-8 所示百分表度盘上刻有 100 个等分格，大指针每转动一格，相当于测杆移动 0.01mm。当大指针转一圈时，小指针转动一格，相当于测杆移动 1mm。用手转动表壳时，度盘也跟着转动，可使大指针对准度盘上的任一刻度。

百分表的读数方法为：先读小指针转过的刻度数（即毫米整数），再读大指针转过的刻度数（即小数部分），并乘以 0.01，然后两者相加，即得到所测量的数值。

（2）百分表的使用注意事项

1）使用前，应检查测杆活动的灵活性。轻轻推动测杆时，测杆在套筒内的移动要灵活，没有任何卡阻现象，且每次松开手后，指针能自行回到原刻度位置。

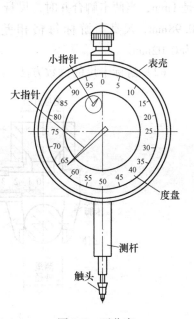

图 2-8　百分表

2）使用时，必须把百分表固定在可靠地夹持架（表架）上，如图2-9所示。切不可贪图省事，随便夹在不稳固的地方，否则容易造成测量结果不准确或摔坏百分表。

3）测量平面时，百分表的测杆要与平面垂直；测量圆柱形工件时，测杆要与工件的中心线垂直，否则将使测杆活动不灵或测量结果不准确。

4）测量时，不要使测杆的行程超过它的测量范围，不要使表头突然撞到工件上，也不要用百分表测量表面粗糙或有显著凹凸不平的工件。

5）为方便读数，测量前让大指针指到度盘的零位。对零位的方法是：先将触头与测量面接触，并使大指针转过一圈左右（目的是为了在测量中既能读出正数也能读出负数），然后把表夹紧，并转动表壳，使大指针指到零位，再轻轻提起测杆几次，检查放松后大指针的零位有无变化，如无变化，说明已对好，否则要再对。

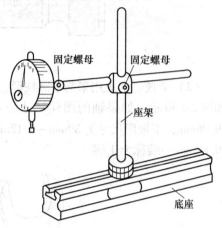

图2-9　百分表的夹持

6）百分表不用时，应使测杆处于自由状态，以免表内弹簧失效。

5. 游标卡尺

游标卡尺是一种结构简单、中等精度的量具，可以直接量出工件的外径、内径、长度和深度的尺寸，其结构如图2-10所示。游标卡尺由尺身和游标组成。尺身与固定卡脚制成一体，游标和活动卡脚制成一体，并能在尺身滑动。游标卡尺的测量精度有0.02mm、0.05mm、0.1mm三种。

（1）游标卡尺刻线原理　图2-11所示为0.02mm游标卡尺的刻线原理。尺身每一小格是1mm，当两卡脚合并时，尺身上49mm刚好等于游标上50格，游标每格长为49mm/50即0.98mm，尺身与游标每格相差为1.00mm－0.98mm＝0.02mm。因此，它的测量精度为0.02mm。

（2）游标卡尺的读数方法　在游标卡尺上读数可以分为三个步骤：

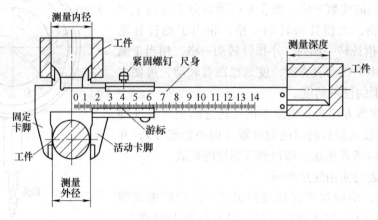

图2-10　游标卡尺

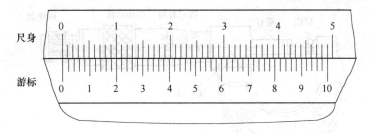

图 2-11　0.02mm 游标卡尺的刻线原理

1）读整数，即读出游标零线左面尺身上的整毫米数。

2）读小数，即读出游标与尺身对齐刻线处的小数毫米数。

3）把两次读数相加。

图 2-12 所示为 0.02mm 游标卡尺的尺寸读法。

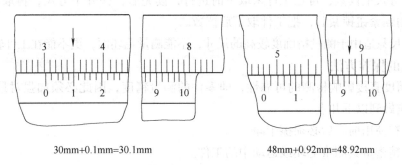

30mm+0.1mm=30.1mm　　　　48mm+0.92mm=48.92mm

图 2-12　0.02mm 游标卡尺的尺寸读法

用游标卡尺测量工件时，应使卡脚逐渐靠近工件并轻微接触，同时注意不要歪斜，以防产生读数误差。

6. 千分尺

千分尺是一种精密量具。生产中常用千分尺的测量精度为 0.01mm。它的精度比游标卡尺高，并且比较灵敏，因此对于加工精度要求较高的零件尺寸，要用千分尺来测量。

千分尺的种类很多，有外径千分尺、内径千分尺、深度千分尺等，其中以外径千分尺用得最为普遍。

（1）千分尺的刻线原理及读数方法　图 2-13 所示为测量范围 0~25mm 的外径千分尺。弓架左端有固定砧座，右端的固定套筒在轴线方向上刻有一条中线（基准线），上、下两排刻线相互错开 0.5mm，即主尺。活动套筒左端圆周上刻有 50 等分的刻线，即副尺。活动套筒转动一圈，带动螺杆一同沿轴向移动 0.5mm。因此活动套筒每转过 1 格，螺杆沿轴向移动的距离为 0.5mm/50 = 0.01mm。

读数方法为：被测工件的尺寸 = 副尺所指的主尺上的整数（应为 0.5mm 的整倍数）+ 主尺中线所指副尺的格数 ×0.01mm。

（2）千分尺的使用注意事项

1）千分尺应保持清洁。使用前应先校准尺寸，检查活动套筒上零线是否与固定套筒上基准对齐。如果没有对准，必须进行调整。

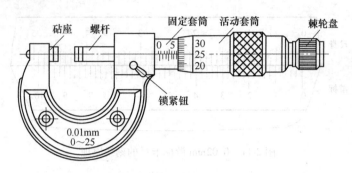

图 2-13　测量范围 0～25mm 的外径千分尺

2）测量时，最好双手操作千分尺，左手握住弓架，用右手旋转活动套筒（图 2-13），当螺杆即将接触工件时，改为旋转棘轮盘，直到棘轮发出"咔咔"声为止。

3）从千分尺上读数，可在工件未取下时进行，读完后，松开千分尺，再取下工件；也可将千分尺用锁紧钮锁紧后，把工件取下后读数。

4）千分尺只适用于测量精确度较高的尺寸，不能测量毛坯面，更不能在工件转动时测量。

2.3.2　量具的保养方法

量具的精度直接影响检测的可靠性，即零件的测量精度，因此必须加强对量具的保养。量具的保养应做到以下几点。

1）量具在使用前、后必须擦干净。

2）不用精密量具测量毛坯或运动中的工件。

3）测量时不要用力过猛、过大，不测量温度过高的工件。

4）不乱扔、乱放量具，更不能把量具当工具使用。

5）不用不清洁的油清洗量具，不给量具注不清洁的油。

6）量具用毕后应擦洗干净、涂油，并放入专用的量具盒内（不要将量具与工具混放）。

2.4　切削加工零件技术要求

切削加工零件技术要求包括零件的加工精度要求和表面质量要求。表面质量是指工件经切削加工后的表面粗糙度、变形强化的程度、表层残余应力的性质和大小以及金相组织等。它们对零件的使用性能有很大影响，特别是表面粗糙度对使用性能影响更大。所以，一般标示零件加工质量高低的主要指标是表面粗糙度和加工精度。切削加工过程中，应确保零件同时具有宏观的加工精度和微观的表面粗糙度的技术要求。

2.4.1　加工精度要求

加工精度是指工件加工后，其尺寸、形状、方向和相互位置等几何参数的实际数值与它们理想几何参数数值相符合的程度。相符合的程度越高，也即偏差（加工误差）越小，则零件加工精度越高。零件加工精度包括尺寸精度、形状精度、方向和位置精度。

1. 尺寸精度

尺寸精度是指零件尺寸参数的准确程度，即零件尺寸要素的误差大小。

零件的加工尺寸需要在保证零件使用的前提下，给出尺寸公差，允许工件尺寸的变动量称为尺寸公差（简称为公差）。公差也是允许的最大加工误差。工件的加工误差在公差范围内，即为合格件。国家标准规定：常用的尺寸精度的标准公差等级分为 20 级，分别用 IT01、IT0、IT1、IT2、IT3、…、IT18 表示，数字越小，精度越高。国家标准公差等级及应用，见表 2-3。

表 2-3　国家标准公差等级及应用

国家标准公差等级	加工方法	应　　用
IT2 ~ IT01	研磨	用于量块、量仪
IT4 ~ IT3	研磨	用于精密仪表、精密机件的光整加工
IT6 ~ IT5	研磨、精磨、精铰、精拉	用于一般精密配合，IT7 ~ IT6 用于机床和较精密的机器，在仪器制造中应用最广
IT8 ~ IT7	磨削、拉削、铰孔、精车、精镗、精铣、粉末冶金	
IT10 ~ IT9	车、镗、铣、刨、插	用于一般要求，主要用于长度尺寸的配合处，如键和键槽的配合
IT13 ~ IT11	粗车、粗镗、粗铣、粗刨、插、钻、冲压、压铸	用于不重要的配合，IT13 ~ IT12 也用于非配合尺寸
IT14	冲压、压铸	用于非配合尺寸
IT18 ~ IT15	铸造、锻造、焊接、气割	

2. 形状精度

形状精度是指零件上线、面要素的实际形状与理想形状相符合的程度。零件上各要素的几何形状不可能绝对准确，只能控制在一定的误差范围内，即用形状公差来进行控制。为了适应各种不同情况，国家标准规定了六项形状公差，即直线度、平面度、圆度、圆柱度、线轮廓度、面轮廓度，见表 2-4。

表 2-4　形状公差的名称和符号

名称	直线度	平面度	圆度	圆柱度	线轮廓度	面轮廓度
符号	—	▱	○	⌖	⌒	◠

3. 方向和位置精度

方向精度是指零件上的线、面要素的实际方向相对于理想方向的准确程度，国家标准规定了五项方向公差，即平行度、垂直度、倾斜度、线轮廓度和面轮廓度。位置精度是指零件上点、线、面要素的实际位置相对于理想位置的准确度。国家标准规定了六项位置公差和两项跳动公差，即线轮廓度、面轮廓度、同轴度、同心度、对称度、位置度、圆跳动和全跳动。表 2-5 列出了方向公差、位置公差和跳动公差的名称和符号。

表 2-5　方向公差、位置公差和跳动公差的名称和符号

名称	方向公差					位置公差					跳动公差	
	平行度	垂直度	倾斜度	线轮廓度	面轮廓度	同轴度、同心度	对称度	位置度	线轮廓度	面轮廓度	圆跳动	全跳动
符号	∥	⊥	∠	⌒	◠	◎	≡	⊕	⌒	◠	↗	⌀

2.4.2　加工表面粗糙度要求

表面粗糙度是指零件微观表面高低起伏的程度，也称为微观几何不平度，是一种微观几

何形状误差。在切削加工中，由于工件表面的塑性变形、刃痕、振动以及刀具和工件之间的摩擦，在工件的已加工表面上不可避免地要产生微小的峰谷，即使是光滑的磨削表面，放大后也会产生高低不平的微小峰谷。

1. 表面粗糙度的评定参数

国家标准规定了表面粗糙度的评定参数和评定参数允许数值以及表面粗糙度的代号及其标注方法。常用的评定表面粗糙度的参数有以下两种。

（1）轮廓算术平均偏差 Ra　在取样长度 lr 内，轮廓偏距绝对值的算术平均值，称为轮廓算术平均偏差，用 Ra 表示，如图 2-14 所示。图中 Z_1、Z_2、$\cdots$、Z_n 为轮廓偏距值，轮廓偏距值即是被测轮廓上的点与中线 m（基准线）之间的距离。R_a 的数学表达式为

$$Ra = \frac{1}{lr}\int_0^{lr} \mid Z(x) \mid \mathrm{d}x$$

或近似为

$$Ra = \frac{1}{n}\sum_{i=1}^{n} \mid Z_i \mid$$

式中　$Z(x)$——轮廓任意点至中线的距离；

　　　　Z_i——轮廓第 i 个取样到中线的距离；

　　　lr、n——取样长度、取样点数。

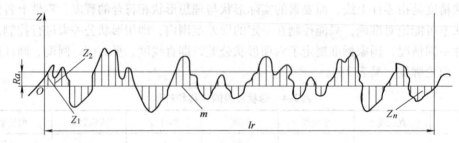

图 2-14　轮廓算数平均偏差

Ra 值越大，表面越粗糙。常用的 Ra 参数值范围为 $0.025 \sim 6.3\,\mu m$。Ra 是评定粗糙度的基本参数，在常用参数值范围内推荐优先选用。因受计量器具功能限制，Ra 不宜用作表面粗糙度值过大或表面粗糙度值非常小表面的评定参数。

（2）轮廓最大高度 Rz　在取样长度 lr 内，最大轮廓峰顶（高）线与最大轮廓谷底（深）线之间的距离，称为轮廓最大高度，用 Rz 表示，如图 2-15 所示。

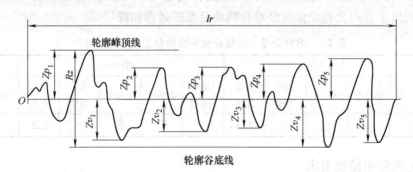

图 2-15　轮廓最大高度

Rz 常用于表面粗糙度值特别大或特别小表面的评定；当被测表面很小，不宜采用 Ra 评定时，或有疲劳强度要求的表面，或受交变应力的工作表面（如齿廓表面）也常用 Rz 参数评定。

2. 表面粗糙度对零件质量的影响

（1）对耐磨性的影响　粗糙度使两个零件的实际接触面积比理论接触面积要小，接触比压增大。当压力超过材料的屈服强度时，表面凸峰会产生塑性变形，使表面磨损加剧，从而影响机械的传动效率和零件的使用寿命。但表面粗糙度值过小，工作时也会因润滑油被挤出而加快接触面的磨损。因此，需将表面粗糙度值控制在一定范围内。

（2）对疲劳强度的影响　在交变载荷作用下，零件表面微观不平的峰谷易产生应力集中而引起裂纹，甚至断裂，降低了零件的疲劳强度。

（3）对耐蚀性的影响　零件表面凸凹不平的谷底易储存腐蚀性介质，其腐蚀作用将从谷底深入金属内部，凹谷深度越大，凹谷底部角度越小，腐蚀作用越严重。

（4）对配合性质的影响　表面粗糙度会影响配合性质的稳定性。例如：对间隙配合，由于粗糙轮廓的凸峰被磨去，使配合间隙增大；对过盈配合，当采用压入法装配时，其粗糙表面的凸峰被挤平，使实际过盈量减小，致使连接强度降低。

减小零件表面粗糙度值，可增强连接的密封性能（不漏气、不漏油），并使零件表面美观。

3. 表面粗糙度的选用原则

设计零件时，需根据具体条件选择适当的表面粗糙度评定参数及其允许值。表面粗糙度的允许值越小，加工越困难，成本越高。表面粗糙度值常采用类比法确定，选用时可参考以下原则。

1）同一零件上，工作表面的粗糙度值应小于非工作表面的粗糙度值。

2）对于摩擦面，速度越高、单位面积压力越大，表面粗糙度值应越小。特别是滚动摩擦表面，表面粗糙度值要求更小。

3）承受交变载荷的表面以及圆角、沟槽处，为避免应力集中，要求有较小的表面粗糙度值。

4）配合性质要求稳定可靠或公差等级、几何精度要求越高的表面或有防腐蚀、密封或装饰性要求的表面，其表面粗糙度值应较小。

5）应注意表面粗糙度值与尺寸公差和几何公差协调。一般，尺寸公差越小，几何公差、表面粗糙度值应越小。公差等级相同时，外表面粗糙度值应小于内表面粗糙度值。

表 2-6 列出了金属表面不同粗糙度值的表面特征和加工方法。

表 2-6　金属表面不同粗糙度值的表面特征和加工方法

表面要求	加工方法举例	表面粗糙度值 $Ra/\mu m$	标准公差 IT	表面特征
不加工		符号	IT18 ~ IT14	铸、锻、型材等毛坯表面
粗加工	粗车、粗铣、粗刨、钻、粗锉	50	IT13 ~ IT10	明显可见刀痕
		25	IT10	可见刀痕
		12.5	IT10 ~ IT8	微见刀痕

（续）

表面要求	加工方法举例	表面粗糙度值 $Ra/\mu m$	标准公差 IT	表面特征
半精加工	半精车、精车、半精铣、精铣、半精刨、精刨、拉、粗磨、锉、铰	6.3	IT10～IT8	可见加工痕迹
		3.2	IT8～IT7	微见加工痕迹
		1.6	IT8～IT7	不见加工痕迹
精加工	精车、精细车、精铰、磨、刮	0.8	IT8～IT6	可辨加工痕迹的方向
		0.4	IT7～IT6	微辨加工痕迹的方向
		0.2	IT7～IT6	不可辨加工痕迹的方向
光整加工	超精磨、超级光磨、镜面磨、研磨	0.1	IT7～IT5	暗光泽面
		0.05	IT6～IT5	亮光泽面
		0.025	IT6～IT5	镜状光泽面
		0.012		雾状光泽面
		0.008		镜面

4. 表面粗糙度的测量方法

生产中测量表面粗糙度常用的方法是比较法，就是将被测表面与表面粗糙度标准块进行对比，用目测或抚摸、指甲划动等感触判断表面粗糙度值的大小。此法简便易行，适用于车间检验，但它不能确定表面粗糙度的具体数值，故只能用于表面粗糙度值较大时的近似检验。当检验比 Ra 为 $0.1\mu m$ 小的表面粗糙度值时，常采用电动轮廓仪（测量 Ra）、双管显微镜、干涉显微镜等测量表面粗糙度的仪器。

为了便于比较，表面粗糙度标准块的材料、形状及加工方法都应与被测零件相同，也可以从被测零件中挑选样品，经仪器测定其表面粗糙度值后，作为表面粗糙度标准块。

5. 零件的加工精度与表面粗糙度的关系

零件加工精度要求高时，必须采用一系列高精度的加工方法，但是零件的表面粗糙度数值不一定很小；相反，如果表面粗糙度数值要求小，必须采用一系列降低表面粗糙度数值的加工方法。而表面粗糙度数值小的加工方法不一定是高精度的加工方法。

2.5　切削加工基本技能训练

2.5.1　实训守则

进行切削加工实训的学生必须经过安全教育及各机床的操作指导，并认真阅读金工实习的各项管理规定及各机床安全操作规程，其中一定遵守如下守则。

1）进入实训车间必须注意安全，必须穿戴规定的劳防用品，着装必须符合生产实习着装规范：如系全纽扣、扎好袖口，长头发女生必须将头发挽到工作帽中等。

2）学生在实训中不许代替他人操作、严禁串岗、实训现场不准推搡、打闹、围观。上岗操作必须严格遵守操作规程，思想要高度集中，未经允许不得擅自起动机器设备，保证实习安全，杜绝事故发生。

3）明确实训目的，勤学好问、虚心学习，尊重指导教师、指导人员，讲文明、讲礼貌，虚心求教，做到三勤（口勤、手勤、腿勤），随时总结自己，提高实训成绩和实训效果，努力掌握专业操作技术。

4）实训期间严格遵守作息时间，严格执行请假制度，遵守实训车间各项规章制度。

5）自觉爱护实训设施、设备，注意节约消耗品。如果违章操作，损坏实训设备，根据情节及后果照价赔偿。

6）每天实训结束前，必须收拾整理所用设备和工量具，保持车间整齐卫生。各工种实训结束均应进行设备工具的清点，由指导教师验收合格后方可离去。

7）各工种的安全技术课参考后续各章节，在实训中务必严格遵守。

2.5.2　项目实例

项目：零件测绘训练

1. 实训项目名称

减速器拆装、减速器装配图的绘制

2. 实训目的及要求

（1）目的

1）熟练掌握部件测绘的基本方法和步骤。

2）进一步提高零件图和装配图的表达方法和绘图的技能技巧。

3）提高在零件图样的上标注尺寸、公差配合及几何公差的能力，了解有关机械结构方面的知识。

4）正确使用参考资料、手册、标准及规范等。

5）培养独立分析和解决实际问题的能力，为后继课程学习及今后工作打下基础。

（2）要求

1）测绘前要明确测绘的目的、要求、内容及方法和步骤，了解减速器用途。

2）认真复习与测绘有关的内容，如视图表达、尺寸测量方法、标准件和常用件、零件图与装配图等。

3）认真绘图，保证图样质量，做到正确、完整、清晰、整洁。

4）做好准备工作，如测量工具、绘图工具、资料、手册、仪器用品等。

5）在测绘中要独立思考，一丝不苟，有错必改，反对不求甚解，照抄照搬，容忍错误的做法。

6）按预定计划完成测绘任务，所画图样经教师审查后方呈交。

3. 实训项目实施环境条件及内容

地点：机房及制图室。

实训内容如下。

（1）拆卸部件　在初步了解部件的基础上，依次拆卸各零件，这样可以进一步理解减速器部件中各零件的装配关系、结构和作用，弄清零件间的配合关系和配合性质。

注意事项：

1）拆卸前应先测量一些重要的装配尺寸，如零件间的相对位置尺寸，两轴中心距、极限尺寸和装配间隙等。

2）注意拆卸顺序。对精密的或主要零件，不要使用粗笨的重物敲击。对精密度较高的过盈配合零件尽量不拆，以免损坏零件。

3）拆卸后各零件要妥善保管，以免损坏丢失。

（2）画装配示意图　装配示意图是在部件拆卸过程中所画的记录图样，其作用是避免由于零件拆卸后可能产生错乱而给重新装配时带来困难。它是通过目测，徒手用简单的线条示意性地画出部件的图样，主要表达部件的大致结构、装配关系、工作原理、传动路线等，而不是整个部件的详细结构和各个零件的形状。

注意事项：

1）图形画好后，应编上零件序号和名称。

2）标准件应及时确定其尺寸规格。

（3）零件草图 零件草图是目测比例，徒手画出的零件图。它是实测零件的第一手资料，也是整理装配图与零件图的主要依据。草图不能理解为潦草的图，而应认真地对待草图的绘制工作。零件草图应满足以下两点要求。

1）零件草图所采用的表达方法、内容和要求与零件图一致。

2）表达完整、线型分明、投影关系正确、字体工整、图面整洁。

（4）CAD 软件制图 灵活运用 CAD 软件命令，快速、准确绘制零件图和装配图。确定图幅，画出标题栏，布置图形，注意三视图的对应关系。

2.5.3 练习件

1）用 CAD 绘制图 2-16 所示低速轴及图 2-17 所示轴承座零件图。

2）用 CAD 绘制减速器各零件图。

3）用 CAD 绘制减速器装配图。

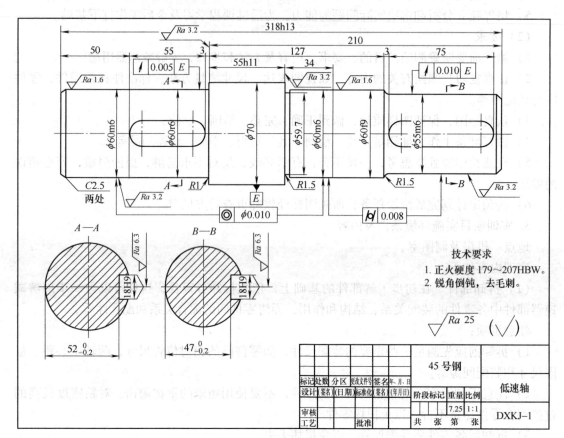

图 2-16 低速轴零件图

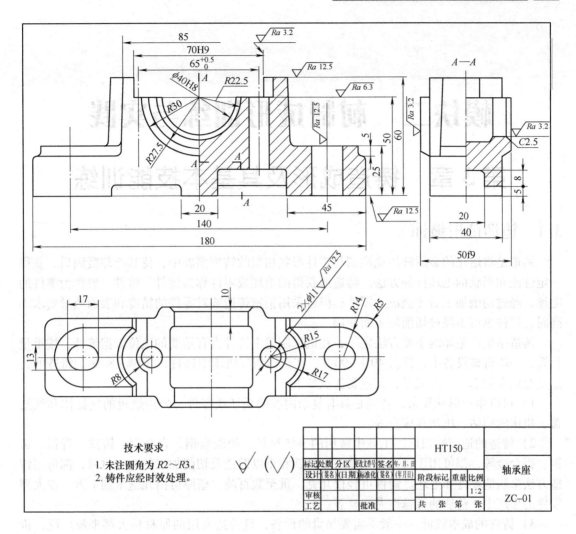

技术要求

1. 未注圆角为 R2~R3。
2. 铸件应经时效处理。

					HT150		
标记	处数	分区	更改文件号	签名	年,月,日		轴承座
设计	(签名)	(日期)	标准化	(签名)	(年月日)	阶段标记 重量 比例	
审核							1:2	ZC-01
工艺			批准			共 张 第 张	

图 2-17 轴承座零件图

模块二 材料成形训练与实践

第3章 铸造成形及其基本技能训练

3.1 铸造成形概述

铸造是将熔化的金属液体浇注到与零件形状相似的铸型型腔中，待其冷却凝固后，获得一定性能和形状的毛坯件的方法。铸造所获得的毛坯或零件称为铸件。铸件一般作为零件的毛坯，经过切削加工后才能成为零件；但若采用精密铸造或对零件的精度和表面质量要求不高时，铸件也可不经过切削加工而使用。

铸造是生产毛坯的主要方法之一，在机械制造中铸件占有重要的地位。据统计，按重量估算，一般机械设备中铸件占 40%~90%，在金属切削机床中铸件占 70%~80%。铸造的特点是金属在液态下一次成形，其主要优点如下。

1）可以生产形状复杂，特别是具有复杂内腔的毛坯或零件，如内燃机的气缸体和气缸盖，机床的箱体、机架和床身等。

2）铸造的适应性很广。工业中常用的金属材料，如碳素钢、合金钢、铸铁、青铜、黄铜、铝合金等，都可用于铸造，尤其对于铸铁和难以锻造及切削加工的合金材料，都可用铸造方法来制造零件和毛坯。铸件可轻仅几克，重至数百吨，壁厚可由几毫米到 1 米。在大型零件的生产中，铸造的优越性尤为显著。

3）铸件的成本较低，一般不需要昂贵的设备，且铸造所用的原材料大都来源广泛，价格低廉，并可利用报废的机件、废钢和金属切屑等。

4）采用精密铸造制造的铸件形状和尺寸与零件非常接近，因而节约金属，减少了切削加工的工作量。

铸造生产也存在一些缺点，如铸造组织的晶粒比较粗大，且内部常有缩孔、缩松、气孔、砂眼等铸造缺陷，因而铸件的力学性能较低；铸件的生产工序较多，工艺过程较难控制，废品率较高；铸造的工作条件较差，劳动强度比较大等。

根据生产方法不同，铸造主要分为砂型铸造和特种铸造两大类。砂型铸造是利用型砂紧实成形的铸造方法。除了砂型铸造外，其他的铸造方法统称为特种铸造，如金属型铸造、压力铸造、离心铸造、熔模铸造等。

金属型铸造是指将金属液浇注到用金属材料制作的铸型内而获得铸件的铸造方法。金属型可以反复使用。这种铸造方法得到的铸件，力学性能、尺寸精度、表面质量都要优于砂型铸造；但金属型的制作成本高、生产周期长，铸造工艺要求严格，不宜生产大型、薄壁和形状复杂的铸件。

压力铸造是指在高压作用下，以较高的速度将液态或者半液态金属压入金属铸型，并在压力下结晶凝固获得铸件的铸造方法，简称为压铸。这是现代金属加工中发展较快、应用较广的少切削甚至无切削工艺方法。它的优点是可铸出各种结构复杂、轮廓清晰的薄壁深腔铸件，大多数铸件无须进行机械加工可直接使用，力学性能好，生产率高等；其不足是铸件易产生细小气孔，成本高。

离心铸造是指将液态合金浇入高速旋转的铸型中，使其在离心力作用下，填充铸型并结晶的铸造方法。这种铸造方法适合生产圆筒形铸件，其优点是组织致密，力学性能好；无须浇注系统和冒口，金属液利用率高；铸造空心圆筒形铸件，不用型芯且壁厚均匀等。

熔模铸造是用易熔材料制成模样，在模样上包覆若干层耐火涂料以制成型壳，用熔化的方法使模样消失后，型壳经高温烘烧、浇注而获得铸件的方法。这种铸造方法适用于各种合金、各种批量、形状复杂的铸件生产，铸件精度和表面质量较高。但其工艺过程复杂，生产周期长，成本较高，受蜡模和型壳强度、刚度限制，铸件不宜过大，多用于小型零件的生产。

3.2　砂型铸造

砂型铸造是最基本的铸造方法，具有简单易行、灵活性大、适应性广、生产设备简单且原材料来源广、成本低、见效快等优点，适用于各种合金和各种规模的铸造，因而在目前的铸造生产中占据主导地位，砂型铸件约占铸件总量的80%以上。

图3-1所示为砂型铸造的工艺过程。砂型铸造的工序很多（图3-1a），首先进行工艺设

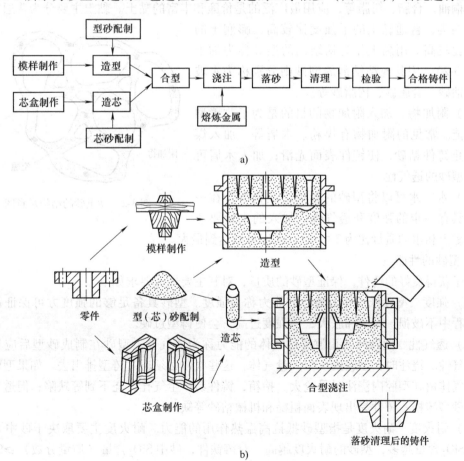

图 3-1　砂型铸造的工艺过程

a）砂型铸造的工艺过程图　b）压盖铸件的铸造生产过程示意图

计，然后按照图样要求制作模样和芯盒、配制型砂和芯砂、造型、造芯、合型、熔炼金属浇注、凝固冷却后落砂、清理、检验合格得到成品铸件。图 3-1b 所示为压盖铸件的铸造生产过程示意图。

3.2.1　造型材料及工艺装备

3.2.1.1　型砂

砂型是由型砂制作而成的。型砂的质量直接影响铸件的质量，型砂质量不好会使铸件产生气孔、砂眼、粘砂和夹砂等缺陷，这些缺陷造成的废品约占铸件总废品的 50% 以上。为了保证铸件质量，必须严格控制型砂的成分配比、性能和制备工艺。

1. 型砂的组成

型砂是由原砂、粘结剂、水和附加物（煤粉、木屑等）按一定比例混合制成的。各组成物的主要特点如下。

（1）原砂　原砂也称为石英砂，是型砂的主体，主要成分是 SiO_2，其熔点是 1713℃，是耐高温的物质。铸造用砂通常要求原砂中 SiO_2 的质量分数大于 85%，砂粒以圆形、大小均匀为佳。

（2）粘结剂　能使砂粒相互粘结的物质称为粘结剂。粘结剂的种类很多，有黏土、水玻璃、桐油、合脂、树脂等，应用最广泛的是价廉和丰富的黏土。黏土主要分为普通黏土和膨润土两类，普通黏土的干强度比较高，膨润土的湿强度比较高。用黏土作为粘结剂的型砂称为黏土砂（图 3-2），用其他粘结剂的型砂则分别称为水玻璃砂、油砂、合脂砂、树脂砂等。

（3）附加物　加入附加物的目的是为了改善型砂的性能。常见的附加物有煤粉、木屑等。加入煤粉能防止铸件粘砂，使铸件表面光滑；加入木屑可以增加型砂的透气性。

（4）水　水可以将型砂的各种组成物混合在一起，并具有一定的强度和透气性。加入的水量要适当，当黏土和水的质量比为 3∶1 时，强度可以达到最大。

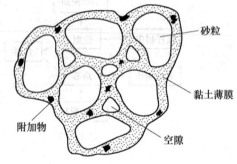

图 3-2　黏土砂的结构示意图

2. 型砂的性能

为了获得良好的铸件，保证型砂的质量，对其主要性能要求如下。

（1）强度　型砂抵抗外力破坏的能力称为强度。型砂具备足够的强度方可保证铸型在铸造过程中不破损、塌落和胀大；但强度过高，会使铸型过硬。

（2）透气性　型砂间的孔隙透过气体的能力称为透气性。型砂在制成砂型后应具备足够的透气性。浇注时，型腔内产生大量气体，这些气体必须通过铸型排出去。如果型砂透气性差，气体留在型腔内浇注时易呛火、抬箱，铸件易产生气孔、浇不到等缺陷；但透气性过高会使砂型疏松，铸件易出现表面粗糙和机械粘砂等缺陷。

（3）耐火度　耐火度是指型砂抵抗高温热作用的能力。耐火度主要取决于砂中 SiO_2 的含量，SiO_2 含量越多，型砂的耐火度越高。对铸铁件，砂中 SiO_2 含量（质量分数）≥90% 就能满足要求。

（4）退让性　铸件凝固和冷却过程中产生收缩时，型砂能被压缩、退让的性能称为退让性。型砂退让性不足，会使铸件收缩受到阻碍，产生内应力和变形、裂纹等缺陷。对小砂型避免舂得过紧；对大砂型，常在型砂中加入木屑、焦炭粒等材料以增加退让性。

（5）溃散性　溃散性是指型砂浇注后容易溃散的性能。溃散性好可以节省落砂和清理的劳动量。溃散性与型砂配比及粘结剂种类有关。

（6）流动性　型砂在外力或本身重量作用下，砂粒间相对移动的能力称为流动性。流动性好的型砂易于填充、舂紧和形成紧实度均匀、轮廓清晰、表面光洁的型腔，可以减轻紧砂劳动量，提高生产率。

（7）可塑性　可塑性也称为韧性，指型砂在外力作用下变形、去除外力后仍保持所获得形状的能力。可塑性好，型砂柔软、容易变形，起模和修型时不易破碎及掉落。手工起模时在模样周围砂型上刷水的作用就是增加局部型砂的水分，以提高型砂的可塑性。

3. 型砂的制备

型砂的制备工艺对型砂获得良好的性能有很大影响。旧砂在浇注时受到高温金属液的作用，砂粒碎化，煤粉燃烧分解，型砂中灰分增多，部分黏土丧失粘结力，性能变差，需要加入新砂，混制均匀，恢复良好的性能后才能使用。

型砂的配制一般在混砂机中进行，将新砂、旧砂、黏土、水、附加物依次投入混砂机内混制均匀。

（1）型砂的配比　型砂的组成物需要按照一定的比例进行配置，以保证其性能。型砂配比方案有多种，小型铸铁件湿型型砂的配比（质量分数）：新砂 5%～20%，旧砂 70%～90%，另加膨润土 2%～3%，煤粉 2%～3%，水 4%～5%。

（2）型砂的混制　型砂的性能不仅决定于其配比，还与混砂的工艺操作有关。混碾越均匀，型砂的性能越好，目前工厂常用的混砂机是碾轮式混砂机（图 3-3）。混砂工艺是按比例将新砂、旧砂、黏土、煤粉等加入混砂机中先干混 2～3min，混拌均匀后再加水或液体粘结剂（水玻璃、桐油等）湿混 10min 左右，即可出砂。混制好的型砂应堆放 2～4h，使水分分布得更均匀，这一过程称为调匀。型砂在使用前还需进行松散处理，使砂块松开，间隙增加。

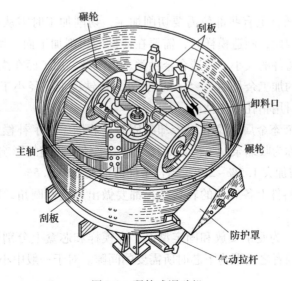

图 3-3　碾轮式混砂机

型砂的性能应当用型砂性能试验仪检验。单件小批量生产时，可用手捏检验法检测，即当型砂湿度适当时可用手把型砂捏成团，手放开后砂团不松散，手上不粘砂，抛向空中则砂团散开。

3.2.1.2 芯砂

为获得铸件的内腔或局部外形，用芯砂或其他材料制成的放置在型腔内部的组元称为型芯。其中，绝大部分型芯是用芯砂制成的，又称为砂芯。

由于型芯表面被高温金属液所包围，受到的冲刷及烘烤比砂型严重，因此型芯必须具有比砂型更好的强度、透气性、耐火度和退让性等，这主要依靠配制合格的芯砂及采用正确的造芯工艺来保证。

芯砂的种类主要有黏土砂、水玻璃砂和树脂砂等。黏土砂因强度低、需加热烘干、溃散性差，应用日益减少；水玻璃砂主要用在铸钢件型芯中；有快干自硬特性、强度高、溃散性好的树脂砂则应用日益广泛，特别适用于大批量生产的复杂型芯。为保证足够的强度、透气性，芯砂中粘结剂和新砂的加入量要比型砂高，或全部用新砂。

3.2.1.3 模样和芯盒

模样是与铸件外形尺寸相似并且在造型时形成铸型型腔的工艺装备。模样的结构应便于制作加工，具有足够的硬度和强度，表面光滑，尺寸精确。芯盒是用来制造型芯的。制作模样和芯盒常用的材料有木材、金属和塑料。在生产中，单件、小批量生产时广泛应用木模样和芯盒，在大批量生产时，采用金属或塑料模样和芯盒。

模样和芯盒的制作在铸造生产中的作用很大，直接影响铸件的质量、成本、造型（造芯）速度及砂型质量。设计模样和芯盒时应注意以下几点。

（1）分型面的选择　分型面是上、下砂型的分界面，选择分型面时必须使模样能从型砂中取出，并使造型方便和有利于起模。

（2）起模斜度　为了易于从型砂中取出模样或从芯盒中取出型芯，模样或芯盒垂直于分型面的表面都需要做出向着分型面逐渐增大的斜度，该斜度称为起模斜度。木模的起模斜度一般为 $0.5° \sim 4°$。

（3）加工余量　铸件上有些部位需要切削加工，切削加工时需从铸件上切去的金属层厚度称为加工余量。因此，制造模样时，需要在铸件的切削加工面上留出适当的加工余量。加工余量的大小根据铸件的大小、铸造合金种类、生产量、加工面在浇注时的位置等因素确定，一般小型灰铸铁的加工余量为 $3 \sim 5mm$。此外，铸铁件上直径小于 $25mm$ 的孔，一般不予铸出，待切削加工时用钻孔方法钻出。

（4）收缩余量　液态金属在型腔里冷却凝固时要收缩，为了补偿铸件收缩，模样比铸件尺寸增大的数值，称为收缩余量。模样的尺寸应考虑铸件收缩的影响。通常用于铸铁件的需加大 1%，铸钢件需加大 $1.5\% \sim 2\%$，铝合金件需加大 $1\% \sim 1.5\%$。

（5）铸造圆角　铸件上各表面的转折处，都要做出过渡性圆角，以利于造型及防止铸件应力集中而开裂。

（6）芯头和芯座　为便于安放和固定型芯，在模样和芯盒上分别做出芯座和芯头。芯座应比芯头稍大些，两者之差即为下芯时所需的间隙。对于一般中小尺寸的型芯，此间隙约为 $0.25 \sim 1.5mm$。

3.2.2　手工造型

用型砂及模样等工艺装备制造铸型的过程称为造型，造型方法可以分为手工造型和机器造型两大类。

手工造型是全部用手工或手动工具紧实的造型方法，其特点是操作灵活、适度性强、工艺装备简单，但手工造型精度低、表面质量差、生产率不高、劳动强度大，因此适用于单件、小批量生产，尤其是不宜用机器造型的重型复杂件。

3.2.2.1　砂型的组成

图 3-4 所示为制作好的砂型结构示意图，由上砂型、下砂型、型腔（形成铸件形状的空腔）、型芯、浇注系统和砂箱等部分组成。

型砂被春紧在上、下砂箱中，连同砂箱一起称为上砂型和下砂型。上下砂型的定位可以使用泥记号（单件小批量生产）或定位销（成批大量生产）。型腔为从砂型中取出模样后形成的空腔，浇注后型腔中的金属液凝固形成所需的铸件。

使用型芯的目的是为了获得铸件内腔或内孔。型芯的外伸部分称为芯头，是用来定位和支撑型芯的。铸型中用来放置芯头的空腔称为芯座，芯头和芯座与铸件的形状无直接关系。

浇注时，金属液从外浇口进入，经直浇道、横浇道、内浇道而流入型腔。砂型及型腔中的气体由通气孔排出，型芯中的气体则由型芯通气孔排出。

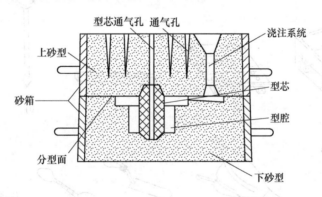

图 3-4　制作好的砂型结构示意图

3.2.2.2　手工造型的常用工具

由于手工造型的种类较多、方法各异，再加上生产条件、地域差异和使用习惯等的不同，造成了手工造型时使用的造型工具、修型工具及检验测量用具等附具也多种多样，结构形状和尺寸也可各不相同。下面列出了一部分常见的造型工具，如图 3-5 所示。

（1）砂箱　砂箱一般是由铝合金、灰铸铁等制成的坚实的方形或长方形框子，如图 3-5a 所示。它的作用是在造型、运输和浇注时支撑砂型，防止砂型变形毁坏。

（2）底板　底板用来安装和固定模样，在造型时用来托住模样、砂箱和砂型，一般由硬质木材或铝合金、铸铁、铸钢等制成，如图 3-5b 所示。底板应具有光滑的工作面。

（3）刮砂板　刮砂板一般由平直的硬木板或铝合金制成，如图 3-5c 所示。在型砂春紧实后，用来刮去高出砂箱的型砂。

（4）砂冲　砂冲也称为春砂锤、捣砂杆，用来春实型砂，有尖头和平头两种，一般将平头和尖头用一根铁管连接而成，春砂时先用尖头，最后用平头，如图 3-5d 所示。尖头用来舂实模样周围及砂箱靠边处或狭窄部分的型砂，平头用来锤打紧实、舂平砂型表面，如砂箱顶部的砂。

（5）起模针和起模钉　起模针和起模钉用于从砂型中取出模样。起模针与通气针十分相似，一般比通气针粗，用于取出较小的木模，如图 3-5e 所示；起模钉工作端为螺纹，用于取出较大的模样。

（6）浇口棒　用来形成直浇道，如图 3-5f 所示。

（7）通气针　用来在砂型上扎出气孔，如图 3-5g 所示。

（8）手风箱　手风箱又称为皮老虎，用来吹去模样上的分型砂及散落在型腔中的散砂、灰土等，如图 3-5h 所示。使用时注意不要碰到砂型或用力过猛，以免损坏砂型。

（9）镘刀　镘刀又称为砂刀，用来修理砂型或型芯的较大平面，也可开挖浇注系统、冒口，切割大的沟槽及在砂型插钉时把钉子拍入砂型，如图 3-5i 所示。

（10）秋叶　秋叶两端分别是圆勺和压勺，用来修整砂型曲面或窄小的凸面，如图 3-5j 所示。

（11）提钩　提钩也称为砂钩，用来修理砂型或型芯中深而窄的底面和侧壁及提取掉落在砂型中的散砂，由工具钢制成，如图 3-5k 所示。

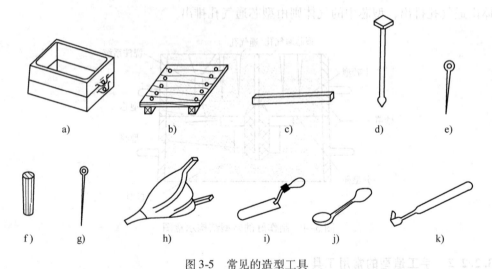

图 3-5　常见的造型工具

a）砂箱　b）底板　c）刮砂板　d）砂冲　e）起模针
f）浇口棒　g）通气针　h）手风箱　i）镘刀　j）秋叶　k）提钩

3.2.2.3　手工造型的造型方法

手工造型的方法很多，按模样特征分为整模造型、分模造型、活块造型、刮板造型、挖砂造型和假箱造型等，按砂箱数量分为两箱造型、三箱造型和多箱造型等，按砂箱使用特征分为脱箱造型和地坑造型等。下面介绍几种常用的手工造型方法。

1. 整模造型

整模造型是指模样是一体的，而且都在一个砂箱里，分型面多为平面的造型方法。通常情况下，这类零件的最大截面靠一端且为平面，如压盖、齿轮坯、轴承座等。整模造型操作简便，型腔形状、尺寸准确，适用于生产各种批量且形状简单的铸件。以下为整模造型的工艺的过程。图 3-6 所示为压盖铸件的整模造型过程示意图。

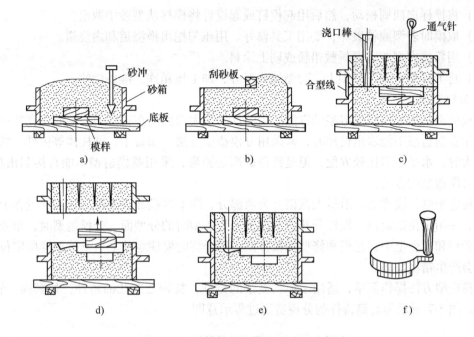

图 3-6　压盖铸件的整模造型过程示意图

a) 造下砂型，填砂紧实　b) 刮平，翻型　c) 造上砂型，扎气孔，做合型线

d) 分型，起模，开浇道　e) 合型浇注　f) 落砂后带浇道的铸件

1) 放稳底板，清理底板上的杂物，将模样大面朝下放在底板上的适当位置。

2) 套上下砂箱，并使模样处在箱内适当位置（考虑到浇注系统的位置）。

3) 在模样表面放上一层面砂，将模样盖住。

4) 向砂箱内铲入一层背砂。

5) 用尖头砂冲将分批填入的型砂逐层春实。

6) 填入最后一层型砂，用平头砂冲春实。

7) 用刮砂板刮去多余的型砂，使砂型表面和砂箱边缘齐平。

8) 翻转下砂箱。

9) 用压勺将砂型表面（分型面）修光平，撒上一层分型砂。

10) 用掸笔或手风箱吹去模样上的分型砂。

11) 将上砂箱放到下砂箱上，上、下砂箱要对齐。

12) 放好浇口棒，铸件如需要补缩，还要放上冒口。

13) 填入面砂、背砂。

14) 用砂冲尖头春实型砂。

15) 最后一层型砂，用平头砂冲春实。

16) 用刮砂板刮去多余的型砂，用压勺修光平浇冒口处型砂。

17) 用通气针扎出通气孔，取出浇口棒，并在直浇道上部用压勺挖出外浇口。

18) 在砂箱上做出合型线。

19) 将上砂型垂直向上抬起，并翻转 180° 放好，注意不要将合型线破坏。

20) 用掸笔扫除分型砂，用水笔润湿靠近模样处的型砂。

21）将模样向四周松动，然后用起模钉或起模针将模样从型砂中取出。

22）取模时若型腔被破坏，要用工具修好。用压勺挖出横浇道和内浇道。

23）用粉袋在型腔表面抖敷铅粉或刷上涂料。

24）将上砂型合到下砂型上，合型线要对齐，加上压箱铁，准备浇注。

2. 分模造型

分模造型是用分块模样造型的方法。当铸件的最大截面不在铸件的一端而是在铸件的中间，采用整模造型不能取出模样时，常采用分模造型方法。如管子、圆柱体等铸件，特别是长度较大时，水平造型比较方便，但是铸件截面是圆形，采用整模造型不能直接起出模样，应采取分模造型的方法。

分模造型制作模样时，沿最大截面分为两部分，即上半模和下半模，分别放置在上、下砂箱内，并用定位销定位。模样分开的平面常作为造型时的分型面。分模造型时，型腔分别处在上砂型和下砂型中，起模和修型均较方便，但合型时要注意使上、下砂型准确定位，否则铸件会产生错型缺陷。

分模造型方法操作简单，适用于形状复杂的铸件，特别是有孔的铸件，如套筒、管子、阀体等。图 3-7 所示为套筒铸件的分模造型过程示意图。

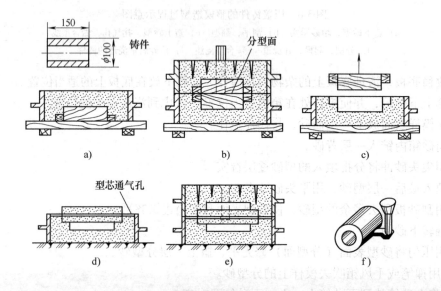

图 3-7　套筒铸件的分模造型过程示意图

a）造下砂型　b）造上砂型　c）翻型，起模　d）开浇道，下芯　e）合型　f）带浇道的铸件

3. 三箱造型

用三个砂箱造型的过程称为三箱造型。有些铸件的两端尺寸大于中间截面时，需要用三个砂箱，从两个方向分别起模，如图 3-8 所示带轮铸件的三箱造型过程示意图。

三箱造型的特点是：模样必须是分开的，以便于从中砂型内取出模样；中砂型上、下两面都是分型面，且中砂箱高度应与中砂型的模样高度相近。三箱造型操作较复杂，生产率较低，易产生错型缺陷，适于生产单件、小批量，形状较复杂、需要两个分型面的铸件。

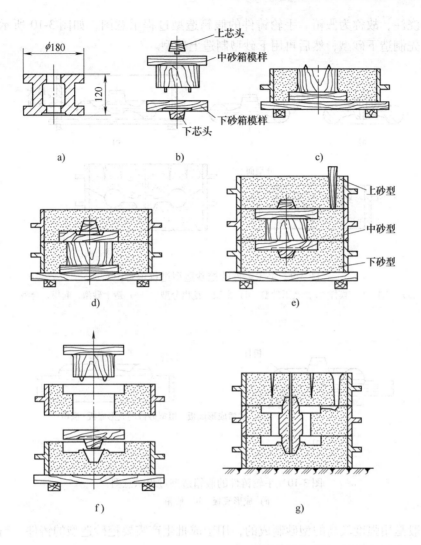

图 3-8 带轮铸件的三箱造型过程示意图

a) 铸件图 b) 模样 c) 造中砂型 d) 造下砂型 e) 翻下砂型、中砂型，造上砂型

f) 依次分型，起模 g) 下芯，合型

4. 挖砂造型和假箱造型

有些铸件的分型面是一个曲面，起模时覆盖在模样上的型砂阻碍模样的取出，因此，必须将覆盖在模样上的型砂挖去才能正常起模，这种造型方法称为挖砂造型。挖砂造型适用于最大分型面不在端部、模样又不便分开的铸件，造型时将妨碍起模的型砂挖掉，形成分型面。如手轮铸件（图3-9），在制作模样时，因分型面是曲面，且无法制成分模，只能制成整体的模样，因此采用挖砂造型。

挖砂造型时，每造一型需挖砂一次，操作麻烦，生产率低，操作水平要求高，因此，这种方法只适用于单件小批量生产。

当铸件批量较大时，为了避免每型挖砂，可以采用假箱造型。假箱造型是利用预先制备好的半个铸型代替底板，省去挖砂操作的造型方法。此半个铸型只参与造型，不用来组成铸型，不参加浇注，故称为假箱。手轮铸件的假箱造型过程示意图，如图 3-10 所示。假箱承托模样，首先制造下砂型，然后再用下砂型制造上砂型。

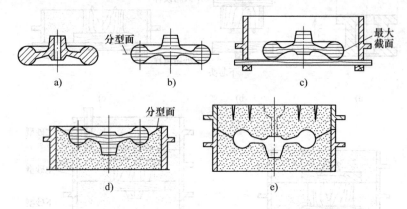

图 3-9　手轮铸件的挖砂造型过程示意图

a）零件　b）模样　c）造下砂型　d）翻型，挖出分型面　e）造上砂型，起模，合型

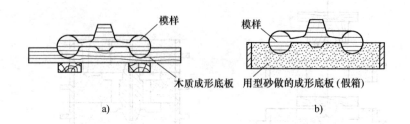

图 3-10　手轮铸件的假箱造型过程示意图

a）成形底板　b）假箱

　　假箱一般是用强度较高的型砂制成的，用于成批生产需要挖砂造型的铸件。当生产数量更大时，可用木制成型的底板代替假箱。

　　5. 刮板造型

　　制造有等截面形状的大中型回转体铸件时，如带轮、大齿轮、飞轮、弯管等，若生产数量少，可用与铸件截面形状相适应的木板制成刮板来代替模样进行造型，这种造型方法称为刮板造型，图 3-11 所示为圆盖铸件的刮板造型过程示意图。

　　刮板造型可以节省模样制作材料、模样加工时间等，但造型时操作复杂、生产率低、要求操作者技术水平高，适用于生产单件、小批量的大、中型回转体铸件。

　　刮板造型可在砂箱内进行，也可以利用地坑，这样可以节省下砂箱并降低了砂型的高度，便于浇注。

　　6. 活块造型

　　当铸件侧面有较小的凸起时，将凸起部分制成活块，造型时将活块安好，起模时先将模样主体取出，再将留在砂型中的活块取出。这种用带有活块的模样造型的方法称为活块造型，模样上可拆卸或能活动的部分称为活块，如图 3-12 所示。

　　活块造型操作应特别细心，舂砂时要注意防止舂坏活块或将其位置移动。活块部分的砂型损坏后，修补较麻烦，取出活块也要花费工时，因此活块造型的操作难度大，生产率低，适用于单件小批量生产。

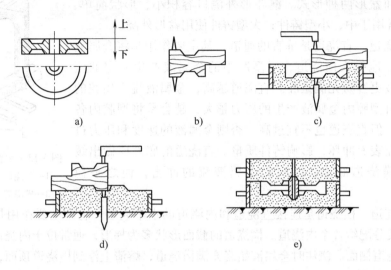

图 3-11　圆盖铸件的刮板造型过程示意图
a）铸件　b）模样　c）刮制下砂型　d）刮制上砂型　e）下芯，合型

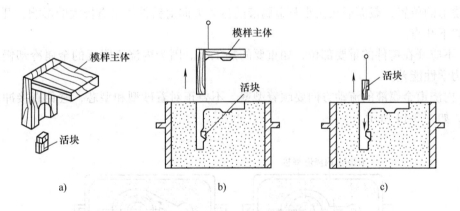

图 3-12　活块造型过程示意图
a）模样　b）取出模样主体　c）取出活块

3.2.2.4　浇注系统、冒口与冷铁

1. 浇注系统

引导金属液进入型腔的通道称为浇注系统。浇注系统与铸件质量密切相关，合理的浇注系统可以使金属液迅速而平稳地注入型腔，有效地阻止熔渣、砂粒等杂质进入型腔，还可以调节铸件各部分的温度，补充金属液在冷却和凝固时的体积收缩。如果浇注系统设置不合理，铸件易产生冲砂、砂眼、渣气孔、浇不到、气孔和缩孔等缺陷，造成的废品约占铸件废品的 30%。

浇注系统通常由外浇口、直浇道、横浇道和内浇道四个部分组成，如图 3-13 所示。各部分的作用如下。

（1）外浇口　外浇口的作用是便于浇注，缓和金属液对型腔的冲击，使金属液平稳地流入直浇道，并阻挡金属液中的熔渣进入直浇道。常用的外浇口有漏斗形和盆形两种形式。漏斗形外浇口容积小、形状简单、制造方便，常用于中、小型铸件；大型铸件使用盆形外浇口。

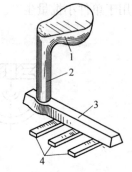

（2）直浇道　直浇道是垂直的通道，其主要作用是将金属液从外浇口平稳地引入横浇道，对型腔中的金属液产生一定的压力，使金属液更容易充满型腔。直浇道越高，金属液流入型腔的速度越快，对型腔内金属液产生的压力越大，越容易将型腔内各个部分充满。但直浇道也不宜过高，否则金属液的速度和压力过大，会将型腔表面冲坏，影响铸件质量。直浇道的底部应做出缓冲窝，低于横浇道底面，以减轻金属液流的冲击，使之平稳流动。

图 3-13　浇注系统的组成
1—外浇口　2—直浇道
3—横浇道　4—内浇道

（3）横浇道　横浇道是连接直浇道和内浇道的水平通道。它的主要作用是挡渣，其次可以将金属液分配给各个内浇道。横浇道的截面形状多为梯形，通常位于内浇道顶面上，末端应超出内浇道侧面。浇注时金属液始终充满横浇道，熔渣上浮到横浇道顶面，纯净金属液由底部流入内浇道。

（4）内浇道　内浇道是金属液流入型腔的通道，主要作用是控制金属液流入型腔的速度和方向。内浇道的截面形状有扁梯形、三角形、半圆形和圆形等。

内浇道的位置、截面形状大小及金属液的流入方向对铸件质量有极大的影响，开设时必须注意以下几点。

1）不应开在铸件的重要部位，如重要的加工面。因为内浇道附近的金属冷却慢，组织粗大，力学性能差。

2）内浇道金属液的流动方向要顺着型壁，不要正对着砂型和型芯，避免直接冲击型芯或砂型，如图 3-14 所示。

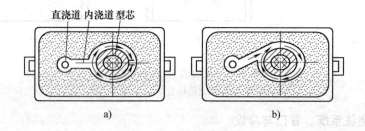

图 3-14　内浇道的方向
a）不正确　b）正确

3）对于一些大型的薄壁铸件，由于金属液凝固时间短，不易流动，应多开内浇道。

4）为了方便清理，内浇道与铸件的连接处应有缩颈，如图 3-15 所示。在敲断内浇道时，既不会从铸件处断裂，也不会使残留的内浇道过长。

2. 浇注系统的类型

内浇道的位置对铸件的质量影响很大，内浇道位置不同，金属液流入型腔的方式就不同，则金属液在型腔中的流动情况和温度分布情况也随之不同。

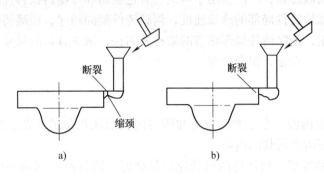

图 3-15　缩颈
a）正确　b）不正确

根据内浇道的注入位置不同，浇注系统可分为顶注式浇注系统、底注式浇注系统、中间注入式浇注系统和阶梯式（多层式）浇注系统。图 3-16a 所示为顶注式，金属液从顶部快速进入型腔；图 3-16b 所示为底注式，把金属液从型腔底部引入型腔；图 3-16c 所示为中间注入式，把金属液从型腔中部引入型腔，它的特点介于顶注式和底注式浇注系统之间；图 3-16d 所示为阶梯式（多层式），在铸件不同高度上开设若干内浇道，使金属液从底部开始，逐层地由下而上进入型腔。

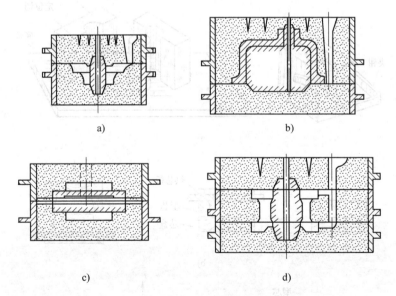

图 3-16　浇注系统的类型
a）顶注式　b）底注式　c）中间注入式　d）阶梯式（多层式）

3. 冒口与冷铁

（1）冒口　金属液在冷却凝固过程中发生收缩，最后凝固的地方很容易产生缩孔和缩松。为了防止缩孔和缩松的产生，经常在铸件的顶部或厚大部位及最后凝固的部位设置冒口。

因此，冒口的主要作用是补缩，除此之外还有排气和集渣的作用，也可以作为浇注时注满的标志。

（2）冷铁 冷铁是为了增加铸件局部的冷却速度，而在相应部位的铸型型腔或型芯中安放的用金属制成的激冷物，广泛应用于铸钢、有色金属和球墨铸铁铸件的铸造生产中。

冷铁的作用是加快铸件局部的冷却速度，调整铸件凝固顺序，提高铸件局部的硬度和耐磨性，防止裂纹产生，消除铸件局部热节的缩孔和缩松，减少冒口的尺寸、数量。常用的冷铁材料有铸铁、钢、铝合金、铜合金等。

3.2.2.5 造芯

1. 型芯的作用

（1）形成铸件的内腔 在型腔内放入和所需内腔形状相似的型芯，浇注金属液并待其冷却后，即可获得所需要形状的内腔。

（2）形成铸件的外形 当铸件的形状比较复杂时，铸件的内部和外部形状均可通过型芯来制作。

2. 造芯方法

按型芯制造的成形方式不同，可分为芯盒造芯和刮板造芯两类。

（1）芯盒造芯（图3-17） 芯盒按其结构不同，可分为对开式、整体式和可拆式三种。其中对开式芯盒，适用于制作圆形截面的较复杂型芯；整体式芯盒，适用于制作形状简单的中、小型芯；可拆式芯盒，适用于制作整体式和对开式芯盒无法取芯的、形状复杂的中、大型型芯，可将芯盒分成几块，分别拆去芯盒取出型芯。

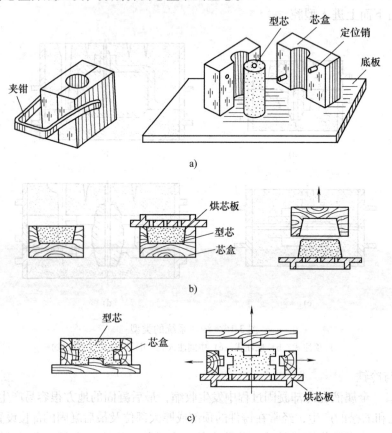

图 3-17　芯盒造芯

a）对开式芯盒造芯　b）整体式芯盒造芯　c）可拆式芯盒造芯

（2）刮板造芯（图 3-18） 刮板造芯是指刮板沿着某一轨道来回移动而获得型芯的方法。这种方法适用于刮制截面没有变化的型芯，型芯截面多为半圆形或多边形。

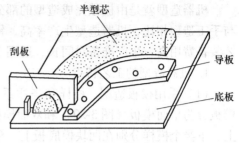

图 3-18 刮板造芯

3. 造芯的基本操作

手工造芯是传统的造芯方法，一般依靠人工填砂紧实，也可借助木槌或小型捣固机进行紧实，制好的型芯放入烘炉内烘干硬化。对开式芯盒造芯的基本操作步骤如下，过程示意图如图 3-19 所示。

1）检查芯盒的定位销，对芯盒内表面进行清理。

2）将芯盒按定位销合上，用夹钳夹紧放在工作台上，进行填砂和舂砂。

3）舂实到一定高度，插入芯骨以提高型芯的强度（小型芯的芯骨可以用铁丝制作，中、大型型芯要用铸铁芯骨），继续填砂、舂砂至芯盒上端。

4）刮平上端面，沿型芯的中心线、用通气针扎出贯通的通气孔以提高型芯的透气性，型芯通气孔一定要与砂型通气孔接通。

5）去掉芯盒上的夹钳，放平，轻轻敲击芯盒，去掉上半个芯盒。

6）取出型芯，刷上涂料以提高其耐高温性能，防止铸件粘砂。

7）放在烘干板上烘干，型芯烘干后强度和透气性都能提高，黏土型芯烘干温度为 250～350℃，保温 3～6h 后缓慢冷却。

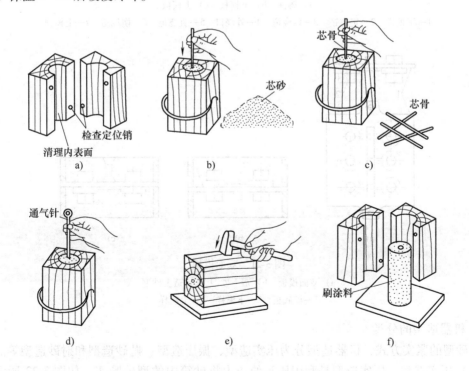

图 3-19 对开式芯盒造芯的过程示意图

a）检查芯盒 b）夹紧芯盒，加入芯砂舂实 c）插芯骨 d）继续填砂、舂砂，刮平，扎通气孔
e）去掉夹钳，轻敲使型芯与芯盒松开 f）取出型芯，刷涂料，烘干

3.2.3　机器造型

机器造型就是由机械完成造型的部分或整个过程,包括填砂、紧砂和起模等主要工序。与手工造型相比,机器造型生产率高、铸件尺寸精度较高、表面粗糙度值较低,但设备及工艺装备费用高,生产准备时间长,适用于成批、大量生产。

1. 机器造型的工艺特点

(1) 采用模板造型　模样和浇注系统沿分型面与模底板连成的一个组合体称为模板。模板分为单面模板(图3-20)和双面模板(图3-21)。单面模板是指模底板的一面有模样,上、下半个模样分别在两块模底板上,分别称为上模板和下模板。双面模板是上半个模样和浇注系统在模底板的一侧,下半个模样在模底板上对应位置的另一侧。造型时,模底板形成分型面,模样形成铸型空腔,模底板的厚度不影响铸件的形状和大小。

(2) 只适用于两箱造型　造型机无法制造中型,因此不能进行三箱造型。

(3) 不宜使用活块　活块的取出会大大降低制造机的造型效率。

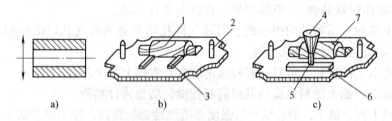

图 3-20　单面模板

a) 铸件　b) 下模板　c) 上模板

1—下模样　2—定位销　3—内浇道　4—外浇口　5—直浇道　6—横浇道　7—上模样

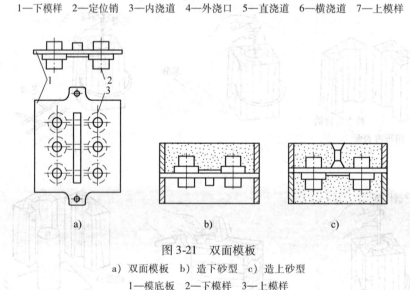

图 3-21　双面模板

a) 双面模板　b) 造下砂型　c) 造上砂型

1—模底板　2—下模样　3—上模样

2. 机器造型的分类

按砂型的紧实方式,机器造型分为压实造型、振压造型、抛砂造型和射砂造型等。

(1) 压实造型　压实造型是利用压头的压力将砂箱内的型砂紧实,如图3-22所示。先将型砂填入砂箱和辅助框中,然后压头向下将型砂紧实。辅助框是用来补偿紧实过程中型砂被压缩的高度。压实造型生产率较高,但砂型沿砂箱高度方向的紧实度不够均匀,一般越接近模底板，紧实度越差。因此压实造型只适用于高度不大的砂箱。

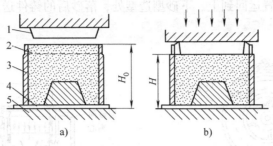

图 3-22　压实造型示意图

a）压实前　b）压实后

1—压头　2—辅助框　3—砂箱　4—模底板　5—工作台

（2）振压造型　振压造型是以压缩空气为驱动力，通过振动和撞击对型砂进行紧实。图 3-23 所示为振压式造型机的造型过程，紧砂的过程分成振实和压实两步进行，利用起模液压缸顶起砂箱使模样脱离。

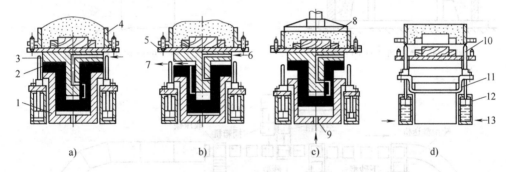

图 3-23　振压式造型机的造型过程

a）填砂　b）振动紧砂　c）压实顶部砂型　d）起模

1—压实气缸　2—压实活塞　3—振击活塞　4—砂箱　5—模底板　6—进气口 A　7—排气口　8—压板

9—进气口 B　10—起模顶杆　11—同步连杆　12—起模液压缸　13—液压油

（3）抛砂造型　抛砂造型的工作原理是抛砂机利用离心力填砂并使型砂紧实。如图 3-24 所示，型砂由皮带输送机连续地送入，高速旋转的叶片接住型砂并分成一个个砂团，砂团随叶片转到出口时，由于离心作用，高速抛入砂箱，完成填砂和紧实。

（4）射砂造型　图 3-25 所示为射砂机工作原理图。由储气包中迅速进入射腔的压缩空气，将芯砂由射砂孔射入热芯盒的空腔中，而压缩空气经电热板上的排气孔排出，射砂过程是在较短的时间内同时完成填砂和紧实，生产率极高。

3. 造型生产线

造型生产线是根据铸造工艺流程，采用各种铸型输送装置将造型机、翻型机、下芯机、合型机和落砂机等各种铸造过程中的设备连接起来，组成机械化或自动化的造型系统。

图 3-26 所示为造型生产线的示意图，其工艺流程是两台造型机分别造上下砂型，下砂型有轨道送至翻型机处翻转，再由落型机送到铸型输送机的平板上，由下芯机下芯；上砂型造好并翻转检查后，进入合型机，依据定位销准确地合在下砂型上；然后按箭头方向运至压

铁机下放压铁，至浇注段进行浇注；然后在冷却室冷却后，继续被运到落砂机处得到铸件。最后，空砂箱经输送装置运回到上、下砂型造型处，落砂后的铸件送去清理，旧砂则被运回混砂处。

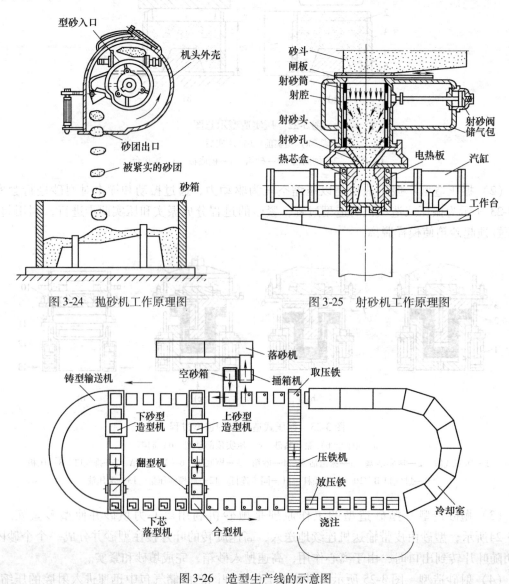

图 3-24　抛砂机工作原理图　　　　图 3-25　射砂机工作原理图

图 3-26　造型生产线的示意图

3.3　铸造合金的熔炼与浇注

3.3.1　铸造合金的熔炼

在生产中，要获得良好的铸件，除了要有良好的造型材料、模样及造型工艺外，还要有更加重要的环节——合金的熔炼与浇注。合金的熔炼是将固态金属熔化成液体，使其达到设计要求的化学成分和温度，保证金属液的质量。对合金的熔炼过程控制不当会导致铸件化学成分和力学性能不合格，而且易产生气孔、夹渣、缩孔等缺陷。

合金熔炼的基本要求是优质、低耗和高效，即金属液具有合理的温度；化学成分合格，纯净度高（杂质及气体含量少）；熔炼效率高，成本低。

用于铸造的金属材料种类繁多，有铸铁、铸钢、铸造铝合金、铸造铜合金、铸造镁合金等，其中铸铁件应用最多，占铸件总重量的80%左右。

3.3.1.1 铸铁的熔炼

碳的质量分数大于2.11%、小于6.67%的铁碳合金称为铸铁。铸铁的熔炼设备种类较多，如冲天炉、电弧炉、工频感应电炉等，其中冲天炉的使用最为广泛。冲天炉结构简单、操作方便、效率高、可连续熔炼、成本较低，因此大多数工厂熔炼铸铁都使用冲天炉。

1. 冲天炉的构造

冲天炉由炉底及支撑、炉缸、炉身、烟囱、炉顶及前炉组成，如图3-27所示。

（1）炉身 炉身是冲天炉的主要部分，炉料的预热及熔化过程都在此进行。炉身的外壳由钢板制成，内砌耐火砖炉衬，两者之间留有空隙，以填入炉渣或废砂，既留有炉壁受热膨胀的空间，又能减少热量散失。炉身下部是用钢板焊成的风带，开设若干个风口通向炉内，其作用是使进入炉内的风均匀、稳定，利于焦炭燃烧。

（2）炉缸 风口以下直到炉底的部分称为炉缸。炉缸下部有铁液的出口，经过桥与前炉相连。炉缸后面有一个工作门，可以维修炉底及进行点火操作。

（3）炉底及支撑 它由炉底板、炉门、炉门支撑和炉腿组成。炉底板中间开有一个较大的圆孔，以便熔炼结束后放出炉料。熔化前先将炉底板的圆孔用钢板封死并用支撑铁柱撑住，然后再用耐火材料做炉底。

（4）烟囱 它的作用是把炉内产生的气体和火花引到室外，加强炉内的气体流动。烟囱的内壁是用耐火砖砌成，与炉身相接处有加料口，炉料由此进入炉内。

（5）炉顶 炉顶装有火花捕集器，使灰尘集聚并由烟囱底部的管道排出，工作原理是废气在改变流动方向时，质量较大的灰尘由于惯性和重力的作用而下沉。

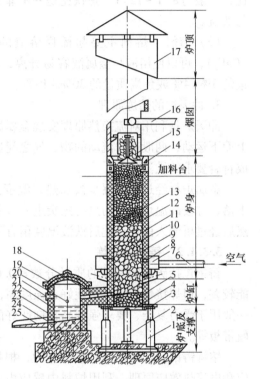

图 3-27 冲天炉的结构
1—炉腿 2—炉门支撑 3—炉底板 4—炉门
5—炉底 6—进风管 7—风带 8—风口
9—炉壳 10—炉衬 11—底焦 12—金属炉料
13—层焦 14—铸铁砖 15—加料桶 16—加料机械
17—火花捕集器 18—过桥 19—前炉盖
20—出渣口 21—过桥窥视孔 22—前炉炉衬
23—前炉炉壳 24—出铁口 25—出铁槽

（6）前炉 前炉有储存、净化铁液的作用。前炉炉壳用钢板制成，里面砌有耐火砖，前下方有出铁口，侧面的中上部有出渣口，正面与过桥口对应处开设过桥窥视孔。

（7）过桥 过桥是冲天炉内的金属液流入前炉的通道，是用耐火材料制成。

（8）附属设备 如鼓风机和加料设备等。鼓风机是冲天炉的重要附属设备，熔炼时炉内所需的大量空气是由它供给的；加料设备是将炉料送入炉内的设备。

2. 冲天炉的炉料

冲天炉的炉料由金属炉料、燃料和熔剂三部分组成。

（1）金属炉料　金属炉料由生铁、回炉料、废钢及铁合金按比例配置而成。生铁是高炉冶炼的专供铸造用的生铁锭，是生产铸铁的主要原材料；回炉料是指浇冒口及废铸件等；废钢是指机械加工后边角废料，加入废钢可降低金属液的碳含量，提高铸件的力学性能；铁合金如硅铁、锰铁、铬铁以及稀土合金等，用于调整金属液的化学成分。

（2）燃料　冲天炉多用焦炭作为燃料。每批炉料中金属炉料和焦炭的质量比称为铁焦比，一般为 8:1 ~ 12:1。焦铁比是一个非常重要的经济指标，它直接关系到企业的生产成本与效益。

（3）熔剂　熔剂主要起稀释熔渣的作用。常用的熔剂有石灰石（$CaCO_3$）和萤石（CaF_2），可以使熔渣与金属液容易分离，便于熔渣清除。熔剂的加入量一般为金属炉料质量的 3% ~ 4% 或焦炭质量的 30% ~ 40%。

3. 冲天炉的熔炼原理

冲天炉是利用对流换热原理实现金属熔炼的。熔炼时，热炉气自下而上运动，冷炉料自上而下运动，两股逆向流动的物、气之间进行着热量交换和冶金反应，最终将金属炉料熔化成符合要求的铁液。

金属炉料经过预热逐步被加热，温度达到 1200℃ 左右时，开始熔化成液滴。液滴继续下落，并被高温炉气和灼热的焦炭进一步加热（过热），过热的铁液温度可达 1600℃ 左右，然后经过桥流入前炉。此后铁液温度稍有下降，最后出铁液温度为 1380 ~ 1430℃。

3.3.1.2　铸钢的熔炼

铸钢包括碳素钢（碳的质量分数 ≤0.60% 的铁碳二元合金）和合金钢。铸钢的铸造性能较差，但焊接性能好、塑性好、强度高，有的合金钢还具有耐磨、耐蚀等特殊性能。铸钢一般用于受力复杂、要求强度高且韧性好的铸件，如水轮转子、高压阀体、大齿轮、辊子、履带板等。

熔炼铸钢的常用设备有感应电炉，根据电磁感应和电流热效应原理，利用炉料内感应电流的热能熔化金属的。感应电炉的结构如图 3-28 所示。当交流电通过电炉的感应线圈时，炉中的金属炉料在交流电磁场作用下产生涡流，涡流在炉料中产生的电阻热使炉料熔化和过热。熔炼中为保证尽可能大的电流密度，感应线圈中应通水冷却。

熔炼铸钢的炉料包括金属料、氧化剂、还原剂、造渣材料等，其中废钢是主要的金属料，另外还有生铁、铁合金等金属料用来调整成分。

3.3.1.3　铝合金的熔炼

常用的铸造有色金属有铸造铝合金、铸造铜合金、铸造镁合金、铸造锌合金等，其中铸造铝合金的应用最多。铝合金密度小，具有一定的强度、塑性及耐蚀性，广泛应用于制造汽车发动机的气缸体、气缸盖、活塞、螺旋桨及飞机起落架等。

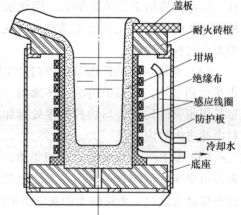

图 3-28　感应电炉的结构

铝合金与铸钢、铸铁相比，熔点低、易氧化和吸气，多采用坩埚炉进行熔炼。坩埚炉是利用传导和辐射原理进行熔炼的。图 3-29 为电阻坩埚炉的示意图。熔炼时将铝合金置于坩埚内，并用熔剂覆盖，在坩埚外间接加热，使铝合金在隔绝空气的环境下受热熔化。接近浇注温度时，加入精炼剂对铝合金液进行除气精炼，精炼后应立即浇注，以防止二次氧化、吸气。

铝合金炉料包括金属料（铝锭、废铝、中间合金）、熔剂（与氧化物反应造渣）、变质剂（细化晶粒）等。

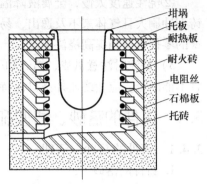

图 3-29 电阻坩埚炉的示意图

3.3.2 铸造合金的浇注

将熔融金属从浇包浇入铸型的过程称为浇注。浇注是铸造生产中的一个重要环节，浇注工艺设计是否合理，直接影响到铸件的质量、生产率和工作安全。浇注不当会使铸件产生浇不到、冷隔、跑火、气孔、夹渣和缩孔等缺陷。

浇注通常用手工操纵浇包进行，大型铸件或机械化生产中用机械化或自动化浇注装置来完成。

1. 浇注前的准备工作

（1）准备浇注工具　常用的浇注工具有浇包（图 3-30）、挡渣钩等。浇包的外壳用钢板制成，内衬为耐火材料。浇包的种类由铸型的大小决定，手提浇包容量为 15～20kg，抬包容量为 25～100kg，容量更大的浇包用吊车调控称为吊包。浇包使用前必须进行烘干，挡渣钩使用前需要预热。使用过的浇包要进行修理、修补，要求内表面光滑平整。

（2）清理浇注场地　浇注周围的场地不能有积水，可以铺上干砂，浇注时行走的通道不应有杂物阻挡。

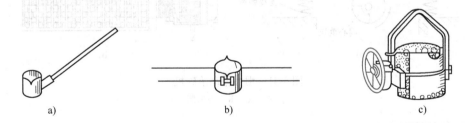

a)　　　　　　　　　　　b)　　　　　　　　　　　c)

图 3-30 浇包

a）手提浇包　b）抬包　c）吊包

2. 浇注工艺

1）浇注前要了解铸件的质量、形状大小及合金牌号，选好浇包、烘干工具、清理浇注场地。金属液出炉后，应将液面上的熔渣扒除干净，并覆盖保温聚渣材料；浇注前还需再次扒除金属液面上的熔渣，以免浇入铸型。

2）浇注时要根据合金种类和铸件的大小、形状及壁厚确定浇注温度和浇注速度。

①浇注温度过高，铁液收缩量大，容易产生气孔、裂纹、缩孔、缩松、粘砂等缺陷；浇注温度过低，铁液流动性差，会产生冷隔、皮下气孔、浇不到等缺陷。根据生产经验，一般铸钢的浇注温度为 1520～1620℃，铝合金为 680～780℃，一般中小型灰铸铁件的浇注温度

为 1260~1350℃，形状复杂和薄壁的灰铸铁件浇注温度为 1350~1400℃。

②浇注速度太慢，金属液降温过多，会产生冷隔和浇不到等缺陷；浇注速度太快，则对铸型冲刷大且气体来不及逸出，易造成气孔、冲砂、抬箱、跑火等缺陷。对于形状复杂和薄壁的零件可适当提高浇注速度。

3）浇注时注意扒渣、挡渣和引火（将砂型中冒出的气体点燃，以防 CO 对人体的危害）且不能断流，应始终使外浇口保持充满，以便熔渣上浮。

3.4 铸件的落砂、清理和缺陷分析

3.4.1 铸件的落砂与清理

1. 铸件的落砂

把铸件与型砂、砂箱分离的操作称为落砂。落砂前要掌握好开箱时间，落砂应在铸件充分冷却后进行，以免铸件冷却太快产生表面硬皮、内应力、变形、裂纹等缺陷。

常用的落砂方法为手工落砂和机械落砂。手工落砂是用手锤和铁钩进行的，生产率低，灰尘多、温度高，劳动条件差；机械落砂常使用振动落砂机进行落砂。图 3-31 所示为惯性振动落砂机，当主轴旋转时，两端的偏心重块使机身和砂箱一起振动，完成落砂。

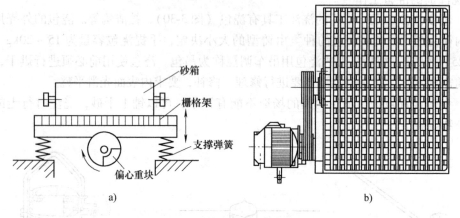

图 3-31 惯性振动落砂机
a）原理图 b）外形图

2. 铸件的清理

落砂后应对铸件进行初步检验，初验合格的铸件就可以进行清理。铸件清理的内容包括去除浇冒口，清除型芯，清除内外表面的粘砂，铲除、打磨飞边和毛刺，表面修整等。

（1）去除浇冒口 铸铁件的浇冒口可以用铁锤敲掉，敲击时要选好敲击方向，以免损坏铸件或伤人；铸钢件由于塑性好，通常用气割切除浇冒口；有色金属铸件的浇冒口则用锯削切除。

（2）清除型芯 铸件内腔的型芯和芯骨可用手工或振动出芯机去除。

（3）清除粘砂 主要采用机械抛丸的方法清除铸件表面粘砂，小型铸件可使用抛丸清理滚筒、履带式抛丸清理机进行清理，大、中型铸件可用抛丸室、抛丸转台等设备清理，生产量不大时也可用手工清理。

（4）表面修整 去除分型面或芯头处的飞边、毛刺和残留的浇冒口痕迹，可用砂轮机、锉刀、錾子、钢丝刷和风铲等工具。清理大批量铸件表面时，可采用机械代替手工，常用的设备有清理滚筒、喷砂及抛丸机等。

3.4.2　铸件的缺陷分析

1. 铸件缺陷特征分析及预防方法

铸造生产过程中工序繁多，由于铸型、温度、冷却、工艺、操作、铸件结构以及金属熔液等方面因素，常在铸件内部、表面，成分和性能等方面出现一些缺陷，从而降低了铸件的质量和成品率。为了防止和减少缺陷的产生，清理后的铸件需要逐件检验，首先应该确定缺陷的种类，然后分析其产生的原因，采取有效措施防止再次发生。

常见的铸件缺陷名称和特征、产生原因和预防方法，见表 3-1。

表 3-1　常见的铸件缺陷名称和特征、产生原因和预防方法

	缺陷名称和特征	产生原因	预防方法
孔洞类缺陷	1. 气孔 铸件内部或表面有呈圆形、梨形、椭圆形的光滑孔洞，孔的内壁较光滑 气孔	1）春砂太紧或型砂透气性差 2）型砂太湿，起模刷水过多 3）型芯通气孔堵塞或型芯未烘透 4）浇口开设不正确，气体排不出去 5）炉料不净，合金液含气量过大	1）提高铸型和型芯的透气性 2）严格控制铸型的水分 3）确保铸型、型芯通气孔通透，严格控制型芯的烘干工艺及操作 4）正确设计浇注系统，正确进行浇注、避免合金液紊流充型卷入空气 5）合金液精炼除气
	2. 缩孔与缩松 缩孔：在铸件最后凝固的部位出现形状极不规则、孔壁粗糙的孔洞 缩松：铸件截面上细小分散的缩孔 缩孔	1）铸件结构设计不合理，壁厚不均匀 2）浇注系统或冒口设置不正确，补缩不足 3）浇注温度过高，熔融金属收缩过大 4）与熔融金属的化学成分有关	1）合理设计铸件结构 2）合理设置浇冒口系统 3）合理调整熔融金属成分
	3. 砂眼 铸件表面或内部带有砂粒的孔洞 砂眼	1）铸件结构不合理，砂型或型芯局部薄弱，浇注时被合金液冲坏 2）型腔或浇口内散砂未吹净 3）型砂强度不高或局部未春紧，掉砂或浇注时被合金液冲坏 4）合型时砂型局部挤坏 5）浇口开设不正确，冲坏砂型或型芯	1）合理设计铸件结构和浇注系统 2）增强砂型局部紧实度 3）提高砂型、型芯的强度
	4. 渣气孔 铸件上表面充满熔渣的孔洞，常与气孔并存，大小不一，成群集结 渣气孔	1）浇注时挡渣不良 2）浇注温度低，渣不易上浮 3）浇注系统不正确，挡渣效果差	1）正确设计浇注系统 2）不中断浇注，避免熔渣进入型腔

（续）

缺陷名称和特征	产生原因	预防方法
5. 机械粘砂 铸件的部分或整个表面上，粘附着一层金属与砂料的机械混合物，使铸件表面粗糙	1）浇注温度过高，熔融金属渗透力强 2）型砂过粗，砂粒间空隙过大 3）砂型舂太松，型腔表面不致密 4）型砂耐火度差	1）降低浇注温度 2）选用合适的型砂
6. 夹砂、结疤 铸件表面产生疤状金属突起物，其表面粗糙，边缘锐利，有一小部分疤片金属和铸件本体相连，在疤片和铸件间有型砂 夹砂　砂块 铸件 结疤	1）型腔强度较低。浇注温度过高，型腔表层受热后鼓起或开裂，合金液钻入 2）浇注速度太慢，型砂受热时间过长 3）内浇道过于集中，局部砂型烘烤厉害	1）提高铸型强度 2）较低浇注温度 3）减少浇注时间
7. 错型 铸件的一部分与另一部分在分型面处相互错开	1）合型时，上、下砂型未对准 2）分模的上、下模样未对准	尽可能采用整模造型
8. 偏芯 型芯位置偏移，引起铸件内腔和局部形状位置偏错	1）型芯变形 2）型芯装配时偏斜 3）型芯悬臂过长，引起下垂 4）芯头与芯座尺寸不对，或间隙过大 5）浇道位置不对，合金液冲刷型芯	1）合理设计型芯 2）增加芯撑等固定装置 3）正确设计浇注系统
9. 浇不到 铸件残缺或轮廓不完整，或可能完整但边角圆且光亮。常出现在远离浇口的部位及薄壁处 铸件 型腔壁	1）浇注温度过低 2）浇包中合金液量不够 3）浇口太小或未开出气孔 4）铸件壁厚设计太薄	1）提高浇注温度和浇注速度 2）依据合金成分合理设计 3）铸件壁厚及浇注系统 4）保证足够合金液用量

表面缺陷

形状尺寸不合格

（续）

	缺陷名称和特征	产生原因	预防方法
裂纹冷隔类缺陷	10. 冷隔 在铸件上穿透或不穿透、边缘呈圆角状的缝隙，多出现在远离浇口的宽大上表面或薄壁处、金属流汇处、激冷处	1）浇注温度过低 2）浇注时断流或浇注速度太慢 3）浇口位置不对或浇口太小 4）远离浇口的铸件壁太薄	1）提高浇注温度 2）不中断浇注过程 3）正确设计浇注系统
	11. 裂纹 热裂：铸件开裂，裂纹断面严重氧化，呈现暗蓝色，外形曲折而不规则 冷裂：裂纹断面不氧化并发亮，有时轻微氧化，呈现连续直线状	1）铸件结构设计不合理，壁厚不均匀 2）型砂或芯砂退让性差 3）落砂过早 4）合金化学成分不当，收缩过大 5）浇注系统开设不当，阻碍铸件收缩	1）合理设计铸件结构 2）增加型砂和芯砂的退让性 3）合理控制落砂时间 4）准确计算并控制合金成分 5）正确设计浇注系统
组织缺陷	12. 白口 铸件断口呈银白色，难以切削加工	1）炉料成分不对 2）熔化配料操作不当 3）落砂太早 4）铸件壁过薄	1）调整合金化学成分 2）铸后进行退火处理

2. 铸件质量检验的方法

根据用户要求和技术条件等有关协议的规定，用目测、量具、仪表或其他手段检验铸件是否合格的操作过程称为铸件质量检验。铸件质量检验是铸件生产过程中不可缺少的环节。

铸件质量检验的方法有外观检验、化学成分检验、力学性能检验、断口宏观及显微检验、无损探伤检验和铸件特殊性能检验等。

（1）外观检验

1）铸件形状和尺寸检测。利用工具、夹具、量具或划线检测等手段检查铸件实际尺寸是否符合规定的铸件尺寸公差。

2）铸件表面粗糙度的评定。利用铸造表面粗糙度比较样块评定铸件实际表面粗糙度是否符合要求。

3）铸件表面缺陷检验。用肉眼或借助于低倍放大镜检查铸件表面的宏观质量，如飞边、毛刺、抬型、错型、偏心、表面裂纹、粘砂、夹砂、冷隔、浇不到等。

（2）化学成分检验　铸件化学成分检验常作为铸件验收条件之一，炉前对合金液进行检测和分析，铸造后对铸件化学成分进行复检。

（3）力学性能检验　力学性能检验是对试棒或试样进行拉伸试验、弯曲试验、冲击试验等。

（4）断口宏观及显微检验　利用金相显微镜、电子显微镜、电子探针等对断口进行观察，确定内部组织结构、晶粒大小以及内部夹杂物、裂纹、缩松、偏析等。

（5）无损探伤检验　无损探伤检验是指在不破坏检验件的前提下检查铸件内部的缩孔、缩松、气孔、裂纹等缺陷，并确定缺陷大小、形状、位置等。常用的方法有射线探伤（X射线，γ射线）、超声波探伤、磁粉探伤、荧光检验及着色探伤等。

（6）铸件特殊性能检验　如铸件的耐热性、耐蚀性、耐磨性、减振性、电学性能、磁学性能、压力密封性能等。

根据铸件质量检验结果，可将铸件分为合格品、返修品和废品三类。铸件的质量符合有关技术标准或交货验收技术条件的为合格品；铸件的质量不完全符合标准，但经返修后能够达到验收条件的可作为返修品；如果铸件外观质量和内在质量不合格，不允许返修或返修后仍达不到验收要求的，只能作为废品。

3.5　砂型铸造的基本技能训练

3.5.1　实训守则

1）实训时要穿好工作服，浇注时要穿戴好防护用品。

2）砂箱安放要平稳，搬动砂箱要注意安全，操作现场要整洁，不要有杂物。

3）造型（芯）时不要用嘴去吹型（芯）砂及分型砂，舂砂时不要将手放在砂箱上，以免舂手，不要将造型工具乱扔、乱放，或用修型工具敲击其他物件。

4）浇包在使用前必须烘干，浇包内的金属液不易过满，应不超过浇包容量的80%。

5）不要用冷金属工具深入金属液中，以免引起金属液爆溅伤人。

6）清理铸件时，要注意周围环境，防止伤人。

3.5.2　项目实例

项目一：整模造型操作训练

操作步骤：

1）清理底板，用刮砂板将底板上的杂物清理干净。

2）把一个砂箱放到底板上，将清理干净的模样放在砂箱的中间位置。

3）填砂紧实，用刮砂板刮掉砂箱上多余的型砂。

4）翻型，用压勺将分型面压紧实光滑，摆放浇口棒，撒分型砂，将模样表面的分型砂清理干净。

5）摆放上箱，上下箱要对齐。

6）填砂紧实，用刮砂板刮掉砂箱上多余的型砂，拔出浇口棒，用压勺在直浇道的边缘挖一个漏斗形的外浇口。

7）扎气孔，做合型线。

8）分型，不要破坏合型线和上砂型。

9）将分型面上的浮砂清理干净，刷水、活型、起型、修型，挖缓冲窝，开内浇道，清理型腔内的砂粒，撒铅粉。

10）合型，放置压箱铁。

11）浇注，待其凝固冷却后，落砂，获得完整的铸件。

项目二：铸造铝合金的熔炼与浇注训练

操作步骤：

1）将造好的砂型放好。

2）将铝合金炉料放入倾斜式电阻炉内。

3）设定好温度进行铝合金熔炼，出炉前加入六氯乙烷。

4）预热浇包及所用工具。

5）清理浇注现场，保障通道顺畅无阻碍物。

6）浇注。

7）清理铸件，发现问题及时讲解。

3.5.3 练习件

以如图 3-32 所示模样为例，进行整模造型练习。

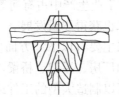

图 3-32　模样

第4章　焊接成形及其基本技能训练

4.1　焊接成形概述

随着现代工业生产的迅猛发展，焊接已成为机械制造等行业中一种越来越重要的加工工艺。目前，焊接已广泛用于能源、石油化工、航空航天、核能、海洋交通等重大工程项目，同时也遍及工业生产的各个领域。据报道，各工业发达国家用于焊接结构件的钢材占全国钢产量的40%~45%，可见焊接技术在工业生产中占有何等重要的地位。同时，随着科学技术的发展和生产加工的需要，焊接技术也获得飞跃发展。

焊接技术在工业生产中概括起来主要有以下三方面应用：第一，工业上利用各种管材、板材、型材制造各种金属结构件，如厂房、屋架、桥梁、船体、车辆、飞机、火箭、高压容器、高压锅炉等；第二，焊接技术可以制造大型的工件或者毛坯件，如利用焊接技术可制造重型设备的底座等，并充分利用焊接技术制成锻焊、铸焊等复合件；第三，焊接技术在维护和维修中具有极高的经济价值。

焊接是指通过加热或加压，或两者并用，并且用或不用填充材料使焊件达到原子结合的一种连接工艺。因此，焊接是一种重要的金属加工工艺。

焊接时，加热熔化随后冷却的那部分金属，称为焊缝；被焊的工件材料称为母材（或称为基本金属）；两个工件的连接处，称为焊接接头，包括焊缝及焊缝附近的一段受热影响的区域（图4-1）。

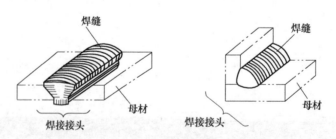

图4-1　母材、焊缝和焊接接头示意图

焊接成形方法可分为三大类：熔焊、压焊和钎焊。

熔焊是将焊接接头加热至熔化状态而不加压的一类焊接方法，主要包括电弧焊（埋弧焊、焊条电弧焊）、气焊、电渣焊、电子束焊、激光焊、气体保护焊、堆焊等。

压焊是指对焊件施加压力，加热或不加热的焊接方法，主要包括电阻焊、摩擦焊、冷压焊、感应焊、爆炸焊、超声波焊、扩散焊等。

钎焊是采用熔点比母材低的材质作为钎料，将工件和钎料加热到高于钎料熔点、低于母材熔化温度，利用液态钎料润湿母材，填充接头间隙并与母材相互扩散实现连接工件的焊接方法，包括软钎焊（如锡焊）和硬钎焊（如铜焊、银焊）。

4.2　焊条电弧焊

焊条电弧焊是利用电弧产生的热量来熔化母材和焊条的一种手工操作的焊接方法，适用于厚度在 2mm 以上多种金属材料和各种形状结构的焊接。

焊条电弧焊具有以下优点。

1）使用的设备比较简单，价格相对便宜并且轻便。焊条电弧焊使用的交流和直流焊机都比较简单，焊接操作时不需要复杂的辅助设备，只需配备简单的辅助工具，因此购置设备的投资少而且维护方便，这是它广泛应用的原因之一。

2）不需要辅助气体防护。焊条不但能提供填充金属而且在焊接过程中能够产生保护熔池和焊接处避免氧化的保护气体，并且具有较强的抗风能力。

3）操作灵活、适应性强。焊条电弧焊适用于焊接单件或小批量的产品，短的和不规则的、空间任意位置的以及其他不易实现机械化焊接的焊缝。可以说，凡焊条能够到达的地方都能进行焊接。

4）应用范围广。它适用于大多数工业用的金属和合金的焊接。焊条电弧焊选用合适的焊条不仅可以焊接碳素钢、低合金钢，而且还可以焊接高合金钢及有色金属，不仅可以焊接同种金属而且可以焊接异种金属，还可以进行铸铁补焊和各种金属材料的堆焊等。

焊条电弧焊具有以下缺点。

1）对焊工操作技术要求高，焊工培训费用大。焊条电弧焊的焊接质量，除靠选用合适的焊条、焊接参数和焊接设备外，主要靠焊工的操作技术和经验保证，即焊条电弧焊的焊接质量在一定程度上取决于焊工操作技术。

2）劳动条件差。焊工的劳动强度大，并且始终处于高温烘烤和有毒的烟尘环境中，劳动条件比较差，因此要加大劳动保护。

3）生产率低。焊条电弧焊主要靠手工操作，并且焊接参数选择范围较小，另外焊接时要经常更换焊条，并要经常进行焊道焊渣的清理，与自动焊相比，生产率低。

4）不适于特种金属的焊接。对于活泼金属（如 Ti、Nb、Zr 等）和难熔金属（如 Ta、Mo 等），由于这些金属对氧的污染非常敏感，焊条的保护作用不足以防止这些金属氧化，保护效果不够好，焊接质量达不到要求，所以不能采用焊条电弧焊。对于低熔点金属（如 Pb、Sn、Zn 及其合金等），由于电弧的温度对其来讲太高，所以也不能采用焊条电弧焊焊接。

4.2.1　焊条电弧焊的焊接过程

焊条电弧焊的焊接过程，如图 4-2 所示。焊接前，先将工件和焊钳通过导线分别接到弧焊机的两极上，并用焊钳夹持焊条。焊接时，先将焊条与工件瞬时接触，造成短路，然后迅速提起焊条，并使焊条与工件保持一定距离，这时，在焊条与工件之间便产生了电弧。电弧热将工件接头处和焊条熔化，形成一个熔池，随着焊条沿着焊接方向移动，新的熔池不断产生，原先的熔池则不断冷却、凝固，形成焊缝，从而将分离的工件连成整体。

4.2.2　焊接电弧的形成

（1）焊接电弧　焊接电弧是在两极间或电极与工件间气体介质中产生的强烈而持久的放电现象。

（2）电弧的形成　如图 4-3 所示，电弧由三个部分组成：阳极区、阴极区和弧柱区。与弧焊机负极相连的区域称为阴极区。与电焊机正极相连的区域称为阳极区。焊接时焊条和工件之间的区域称为弧柱区。弧柱区温度最高，可达 6000 ~ 8000K。阳极区温度略低，可达 2800 ~ 3000K。阴极区温度最低，大约为 2400 ~ 2600K。

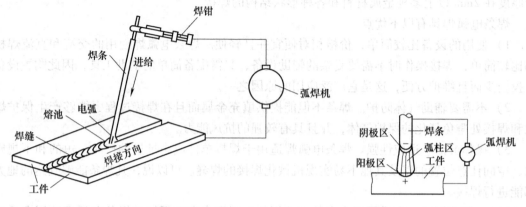

图 4-2　焊条电弧焊的焊接过程　　　　　图 4-3　焊接电弧的形成

焊接时电极（碳棒、钨极或焊条）与工件瞬时接触后，造成短路，产生很大的短路电流，接触点处的电流密度很大，在短时间内产生了大量的热，使电极末端与工件接触处温度迅速升高。将电极稍提起，此时电极与工件间形成了由高温空气、金属及药皮蒸气所组成的气体空间。这些高温气体极易被电离，在电场力的作用下，自由电子流向阳极，正离子流向阴极。在它们运动途中和达到电极与工件表面时，不断发生碰撞与复合，形成了电弧，并产生了大量的热和光。

4.2.3　焊条电弧焊的焊接设备

焊条电弧焊所用的设备称为弧焊机。它实际上是一种变压器。按照产生电流的种类不同可以分为交流和直流两大类。

1. 弧焊机的基本要求

为了便于引弧，保证电弧的稳定燃烧，弧焊机必须满足下列基本要求。

1）要有较高的空载电压，以便引弧。电压一般控制在 50 ~ 80V，以保证工作安全。

2）短路电流不能太大。因引弧时总是先有短暂的短路，如短路电流过大，会引起弧焊机过载，甚至损坏。一般短路电流不超过工作电流的 1.5 倍。

3）焊接过程电弧要稳定。因工作过程中，电弧不断受到频繁的短路和弧长变化的干扰，所以要求弧焊机在弧长受到干扰时能自动地、迅速地恢复到稳定燃烧状态，使焊接过程稳定。

4）焊接电流可以调节，以便焊接不同材料和不同厚度的工件。

2. 交流弧焊机

1）交流弧焊机实际上是一种具有一定特性的降压变压器，因此，又称为弧焊变压器。它具备结构简单，价格便宜，使用方便，噪声较小，维护容易等优点，但电弧的稳度性较差。

空载时，弧焊机的电压为 60 ~ 80V，能满足顺利引弧的需要，对人身也比较安全。引弧以后，电压自动下降到电弧正常工作所需的 20 ~ 30V。当引弧开始，焊条与工件接触形成短路时，弧焊机的电压会自动降到趋于零，使短路电流不至于过大。另外，它还可根据焊接的需要，调节电流的大小，如图 4-4 所示。

2）弧焊机是由主铁心、可动铁心、一次线圈和二次线圈组成。一次线圈绕在铁心柱上，二次线圈为两部分，一部分绕在一次线圈外面，另一部分绕在主铁心柱上兼做电抗线圈。

3. 直流弧焊机

直流弧焊机供给焊接电弧的电流是直流电。例如：硅整流直流弧焊机，相当于在交流弧焊机的基础上加上整流器（由大功率的硅整流元件组成），从而把交流电变成直流电。

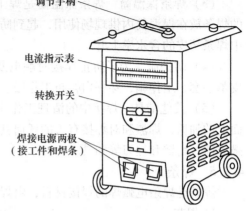

图 4-4　交流弧焊机

直流弧焊机的电弧稳定性好，焊缝质量较好，但其结构复杂，制造成本高，维修困难，使用时噪声大。

直流弧焊机的输出端有正极、负极之分，焊条接负极焊接时，电弧两端极性不变。因此，弧焊机输出端有两种接法。焊接时，工件接弧焊机的正极，焊条接负极称为正接；工件接负极，焊条接正极称为反接，如图 4-5 所示。使用碱性焊条时，应采用直流反接，以保证电弧稳定。使用酸性焊条时，一般采用交流弧焊机。若采用直流弧焊机焊接厚板，则采用正接，这是因为电弧正极的温度和热量比负极高，采用正接熔深大，生产率高；焊接薄板时，为了防止焊穿，宜采用反接。

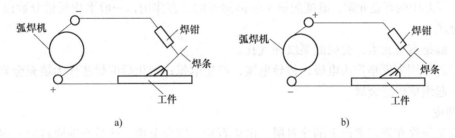

图 4-5　直流电弧焊的正接与反接
a）正接法　b）反接法

4.2.4　常用工具及附具

焊条电弧焊常用工具及附具有焊钳、焊机电缆、面罩、防护服、敲渣锤、钢丝刷和焊条保温筒等。

（1）焊钳　焊钳是用于夹持焊条进行焊接的工具。焊钳应具有良好的导电性、不易发热、重量轻、夹持焊条牢固及装换焊条方便等特性。它的组成主要有上下钳口、弯臂、弹簧、直柄、胶木手柄及固定销等。

焊钳分各种规格，以适应各种规格的焊条直径。目前，常用的市售焊钳规格主要有 300A 和 500A 两种。

（2）面罩及护目玻璃　面罩及护目玻璃是为防止焊接时的飞溅物、强烈弧光及其他辐射对焊工面部及颈部灼伤的一种遮蔽工具，有手持式和头盔式两种。护目玻璃安装在面罩正面用来减弱弧光强度；吸收由电弧发射的红外线、紫外线和大多数可见光线。焊接时，焊工通过护目玻璃观察熔池情况，正确掌握和控制焊接过程，避免眼睛受弧光灼伤。

（3）焊条保温筒　焊条保温筒是焊工焊接操作现场必备的辅具，携带方便。将已烘干的焊条放在保温筒内供现场使用，起到防粘泥土、防潮、防雨淋等作用，能够避免焊接过程中焊条药皮的含水率上升。

（4）防护服　为了防止焊接时触电及被弧光和金属飞溅物灼伤，焊工焊接时，必须戴皮革手套、工作帽，穿好白帆布工作服、脚盖、绝缘鞋等。焊工在敲渣时，应戴平光眼镜。

（5）其他辅具　焊接中的清理工作很重要，必须清除掉工件和前层熔敷的焊道金属表面上的油垢、焊渣和对焊接有害的任何其他杂质。为此，焊工应备有角向磨光机、钢丝刷、敲渣锤、扁铲和锉刀等辅具。

4.2.5　焊条

焊条是焊条电弧焊的焊接材料，由焊芯和药皮两部分组成。

1. 焊芯

焊芯是焊接时专用的金属丝，有一定的直径和长度。焊芯的直径称为焊条直径，焊芯的长度即为焊条的长度。常用的焊条直径有 $\phi2.0 \sim 6.0mm$，焊条的长度一般为 $350 \sim 450mm$。

一般选择低碳钢焊丝作为焊芯，具体焊丝牌号为"焊08"与"焊08高"，其代号分别为"H08"与"H08A"。"H"表示焊条的焊，是汉语拼音字母，"08"表示焊丝碳平均质量分数为 0.08%，"A"表示高级优质的意思，即对硫、磷等杂质的限量很严。

焊芯中的碳含量，应该是在保证与母材基本等强度的条件下越少越好。同时含量多也会增加飞溅，使焊接过程不稳定。因为焊芯碳含量的增高会增大气孔和裂纹的倾向。

锰是焊芯中的有益元素，既能脱氧又能抑制硫的有害作用，一般平均质量分数以 0.3% ~ 0.55% 为宜。

硫、磷是有害元素，会引起裂纹和气孔。

焊芯的作用主要是作为电极，传导电流，产生电弧；熔化后的焊芯作为填充金属与熔化的母材一起组成焊缝金属。

2. 药皮

药皮是压涂在焊芯表面上的涂料层，由矿石粉、铁合金粉、粘结剂等原料按一定比例配制而成。药皮的主要作用是形成熔渣和某种气体，从而隔离空气，保护熔池，同时具有冶金处理作用，如为了增加焊缝强度可以添加一些合金元素，还具有改善焊接工艺性能的作用。

3. 焊条的种类

按用途，焊条大概有九类，分别是碳钢焊条、低合金钢焊条（含耐热钢焊条、低温钢焊条）、不锈钢焊条、堆焊焊条、铸铁焊条、铜及铜合金焊条、铝及铝合金焊条、镍及镍合金焊条、特殊用途焊条。

按熔渣化学性质的不同，可将焊条分为酸性焊条和碱性焊条两大类。药皮中含有较多酸性氧化物的焊条，称为酸性焊条。酸性焊条工艺好（焊接时电流稳定，飞溅小，易脱渣等），但氧化性较强，焊缝的力学性能及抗裂性较差，所以只适用于交、直流电源焊接一般的低碳钢和低合金结构钢结构。药皮中含有较多碱性氧化物的焊条称为碱性焊条。碱性焊条脱硫、脱磷能力强，金属焊缝具有良好的抗裂性和力学性能，特别是韧性高，但焊接时电弧稳定性差，对油、水和铁锈敏感，易产生气孔，故焊前必须烘干，并彻底清除工件上的油污和铁锈，一般用于直流电源焊接重要的结构，如锅炉、压力容器等。

4. 焊条的型号与牌号

根据GB/T 5117—2012标准的规定，焊条电弧焊用碳素钢焊条的型号是根据熔敷金属力学性能，药皮类型，焊接位置，电流类型，熔敷金属化学成分和焊后状态进行划分。如E5515-N5PUH10的含义是：E—焊条；55—熔敷金属的最小抗压强度为550MPa；15—碱性药皮，适用于全位置焊接，采用直流反接；N5—熔敷金属化学成分分类代号；P—焊后状态代号（P表示热处理状态，无标记表示焊态）；U—可选附加代号，表示在规定温度下，冲击吸收能量47J以上；H10—可选附加代号，表示熔敷金属扩散含氢量不大于10mL/100g，可选附加代号，如不需要可不做标记。

焊接行业中的标准规定，结构钢焊条牌号的表示方法是：汉语拼音首字母加三位数字。如J422，"J"表示结构钢焊条"结"字汉语拼音首字母，后面的两位数字"42"为焊缝金属的抗拉强度≥420MPa，最后一位数字"2"表示钛钙型药皮，焊接电源交、直流均适用。一般来说，最后一位数字为6、7时，表示碱性焊条。

4.2.6 焊条电弧焊工艺

焊条电弧焊的工艺主要包括焊接接头形式、焊缝的空间位置和焊接规范。

1. 焊接接头形式

一个焊接结构是由若干个焊接接头组成的。常用的接头形式有对接、搭接、角接和T接等，如图4-6所示。

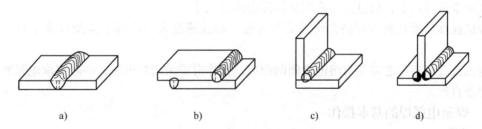

图4-6 焊接接头形式

a）对接 b）搭接 c）角接 d）T接

当然，接头还有其他形式，如十字接头、端接接头、套管接头、斜对接接头、卷接接头和锁底对接接头。其中以对接、搭接、角接和T接最为常见。

2. 焊缝的空间位置

按焊缝的空间位置不同，可分为平焊、立焊、横焊和仰焊，如图4-7所示

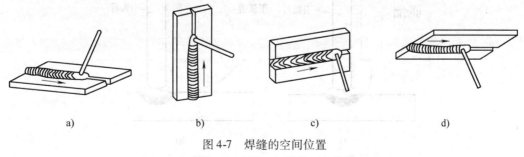

图4-7 焊缝的空间位置

a）平焊 b）立焊 c）横焊 d）仰焊

平焊是将工件放在水平位置或在与水平面倾斜角度不大的位置上进行焊接。由于焊缝处

于水平位置，熔滴主要靠自重过渡，操作技术比较容易掌握，生产率高，因此在生产中应用较为普遍。

立焊是在垂直方向进行焊接的一种操作方法，由于受重力影响，焊条熔化所形成的熔滴及熔池金属要向下坠落，造成焊缝成形困难，影响质量。

横焊是在垂直面上焊接水平焊缝的一种操作方法，由于熔化金属受重力作用，容易下滴而产生各种缺陷。

仰焊是焊缝位于燃烧电弧的上方而进行焊接的一种方式，即焊工在仰视位置进行焊接。仰焊劳动强度大，是最难焊的一种焊接位置。

3. 焊接规范

焊接规范包括选择合适的焊条直径、焊接电流、焊接速度和电弧长度，其是决定焊接质量和生产率的重要因素。

焊条直径主要取决于被焊工件的厚度。工件厚，应选用较粗的焊条。

焊接电流也可根据焊条直径选取。平焊低碳钢时，焊接电流和焊条直径的关系为

$$I = (30 \sim 60)d$$

式中　I——焊接电流，单位为 A；

　　　d——焊条直径，单位为 mm。

上式求得的焊接电流只是一个大概的数值。实际操作时，还要根据工件厚度、焊条种类、气候条件等因素，通过试焊来调整焊接电流的大小。

焊接速度是指焊条沿焊接方向移动的速度。焊接速度大小由焊工凭经验来掌握，不做规定。

电弧长度是指焊芯端部与熔池之间的距离。操作时需采用短电弧，一般要求电弧长度不超过焊条直径。

4. 2. 7　焊条电弧焊的基本操作

1. 引弧

使焊条和工件之间产生稳定电弧的过程称为引弧。引弧时，先将焊条引弧端接触工件，形成短路，然后迅速将焊条向上提起 2 ~ 4mm，电弧即可引燃。常用的引弧方法有敲击法和摩擦法，如图 4-8 所示。摩擦法类似擦火柴，焊条在工件表面划一下即可；敲击法是将焊条垂直接触工件表面后立即提起。

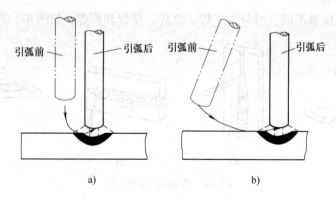

a)　　　　　　　　　　　　　　　　b)

图 4-8　常用的引弧方法

a）敲击法　b）摩擦法

2. 焊条运动

焊接时，焊条应有三个基本运动，如图 4-9 所示。一是焊条向下送进，送进的速度等于焊条的熔化速度，以使弧长维持不变；二是焊条沿焊接方向移动，其速度也就是焊接速度；三是横向摆动，焊条以一定的运动规律周期性地向焊缝左右摆动，以获得一定宽度的焊缝。

焊条与焊缝两侧工件平面的夹角应当相等，即焊条所在的平面和工件所在的平面是垂直的。而焊条与焊缝末端的夹角为 70°~80°。电弧吹力还有一部分朝已焊方向吹，阻碍熔渣向未焊部分流，防止形成夹渣而影响焊缝质量。初学操作时，特别是在焊条从长变短的过程中，焊条的角度易随之改变，必须特别注意，如图 4-10 所示。

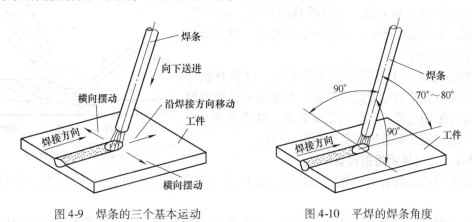

图 4-9　焊条的三个基本运动　　　　图 4-10　平焊的焊条角度

3. 焊接速度

引弧以后熔池形成，焊条运动就要均匀而适当，太快和太慢都会降低焊缝的内、外部质量。焊速适当时，焊道的熔宽约等于焊条直径的两倍，表面平整，波纹细密。焊速太快时，焊道窄而高，波纹粗糙，熔化不良。速度太慢时，熔宽过大，工件易被烧穿。

4. 收弧

收弧是焊接过程中的关键动作，大体可以分为两种操作方法：一种是连弧法操作技术中的收弧方法；另一种是断弧法操作技术中的收弧方法。如果操作不当，可能会产生弧坑、缩孔和弧坑裂纹等焊接缺陷。

（1）连弧法收弧　连弧法收弧方法可分为焊接过程中更换焊条的收弧方法和焊接结束时焊缝收尾处的收弧方法。更换焊条时，为了防止产生缩孔，应将电弧缓慢拉向后方坡口一侧超越 10mm 后再衰减熄弧。焊缝收尾处的收弧应将电弧在弧坑处稍作停留，待弧坑填满后将电弧慢慢地拉长，然后熄弧。

（2）断弧法收弧　采用断弧法操作技术时，焊接过程中的每一个动作都是起弧和收弧的动作。收弧时，必须将电弧拉向坡口边缘后再熄弧，焊缝收尾处应采取反复断弧的方法填满弧坑。

焊缝收尾时，为了避免出现尾坑，焊条应停止向前移动，而朝一个方向旋转，自下而上地慢慢拉断电弧，以保证收尾处成形良好。

5. 焊前的点固及焊后清理

为了固定两工件的位置，焊前要进行定位焊，通常称为点固。如工件较长，可每隔 300mm 左右点固一个焊点。焊后，用钢丝刷等工具把焊渣和飞溅物等清理干净。

4.3　气焊和气割

气焊是金属熔焊方法的一种，所需要的热源是由气体火焰提供的。气焊常用于薄板、有色金属等材质的焊接。建筑安装、维修及野外施工等没有电源的场所，无法进行电焊时常使用气焊。

4.3.1　气焊

气焊是利用气体火焰作为热源的焊接方法。它是一种化学焊，现主要用乙炔、氧气两种气体，如图 4-11 所示。

气焊较电焊热量分散，工件受热面积大，变形大，生产率低，金属烧损严重，焊缝金属性能差，因此焊接质量不如电弧焊好。

气焊的优点在于可焊接较薄的工件，以及有色金属、铸铁等。在没有电源的情况下，对要求不高的较厚工件，也可采用气焊。气焊的设备简单，灵活方便，所以气焊广泛应用于碳素钢、低合金钢的焊接。

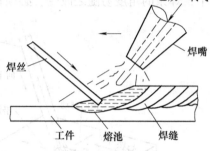

图 4-11　气焊原理图

4.3.1.1　气焊所用的设备

气焊所用的设备有氧气瓶、乙炔瓶、减压器（氧气表、乙炔表）、焊炬等，如图 4-12 所示。

（1）乙炔瓶　乙炔瓶（图 4-13）是一种钢质圆柱形容器，一般采用无缝钢管制成，也可焊接成形，瓶白色，写有红色"乙炔"二字，内装 15 个大气压乙炔。乙炔瓶内装有浸满丙酮的多孔性填料，乙炔溶解在丙酮内。多孔性填料是用活性炭、木屑和浮石组成。

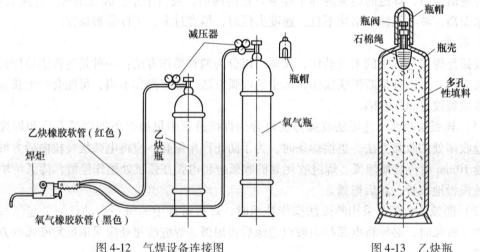

图 4-12　气焊设备连接图　　　　　图 4-13　乙炔瓶

（2）氧气瓶　氧气瓶是一种钢质圆柱形容器，一般用无缝钢管制成，壁厚 5～8mm，瓶顶上有瓶阀和瓶帽，瓶体上下各装一个减振皮圈，瓶体表面漆天蓝色，用黑漆写有"氧"字，内装 15MPa 的氧气。

（3）氧气表　将氧气瓶中的高压减低到正常工作压力，并保持焊接过程中压力的稳定，如图 4-14 所示。

（4）乙炔表 工作原理同氧气表相似，外壳白色，压力为 2MPa，工作压力为 0.01 ~ 0.15MPa，如图 4-15 所示。

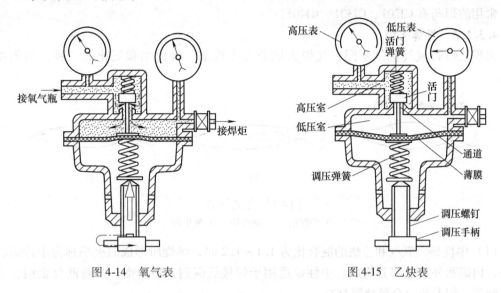

图 4-14 氧气表

图 4-15 乙炔表

（5）焊炬 焊炬是气焊时用于控制气体混合比、流量及火焰并进行焊接的工具，如图 4-16 所示。常用型号有 H01-2 和 H01-6 等。型号中 "H" 表示焊炬，"0" 表示手工，"1" 表示射吸式，"2" 和 "6" 表示焊接低碳钢的最大厚度分别为 2mm 和 6mm。各种型号的焊炬均配有 3 ~ 5 个大小不同的焊嘴。

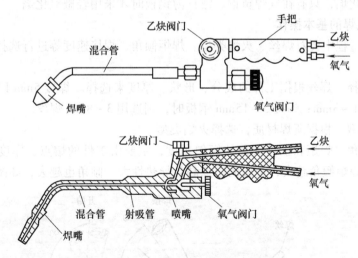

图 4-16 射吸式焊炬外形图及内部构造

4.3.1.2 焊丝和焊药

（1）焊丝 气焊时，焊丝作为填充材料，可根据焊接不同的金属而选择不同材质的焊丝。焊丝的材质有低碳钢、铸铁、不锈钢、黄铜、青铜、铝等种类。有时从被焊板材上切下条料即可做焊丝。常用的气焊焊丝牌号有 H08，H08A 等。气焊焊丝的直径一般为 2 ~ 4mm。气焊时根据焊材的厚度来选择。为了保证焊接接头质量，焊丝直径和焊件厚度不宜相差太大。

（2）焊药　焊药是气焊时的助熔剂，目的是清除焊接时产生的氧化物，改善湿润性，并有精炼的作用。焊接低碳钢时，一般不用焊药，但焊接铸铁、不锈钢时，其作用非常明显。常用的焊药有 CJ201、CJ301、CJ401。

4.3.1.3　气焊火焰

根据乙炔和氧气比例不同，气焊火焰分为中性焰、碳化焰和氧化焰三种，如图 4-17 所示。

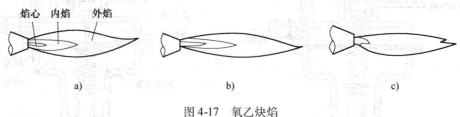

图 4-17　氧乙炔焰

a）中性焰　b）碳化焰　c）氧化焰

（1）中性焰　氧气和乙炔的混合比为 1.1～1.2 时，燃烧所形成的火焰称为中性焰，由焰心、内焰和外焰三部分构成。中性焰适用于焊接低碳钢、中碳钢、普通低合金钢、不锈钢、纯铜、铝及铝合金等金属材料。

（2）碳化焰　氧气和乙炔的混合比小于 1.1 时，燃烧所形成的火焰称为碳化焰。碳化焰用于焊接高碳钢、铸铁和硬质合金等材料。

（3）氧化焰　氧气和乙炔的混合比大于 1.2 时，燃烧所形成的火焰称为氧化焰。焊接时一般不太用氧化焰，只有在气焊黄铜、镀锌薄钢板时才采用轻微氧化焰。

4.3.1.4　气焊的基本操作

气焊在操作过程中要对焊丝、火焰类型、焊炬倾角、焊接速度等进行选择，其选择原则如下。

（1）焊丝选择　焊丝根据工件的成分、形状、厚度来选择。焊接 5mm 以下薄板时，焊丝直径一般选用 1～3mm；焊接 5～15mm 钢板时，则选用 3～8mm 焊丝。

（2）火焰类型　根据所焊材质，选择火焰类型。

（3）焊炬倾角　焊炬和工件表面的倾斜角度，主要由工件的熔点、厚度、导热性来决定。厚度越大，焊炬倾角越大，金属的熔点高且导热性大，倾角也越大，如图 4-18 所示。

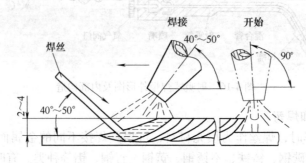

图 4-18　焊炬倾角

（4）焊接速度　焊接速度根据焊工操作熟练程度自主掌握。在保证质量的前提下，尽量提高焊接速度以减小工件的受热程度并提高生产率。

（5）焊接操作　焊炬从右向左移动，这时焊炬火焰背着焊缝而指向焊件未焊部分，并且焊炬火焰跟在焊丝后面运行。操作方法简单，容易掌握。具体方法是当焊接开始时，焊炬火焰对工件进行预热，在形成 4～5mm 直径的熔池中，把焊丝末端送入熔池中，使焊丝少量熔化在熔池中，再将焊丝从熔池中抽出，置于火焰中间，此时火焰靠近熔池表面做急速的打圈摆动，形成焊波。

4.3.2　气割

气割是利用氧乙炔火焰把整体金属分割开来的一种工艺，其原理是利用气体火焰将金属预热到一定温度后，随后开放高压氧气（切割氧）使其燃烧并将燃烧产物氧化渣从切口中吹掉，而形成割缝，如图 4-19 所示。

金属切割条件：金属的熔化温度高于燃烧温度，即先燃烧后熔化；金属氧化物的熔点要低于金属本身的熔点；生成金属氧化物熔化后的流动性要好。可以气割的金属有纯铁，低碳钢、中碳钢、普通低合金钢等。不能进行气割的金属有高碳钢，高合金钢，铜、铝、铸铁、高铬钢、铬镍不锈钢等。

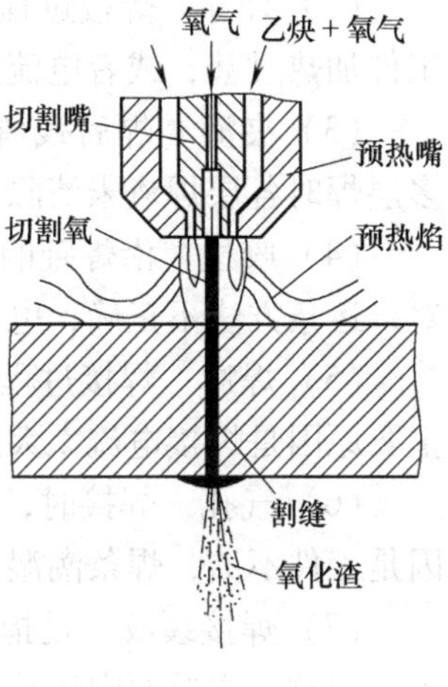

图 4-19　气割

4.4　焊接变形和焊接缺陷

4.4.1　焊接变形和焊接缺陷产生的原因

1. 焊接变形

焊接时，由于工件局部受热，温度分布不均匀会造成变形。

焊接变形的基本形式有收缩变形、角变形、弯曲变形、扭曲变形和波浪变形等，如图 4-20 所示。焊接变形降低了焊接结构的尺寸精度和形状，严重变形会导致工件报废。

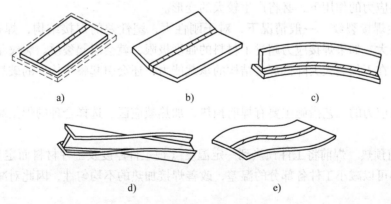

图 4-20　焊接变形的基本形式
a）收缩变形　b）角变形　c）弯曲变形　d）扭曲变形　e）波浪变形

为了减小焊接变形，应采用合理的焊接工艺，如正确选择焊接顺序或机械固定等方法。选择散热、反变形等方法控制焊接残余变形的产生。焊接变形可以通过手工矫正、机械矫正和火焰矫正等方法予以解决。

2. 焊接缺陷

在焊接生产过程中，由于材料（焊接材料、焊条等）选择不当，焊前准备工作（清理、装配、焊前预热）做得不好，焊接规范不合适或操作方法不正确等原因，焊缝有时会产生缺陷。常见的缺陷按其在焊缝中的位置不同，可分为内部缺陷和外部缺陷两类。下面为常见的焊接缺陷及产生的原因。

（1）未焊透　焊接时接头根部未完全焊透。主要原因是焊速太快，焊接电流过小，坡口角度太小，装配间隙过窄。

（2）烧穿　焊接过程中，熔化金属自坡口背面流出，形成穿孔的缺陷。主要原因是对工件加热过甚，或者电流过大，或者焊速太慢。

（3）夹渣　焊后残留在焊缝中的焊渣。主要原因是工件不洁，电流过小，焊速太快，多层焊时各层焊渣未清除干净。

（4）咬边　沿焊趾的母材部位产生的沟槽或凹陷。主要原因是电流太大，焊条角度不对，运条方法不正确，电弧过长。

（5）焊瘤　焊接过程中，熔化金属流淌到焊缝之外，未熔化在母材上而形成的金属瘤。主要原因是焊接电流太大，电弧过长，运条不正确，焊速太慢。

（6）气孔　焊接时，熔池中的气泡在凝固时未能逸出而残留下来形成了空穴。主要原因是工件不洁，焊条潮湿，电弧过长，焊速太快，电流过小。

（7）焊接裂纹　是指在焊缝金属表面或者内部或者在近焊区附近出现的横向或纵向不等的裂纹。主要原因比较复杂，包括焊材选择不当，焊接工艺不合理，焊接应力过大等。

4.4.2　焊接应力对工件质量的影响

焊接应力是指工件因焊接而产生的应力。应力的存在影响焊后切削加工精度，降低结构承载能力。在焊接过程中，对工件进行局部不均匀的加热和冷却是产生焊接应力的根本原因。焊接应力对工件质量的影响如下。

（1）产生焊接变形　焊接应力和焊接变形是同时存在的。对于刚性小、塑性好的焊接结构，在焊接应力的作用下，必将产生较大的变形。

（2）产生焊接裂纹　一般情况下，对于刚性大、塑性差的焊接结构，焊接变形较小，但焊接应力很大。如果焊接应力超过了材料的强度极限，就会引起裂纹。裂纹是严重的焊接缺陷，它的存在不仅会大大降低焊接结构的承载能力，还会引起整个构件的破坏，甚至造成重大的事故。

减小焊接应力的工艺措施主要有焊前预热、加热减应区、选择合理的焊接顺序及焊后热处理等。

（1）焊前预热　焊前将工件预热到一定温度（视工件厚度及工件材料而定），然后再进行焊接，这样可以减小工件各部分的温差，改善焊接加热的不均匀性，因此对减小焊接应力极为有效。

（2）加热减应区　所谓减应区是指工件被加热以减小焊接应力的区域，这样做的目的就是焊前对焊接结构的适当部位进行局部加热，使其伸长，从而使焊缝胀大。焊后冷却时，加热区和焊接区同向收缩，从而减小焊接应力。

（3）选择合理的焊接顺序　焊接顺序应尽量使焊缝的纵向和横向收缩都比较自由，特别是横向收缩不要受到约束。

（4）焊后热处理　焊后热处理主要是退火，即将工件均匀加热到 $600 \sim 650℃$，保温一定时间，然后缓慢冷却。这样一般可消除 $80\% \sim 90\%$ 焊接应力。

4.4.3　防止焊接缺陷产生的工艺措施

依据常见焊接缺陷产生的原因，有针对性地采取相应的工艺措施。为了防止尺寸和外形不符合要求，应选择恰当的坡口尺寸、装配间隙及焊接规范，熟练掌握操作技术。

1）为了防止咬边，应选择正确的焊接电流和焊接速度，掌握正确的运条方法，采用合适的焊条角度和弧长。

2）为了防止焊瘤，应尽可能采用平焊，正确选择焊接规范，正确掌握运条方法。

3）为了防止烧穿，应确定合理的装配间隙，选择合适的焊接规范，掌握正确的运条方法。

4）为了防止未焊透，选择合理的焊接规范，正确选用坡口形式、尺寸和间隙，加强清理，正确操作。

5）为了防止夹渣，应多层焊接，层层清渣，坡口清理干净，正确选择工艺规范。

6）为了防止气孔，应严格清除坡口上的水、锈、油，焊条按要求烘干，正确选择焊接规范。

7）为了防止裂纹，应焊前预热，限制原材料中 S、P 的含量，选用低氢型焊条，严格对焊条烘干及对工件表面清理。

4.5　其他焊接方法

除了焊条电弧焊和气焊外，电阻焊、气体保护焊、钎焊等焊接方法在金属材料连接作业中也有着重要的应用。

4.5.1　气体保护焊

用外加气体作为电弧介质，并保护电弧和焊接区的电弧焊称为气体保护电弧焊，简称为气体保护焊。气体保护焊分为惰性气体保护焊和 CO_2 气体保护焊。惰性气体保护焊中使用最普遍是氩弧焊。

1. CO_2 气体保护焊

CO_2 气体保护焊是利用 CO_2 气体作为保护气体的。CO_2 气体保护焊用电弧热熔化金属，以自动或半自动方式进行焊接，如图 4-21 所示。

焊接时焊丝由送丝滚轮经导电嘴送进，CO_2 气体从喷嘴沿焊丝周围喷射出来。电弧引燃后，焊丝末端、电弧及熔池被 CO_2 气体所包围，可防止空气对熔池的有害作用，熔池冷凝后形成焊缝。

按照焊丝直径不同，CO_2 气体保护焊分为细丝 CO_2 气体保护焊和粗丝 CO_2 气体保护焊两类。细丝 CO_2 气体保护焊的焊丝直径为 $0.6 \sim 1.2mm$，用于焊接厚 $0.8 \sim 4mm$ 的薄板；粗丝 CO_2 气体保护焊的焊丝直径为 $1.6 \sim 5mm$，用于厚度为 $3mm$ 以上的焊件。在实际生产中，直径大于 $2mm$ 的粗丝采用较少。

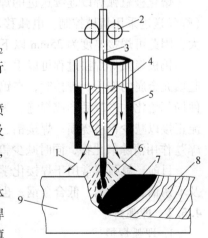

图 4-21　CO_2 气体保护焊
1—保护气体　2—送丝滚轮
3—焊丝　4—导电嘴　5—喷嘴
6—电弧　7—熔池　8—焊缝　9—工件

CO_2 气体保护焊的特点如下。

1）因电流密度大，熔深大，焊接速度快，焊后不需要清渣，故生产率比焊条电弧焊高

1~4倍。

2）因焊缝氢含量低，焊丝中锰含量高，脱硫作用良好，故焊接接头抗裂性好，裂纹倾向小。

3）因CO_2气流的压缩使电弧热量集中，焊接热影响区较小，故焊接变形小。

4）CO_2气体保护焊采用廉价的CO_2气体进行焊接，生产成本低。

5）操作灵活，适宜于进行各种位置的焊接。

6）焊接过程中飞溅大，焊接成形性差，焊接设备也比焊条电弧焊机复杂。

CO_2气体保护焊主要用于焊接低碳钢和强度等级不高的低合金结构钢，焊接厚度一般为0.8~4mm，最厚可达25mm，广泛应用于造船、汽车制造，机车车辆等工业部门。

2. 氩弧焊

氩弧焊是用氩气作为保护气体的气体保护焊。按所用电极不同，氩弧焊分为熔化极氩弧焊（图4-22）和钨极（非熔化极）氩弧焊（图4-23）两种。

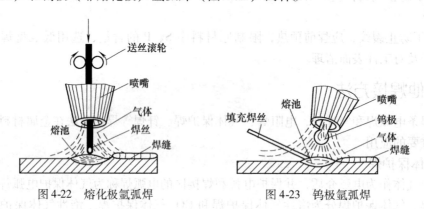

图4-22　熔化极氩弧焊　　　　图4-23　钨极氩弧焊

熔化极氩弧焊以连续送进的焊丝作为电极进行焊接，焊接过程可采用自动或半自动方式（焊丝送进采用机械控制，电弧移动手工操作）。熔化极氩弧焊采用直流反接，使用电流较大，因此可焊接厚度为25mm以下的工件。

钨极氩弧焊焊接过程可以手工进行，也可自动进行。常用钨或钨合金作为电极，焊丝只起填充金属的作用。焊接时，在钨极和工件之间产生电弧，电弧在氩气流保护下将焊丝和工件局部熔化，冷凝后形成焊缝。为减小电极损耗，焊接电流不能太大。焊接钢材时，采用直流正接以减少钨极烧损；焊接铝、镁及合金时，采用交流或直流反接电源。利用"阴极破碎"作用清除氧化物，同时减少钨极损耗。

目前，氩弧焊常用于焊接化学性质活泼的金属及其合金，如铝、镁、钛及其合金等，以及不锈钢、耐热钢、低合金钢，也可用来焊接稀有金属（如锆、钼、钽等）。

4.5.2　埋弧焊

1. 埋弧焊概述

埋弧焊是电弧在焊剂层下燃烧，用机械自动引燃电弧并进行控制，自动完成焊丝的送进和电弧移动的一种电弧焊方法。

埋弧焊机的主要功能是：连续不断地向电弧区送进焊丝；输出焊接电流；使焊接电弧沿焊缝移动；控制电弧的主要参数；控制焊接的启动与停止；向焊接区输送（铺施）焊剂；焊前调整焊丝伸出长度及丝端位置。

　　埋弧焊焊接时，焊接机头上的送丝机构将焊丝送入电弧区并保持选定的弧长。电弧在颗粒状焊剂层下面燃烧，使焊丝、工件熔化形成熔池。焊机带动焊丝均匀沿坡口移动，或者焊机机头不动，工件匀速运动，在焊丝前方，焊剂从漏斗中不断撒在被焊部位。电弧周围的焊剂被电弧熔化形成液态熔渣，使电弧和熔池与外界空气隔离。随着电弧不断前移，熔池后部开始冷却凝固形成焊缝，密度小的熔渣冷却后形成渣壳。大部分没有熔化的焊剂可重新回收使用。

　　埋弧焊的焊接材料是焊丝和焊剂。常用的焊丝有 H10Mn2、H08A、H08MnA、H08MnSi，其配合 HJ30（焊剂130）、HJ230、HJ350、HJ431 等，对低碳钢和某些低合金高强度结构钢进行焊接。

　　2. 埋弧焊的主要优缺点

　　埋弧焊的主要优点如下。

　　1）生产率高。埋弧焊所用焊接电流大，相应电流密度也大，加上焊剂和熔渣的保护，电弧的熔透能力和焊丝的熔敷速度都大大提高。

　　2）焊接质量高。因为熔渣的保护，熔化金属不与空气接触，焊缝金属中氮含量降低，而且熔池金属凝固较慢，液体金属和熔化焊剂间的冶金反应充分，减少了焊缝中产生气孔、裂纹的可能性。焊接参数通过自动调节保持稳定，焊工操作技术要求不高。焊缝成形好，成分稳定，力学性能好，焊缝质量高。

　　3）劳动条件好。埋弧焊弧光不外露，没有弧光辐射，机械化的焊接方法减轻了手工操作强度，这些都是埋弧焊独特的优点。

　　埋弧焊的主要缺点如下。

　　1）埋弧焊采用颗粒状焊剂进行保护，一般只是用于平焊缝和平角焊缝的焊接，其他位置的焊接，则需采用特殊装置来保证焊剂对焊缝区的覆盖和防止熔池金属的漏淌。

　　2）焊接时不能直接观察电弧与坡口的相对位置，需要采用焊缝自动跟踪装置来保证焊炬对准焊缝不焊偏。

　　3）埋弧焊使用电流较大，电弧稳定性较差，因此不适于焊厚度小于1mm的薄件。

4.5.3 钎焊

　　1. 钎焊的定义及分类

　　钎焊是采用熔点比母材熔点低的金属材料作为钎料，将工件和钎料加热到高于钎料熔点，低于母材熔点温度，利用液态的钎料润湿母材，填充接头间隙并与母材相互扩散实现连接工件的方法。

　　按照钎料熔点不同，钎焊分为软钎焊和硬钎焊两种。

　　（1）软钎焊　软钎焊是指使用软钎料（熔点<450℃的钎料）进行钎焊。常用的钎料为锡钎料。它主要用于焊接受力不大或工作温度较低的工件，如电子线路、电器、仪表等。

　　（2）硬钎料　硬钎焊是指使用硬钎料（熔点>450℃的钎料）进行钎焊。常用的钎料有铜基、银基、铝基、镍基钎料等。它主要用于焊接受力较大的工件，如自行车车架、切削刀具等。

　　钎焊在机械、仪表、电气、电机、航空、航天等部门广泛应用。

　　2. 钎焊的主要优缺点

　　同熔焊方法相比，钎焊具有以下优点。

1）钎焊加热温度较低，对母材组织和性能的影响较小。

2）钎焊接头平整光滑，外形美观。

3）工件变形较小，尤其是采用均匀加热（如炉中钎焊）的钎焊方法，钎焊的变形可减小到最低程度，容易保证工件的尺寸精度。

4）某些钎焊方法一次可焊成几十条或成百条钎缝，生产率高。

5）可以实现异种金属或合金、金属与非金属的连接。

但是，钎焊也有它本身的缺点，钎焊接头强度比较低，耐热能力比较差，由于母材与钎料成分相差较大而引起的电化学腐蚀致使耐蚀力较差及装配要求比较高等。

4.5.4　电阻焊

电阻焊是一种常用的压焊方法。它是利用电流通过工件接头的接触面及其邻近区域所产生的电阻热将工件局部加热到熔化或塑性状态，并在压力作用下形成焊接接头的焊接方法。

4.5.4.1　电阻焊的主要优缺点

电阻焊的主要优点如下。

1）熔核形成时，始终被塑性环包围，熔化金属与空气隔绝，冶金过程简单。

2）加热时间短、热量集中，故热影响区小，变形与应力也小，通常在焊后不必安排校正和热处理工序。

3）不需要焊丝、焊条等填充金属，以及氧、乙炔、氩等焊接材料，焊接成本低。

4）操作简单，易于实现机械化和自动化，改善了劳动条件。

5）生产率高且无噪声及有害气体，在大批量生产中，可以和其他制造工序一起编到组装线上，但闪光对焊因有火花喷溅，需要隔离。

电阻焊的主要缺点如下。

1）点、缝焊的搭接接头不仅增加了构件的重量，且因在两板间熔核周围形成尖角，致使接头的抗拉强度和疲劳强度均较低。

2）设备功率大，机械化、自动化程度较高，使设备成本较高、维修较困难，并且常用的大功率单相交流焊机不利于电网的正常运行。

随着航空、航天、电子、汽车、家用电器等工业的发展，电阻焊越来越被社会所重视，同时，也对电阻焊的质量提出了更高的要求。可喜的是，我国微电子技术的发展和大功率晶闸管、整流管的开发，给电阻焊技术的提高提供了条件。目前我国已生产出性能优良的二次整流焊机。

4.5.4.2　电阻焊的分类

电阻焊分为点焊、对焊、缝焊和凸焊。

1. 点焊

（1）定义　利用电阻热熔化母材金属，形成焊点的电阻焊，称为点焊。

（2）焊接范围　主要适用于厚度为 4mm 以下的薄板冲压结构及钢筋焊接，广泛应用于汽车、飞机、电子器件、仪表、罩壳以及日常生活用品的生产。

（3）工作原理　点焊时，接触处的电阻比工件本身电阻大，故该处产生的热量多。但由于电极材料是具有良好导热性的铜合金，且中间通水冷却，因此电极与工件接触处的热量被电极传走，温度升高有限，不会焊合。热量主要集中在两工件接触处，此热量使该处温度急速升高，金属熔化形成熔核。断电后，继续保持或稍加大压力，熔核在压力下冷凝，形成组织致密的焊点。焊完一点后，移动工件焊下一点。焊第二点时，部分电流会流经已焊好的焊点，这种从焊接主回路以外流过的电流称为分流。分流使焊接处电流变小，影响焊点质量。因此，两焊点间应有一定距离，其大小与工件材料和厚度有关。工件材料电导性越好，厚度越大，分流越严重，故两焊点间距离应加大。一般两焊点间最小距离（因材料和厚度不同）为 7~40mm。点焊，如图 4-24 所示。

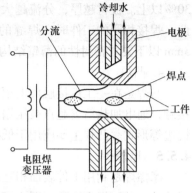

图 4-24 点焊

2. 对焊

对焊是利用电阻热使对接接头的工件在整个断面上连接起来的一种电阻焊方法。按焊接过程不同，可分为电阻对焊和闪光对焊，如图 4-25 所示。

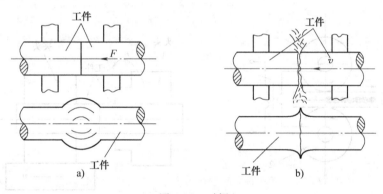

图 4-25 对焊
a）电阻对焊 b）闪光对焊

（1）电阻对焊 将工件装配成对接接头，使其端面紧密接触，利用电阻热将端面加热至塑性状态，然后断电并迅速施加顶锻力完成焊接的方法称为电阻对焊。

电阻对焊操作简便，接头外形圆滑，但焊前对工件端面清理工作要求严格，否则接触处加热不均，易形成氧化夹杂物，降低接头质量。电阻对焊主要用于断面简单、直径（或边长）小于 20mm 和强度要求不高的工件。

（2）闪光对焊 将工件装配成对接接头，接通电源，并使其端面逐渐移近达到局部接触，利用电阻热加热这些接触点（产生闪光），使端面金属熔化，直至端部在一定深度范围内达到预定温度时，断电并迅速施加顶锻力完成焊接的方法称为闪光对焊。

闪光对焊焊接过程中工件端面的氧化物及杂质，一部分随闪光火花飞出，一部分在最后加压时随液态金属被挤出。因此，接头中夹渣少，焊接质量好，接头强度高。但金属损耗较多，且焊后接头处有毛刺需要清理。它可焊接同种金属和异种金属，如铜与钢、铝与铜等，可焊接直径小到 0.01mm 的金属丝，截面大到 2000mm^2 的金属棒或金属板。

3. 缝焊

将工件装配成搭接或对接接头，并置于两滚轮电极之间，滚轮压紧工件并滚动，连续或断续送电，形成一条连续焊缝的电阻焊方法，称为缝焊，如图 4-26 所示。缝焊时，焊点互相重叠约50%以上，使缝焊结构具有良好的密封性。但缝焊分流现象严重，一般分流在30%以上。板材越厚，分流越大，焊接电流应加大，同时对电极施加的压力也应加大。因此，焊接相同的工件时，焊缝的焊接电流约为电焊的1.5~2倍。缝焊主要适用于厚度为3mm以下要求密封性的薄壁结构，如油箱、小型容器与管道等。

4. 凸焊

凸焊是在一工件接触面上预先加工出一个或多个突起点，在电极加压下与另一工件表面接触，通电加热后突起点被压塌，形成焊点的电阻焊方法。突起点可以是凸点、凸环或环形锐边等形式。凸焊主要应用于低碳钢、低合金钢冲压件的焊接。

4.5.5　摩擦焊

摩擦焊是利用工件表面相互摩擦所产生的热使端面达到塑性状态，然后迅速顶锻，完成焊接的一种压焊方法，如图4-27所示。将工件夹紧在夹头中，一工件以恒定转速旋转，另一工件向前移动使两工件接触，在接触面处因摩擦而产生热量，待工件端面加热到塑性状态时，立即停止工件转动，并对接头施加较大压力，使接头处产生塑性变形而将工件焊在一起。

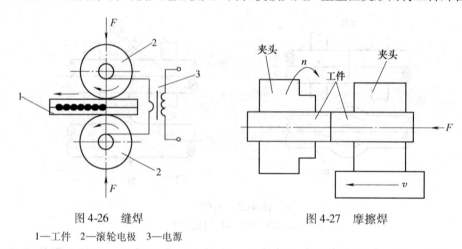

图4-26　缝焊　　　　　　　　　　图4-27　摩擦焊
1—工件　2—滚轮电极　3—电源

摩擦焊的特点如下。

1）工件表面不易氧化，焊接接头中不易产生夹渣、气孔等缺陷，接头组织致密，焊接质量好且稳定。

2）焊接过程简单且易于实现自动控制，因此可显著提高生产率。

3）焊接时不需要填充金属，节省金属材料，且耗电量小，生产率高，能显著降低成本。

4）摩擦焊焊接金属广泛，且对于性能差异较大的异种金属也能焊接，如碳素钢与镍基合金焊接，铝与钢焊接等。

摩擦焊应用于生产是从20世纪60年代开始的，主要用于汽车、石油、电力等行业重要零部件的生产。

4.6　焊接成形基本技能训练

4.6.1　实训守则

1. 焊接设备使用安全知识

1）焊接设备的安装、修理应由专业人员进行，学生不能维修。

2）焊接设备的机壳必须接地良好，以免触电。

3）焊钳应绝缘良好，防止焊钳与工件直接接触，造成短路，烧坏弧焊机。

4）焊接时所用照明灯的电压不应超过36V。

2. 焊接时人身安全

（1）防止弧光辐射和烫伤　焊接时电弧发射出大量的红外线和紫外线，对人体有害，同时产生很多的飞溅，可能对人体产生烫伤，所以要求操作者必须穿焊工工作服，戴手套和面罩，系好套袜等防护用具，严防烫伤和灼伤眼睛。

（2）防止中毒　焊接时，产生一些有毒气体，如 CO、SO_2 等，所以一定要保持良好的通风，必须要有排风系统，防止中毒。

3. 气焊、气割实训安全技术

气焊、气割操作时，除了有关安全注意事项与焊条电弧焊相同之外，还应注意以下几点。

1）氧气瓶不得撞击和高温暴晒，不得沾上油脂或其他易燃物品。

2）焊前检查焊炬、割炬的射吸能力，是否漏气；焊嘴、割嘴是否有堵塞，胶管是否漏气等。

3）在气焊、气割过程中如遇到回火，应迅速关闭氧气阀，然后关闭乙炔阀，等待处理。

4.6.2　项目实例

项目一：焊条电弧焊训练

焊条电弧焊操作（用 4～6mm 厚，150mm×40mm 的两块钢板，焊一条 150mm 的对接平焊缝）要求正确选择焊接电流、焊条直径，独立操作完成。

钢板对接平焊步骤如下。

1）备料。划线，用剪切或气割等方法下料，校正。

2）选择及加工坡口。

3）焊前清理。清除焊缝周围的铁锈和油污。

4）装配、定位焊。将板放平，对齐，留 1～2mm 间隙，用焊条在工件两端定位焊后除渣。

5）焊接。首先选择焊接规范（主要是选择焊条直径和焊接电流）。焊接时先焊定位焊面的反面，使熔深大于板厚的一半，焊后除渣；再焊另一面，熔深也要大于板厚的一半，焊后除渣。

6）焊后清理，检查。除去工件表面飞溅物和焊渣，进行外观检查，有缺陷时要进行补焊。

项目二：气焊和气割训练

1）安装设备。在教师指导下，进行气焊设备的管路连接及气体压力调节训练。

2）练习气焊点火，灭火。

3）练习调节气焊的三种火焰。

4）在 1～2mm 厚的钢板上焊一条 100mm 长的直焊缝，要求操作规范，火焰调整正确，独立操作完成。

5）在 5～30mm 厚的钢板上完成 50～100mm 长的直线切割。

项目三：点焊训练

训练目的是发挥学生的想象力和创造力，培养学生的团队意识和合作意识，共同点焊完成一件作品（如飞机模型、汽车模型、轮船模型等）。

1）学生分组。根据不同的学生数，一般以 10 人左右为一组。

2）准备材料。选择直径为 1.5mm 的镀锌铁丝，工具为尖嘴钳和斜嘴钳。

3）学生创意出图。发挥团队的智慧和力量，根据创意画出所要完成作品的立体图。

4）计算及下料。根据作品的尺寸，选择铁丝的长度。

5）点焊成形。

模块三 传统加工工艺训练与实践

第5章 车削加工及其基本技能训练

5.1 车削加工概述

在卧式车床上，工件旋转、车刀在平面内做直线或曲线运动的切削称为车削。车削加工在机械加工中的应用最广，是最基本、最常见的加工方法，既适用于小批量零件的生产，又适用于大批量零件的生产。车削加工工件的尺寸公差一般为 IT9～IT7 级，表面粗糙度 Ra 值为 3.2～1.6μm。

5.1.1 车削加工范围

车削加工适合加工回转体零件，车削过程连续平稳。车削加工范围，如图 5-1 所示。

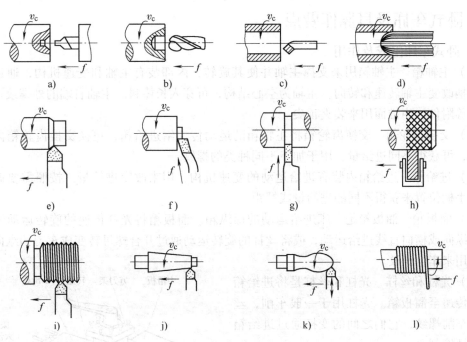

图 5-1 车削加工范围

a) 钻中心孔 b) 钻孔 c) 车内圆 d) 铰孔 e) 车外圆 f) 车端面 g) 车断 h) 滚花

i) 车螺纹 j) 车锥体 k) 车成形面 l) 绕弹簧

5.1.2 车床型号及类型

根据 GB/T 15375—2008《金属切削机床 型号编制方法》规定，机床型号由汉语拼音字母和阿拉伯数字组合而成。以实习中使用的 CA6136 卧式车床为例，其型号含义为：C 为机床类别代号，表示车床类机床；A 为机床结构特性代号；6 为机床组别代号，表示落地车床及卧式车床组；1 为机床型别代号，表示卧式车床型；36 为主参数，表示车床可加工工件最大回转直径的 1/10，即该车床可加工工件的最大直径为 360mm。

　　车床是金属切削机床中数量最多的一种，大约占总机床数量的一半以上。为了满足不同零件的加工需要，除最常见的卧式车床外，还有立式车床、转塔车床、仿形车床、自动和半自动车床、数控车床等。下面介绍一些车床的主要特点。

　　1）立式车床。主轴垂直于大直径圆形的水平工作台面，其立柱和横梁上都装有刀架，可以上下左右移动，适用于加工直径较大、较重的零件。

　　2）转塔车床。转塔车床最主要的结构特点是没有丝杠和尾座，尾座用一个可转动的转塔刀架代替。该刀架上可同时安装钻头、铰刀、丝锥等六把不同的刀具。另外，车床上有定程装置，可以控制加工尺寸。转塔车床适用于加工外形复杂且有内孔的成批零件。

　　3）仿形车床。能够仿照样板或样件的形状尺寸，自动完成工件的加工循环的车床称为仿形车床。它生产率高、加工质量好，适用于加工形状较复杂的批量零件。

　　4）自动和半自动车床。在生产中，凡是车床调整好后就不需要人工继续参与操作，能够连续完成工作的车床，称为自动车床。除上料和卸下工件由人工操作以外，能够连续完成其他工作的车床，称为半自动车床。这类车床通过机械、液压等控制方式，实现自动、半自动操作。这类车床人工参与程度低，加工质量好，适用于大批量单一品种零件的加工。

5.2　卧式车床及其操作要点

5.2.1　卧式车床组成及作用

　　（1）主轴箱　主轴箱用来支撑主轴并使其旋转，内部装有主轴和变速机构，通过变换箱外手柄改变主轴转速和转向。主轴为空心结构，可穿入长棒料。主轴右端的外螺纹可以连接卡盘等附件，内锥面用来装夹顶尖。

　　（2）交换齿轮箱　交换齿轮箱将主轴箱的运动传递给进给箱，更换交换齿轮箱内的变速机构，可获得不同进给量，用于加工不同种类的螺纹。

　　（3）进给箱　进给箱内装有进给运动的变速机构，用来改变进给量。按照需要调节进给箱外手柄位置来获得不同的进给量或螺距。

　　（4）溜板箱　溜板箱是车床进给运动的操纵箱。溜板箱将光杠传递的旋转运动转变成车刀的纵向或横向直线进给运动，或将丝杠的旋转运动通过开合螺母转变成车刀的纵向进给运动，用来车削螺纹。

　　（5）光杠和丝杠　光杠和丝杠是将进给箱的运动传递至溜板箱。光杠用于一般车削，丝杠用于车削螺纹，它们之间的变换通过进给箱外的手柄控制。

　　（6）刀架　刀架是用来夹持车刀做纵向、横向或斜向进给运动的装置。刀架为多层结构，从下至上由床鞍（大滑板）、中滑板、转盘、小滑板和方刀架组成，如图 5-2 所示。

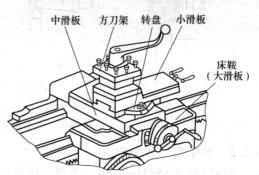

图 5-2　刀架

1）床鞍（大滑板）。它与溜板箱连接，带动车刀做纵向进、退刀运动，控制工件的长度尺寸。

2）中滑板。它位于床鞍（大滑板）上面，带动车刀做横向进、退刀运动，控制工件的直径尺寸。

3）转盘。它上有刻度，与中滑板通过螺栓紧固。松开螺母，可在水平面内扳转任意角度。

4）小滑板。它可沿转盘上的导轨做短距离移动。当转盘偏转一定角度时，车刀做斜向运动，可用来车削锥体工件。

5）方刀架。它固定在小滑板上，可同时安装四把车刀，松开手柄即可转动方刀架，将所需车刀转到工作位置。

（7）尾座　尾座安装在床身的内侧导轨上，可沿导轨做纵向移动并紧固在所需位置上。在尾座的套筒内安装顶尖可支承工件；安装钻头、铰刀等刀具可进行孔加工。

（8）床身　床身是车床的基础零件，用来支撑和安装车床的零部件并保证它们之间有正确的相对位置。床身上的导轨用于引导床鞍和尾座的纵向正确移动。

（9）床腿　支撑床身并与地基相连接。

5.2.2　车床附件及工件安装

车床主要用来加工回转表面，因此安装工件时要求待加工表面的回转中心必须与车床主轴的轴线重合，才能保证加工后的表面有正确的位置。同时，为了保证工件在切削过程中受切削力、重力等作用时仍然能保持原有正确位置，保证加工安全，还要将工件夹紧。车床上使用的附件主要有自定心卡盘、单动卡盘、顶尖、中心架、跟刀架、心轴、花盘等。

5.2.2.1　自定心卡盘

自定心卡盘是车床上最常用的附件，如图 5-3 所示。应用卡盘扳手使小锥齿轮中任一个转动时，会带动与之啮合的大锥齿轮转动，大锥齿轮背面的平面螺纹会使三个卡爪同时做向心或离心移动，从而夹紧或松开工件。由于三个卡爪是同时移动的，装夹工件可以自动定心，同时完成夹紧和定位，效率高，使用方便，其对中精度为 0.05～0.15mm。自定心卡盘适合装夹截面为圆形、正三角形、正六边形的中小型工件。当工件外圆直径较大，正爪不能装夹时，可换反爪装夹。应用自定心卡盘装夹长度一般不小于 10mm。在车床旋转时，工件不能出现明显的偏摆和振动。

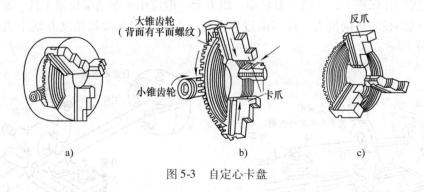

图 5-3　自定心卡盘

5.2.2.2　单动卡盘

单动卡盘也是常见的车床附件，如图 5-4 所示。它的四个卡爪互不相关，可通过转动螺杆使其独立径向移动，不能自动定心夹紧，因此在安装工件时需要仔细找正。找正可用划针盘或百分表。在加工中，应根据精度要求选择找正工具。划针盘的找正精度较低，一般为 0.2~0.5mm；百分表的找正精度较高，可达 0.01mm，如图 5-5 所示。单动卡盘装夹截面为圆形、方形、椭圆形及形状不规则的较大工件。此外，单动卡盘较自定心卡盘的夹紧力更大，因此常用来安装直径较大、较重的圆柱形工件。如果将四个卡爪掉头安装在卡盘上，成为"反爪"，可安装尺寸更大的工件。

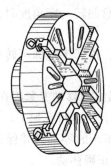 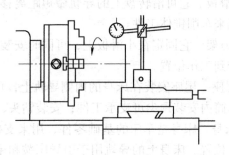

图 5-4　单动卡盘　　　　　　　图 5-5　百分表找正

5.2.2.3　顶尖

在车床上，加工较长或工序较多的轴类零件时，常使用顶尖来安装工件。将工件装夹在前后两个顶尖之间，由拨盘和卡箍带动旋转，这种工件安装方法称为双顶尖法。前顶尖安装在主轴上，和主轴共同旋转，后顶尖安装在尾座套筒内固定不转，这种装夹方法定位精度高，工件多次安装后仍能满足加工精度要求。左端用自定心卡盘或单动卡盘夹紧工件，右端用顶尖支承，这种安装方法称为一夹一顶法。这种方法安装工件的刚性好，尤其是针对较重的工件，可承受较大的轴向切削力，因此应用广泛，但这种方法应尽可能在一次装夹中完成加工以保证精度。

5.2.2.4　中心架和跟刀架

车削细长轴时，为防止工件在径向切削力的作用下发生弯曲变形或者振动，可用中心架或跟刀架作为辅助支承，提高刚度。

中心架固定在车床导轨上，由三个爪支承在预先加工好的工件外圆上，并浇注润滑油，多用于加工阶梯轴及长轴的端面、内孔等，如图 5-6 所示。

跟刀架固定在床鞍上，并随车刀移动。跟刀架一般应用于车削细长轴工件，起到辅助支承的作用，抵消径向切削抗力，使切削过程平稳，提高工件的形状精度并减小表面粗糙度值，如图 5-7 所示。

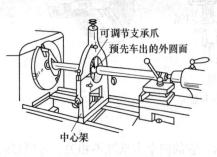 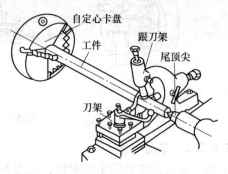

图 5-6　中心架应用　　　　　　　图 5-7　跟刀架应用

5.2.2.5　心轴

在加工形状复杂的盘类、套类零件时，内孔与外圆的同轴度和端面与内孔的垂直度要求较高，且不能在一次装夹中车出，此时需要先精加工出孔，以孔定位工件装在心轴上再加工端面和外圆。心轴在车床上的装夹方法与轴类零件相同。

心轴的种类很多，常用的有锥度心轴、圆柱心轴和可胀心轴。

1) 锥度心轴。锥度心轴如图 5-8 所示，其锥度一般为 1：1000 ~ 1：5000。工件压入后，靠接触面间的摩擦力使工件紧固，因此不能承受较大的切削力。锥度心轴对中准确、拆卸方便，多用于盘、套类零件的精加工。

2) 圆柱心轴。圆柱心轴如图 5-9 所示，零件的左端紧靠在心轴轴肩处，再用螺母压紧。这种心轴的夹紧力大，但由于孔和轴的配合存在间隙，因此对中性较锥度心轴差，多用于盘、套类零件的粗加工及半精加工。

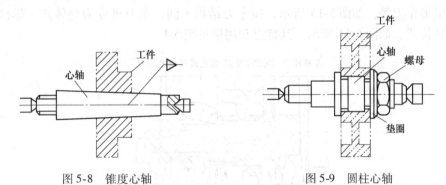

图 5-8　锥度心轴　　　　　　　图 5-9　圆柱心轴

3) 可胀心轴。可胀心轴如图 5-10 所示，工装在可胀锥套上，利用锥套沿锥体心轴的轴向移动使可胀锥套做微量的径向扩张，通过工件内孔胀紧工件。

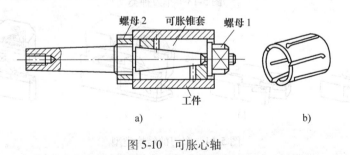

a)　　　　　　　　　　　　　　b)

图 5-10　可胀心轴
a) 可胀心轴　b) 可胀锥套

5.2.2.6　花盘

花盘如图 5-11 所示，是装夹在车床主轴上的大直径铸铁圆盘。花盘的盘面上有许多用来穿压螺栓的 T 形槽，安装时其端面必须平整且与主轴轴线垂直。工件通过垫铁、压板、弯板等固定，主要用来装夹待加工平面与装夹基准面平行或待加工孔或外圆的轴线与装夹基准面垂直或平行以及形状不规则不能用卡盘装夹的大型工件等。花盘安装工件需仔细找正。为了减小工件旋转时因重量偏心引起的振动，需要配合配重铁予以平衡。图 5-12 所示为花盘弯板安装工件。

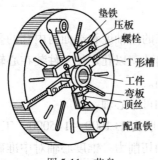

图 5-11　花盘

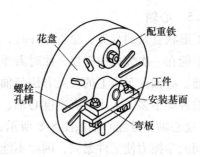

图 5-12　花盘弯板安装工件

5.2.3　车刀及其安装

1. 车刀种类和结构

车刀的种类很多，分类方法也不同。按被加工表面的不同，车刀可分为车槽镗刀、内螺纹车刀、成形车刀等，如图 5-13 所示；按车刀结构不同，车刀可分为整体式、焊接式、机夹式和可转位式，如图 5-14 所示，其特点和用途见表 5-1。

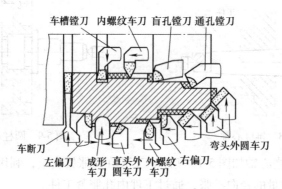

图 5-13　车刀种类

 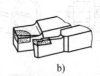 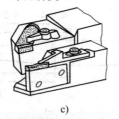 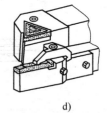

　　a)　　　　　　　　b)　　　　　　　　c)　　　　　　　　d)

图 5-14　车刀的结构类型

a) 整体式　b) 焊接式　c) 机夹式　d) 可转位式

表 5-1　车刀的特点和用途

名　称	特　点	用　途
整体式	切削刃口可磨得较锋利，用整体高速钢制造	小型车床或加工有色金属
焊接式	焊接硬质合金或高速钢刀片，结构紧凑，使用灵活	各类车刀，尤其是小刀具
机夹式	避免了焊接产生的裂纹、应力等缺陷，刀柄利用率高；刀片可集中刃磨获得所需参数，使用灵活	车外圆和端面、镗孔、车螺纹、车断等
可转位式	避免了焊接车刀的缺点，刀片可快速转位，切削稳定，生产率高	大中型车床加工工件，尤其适用于自动线、数控车床

2. 车刀的组成

车刀由刀头和刀杆两部分组成，刀头用来切削，刀杆用于固定在方刀架上。刀头由三面、两刃、一尖组成，如图 5-15 所示。

1）前刀面。刀具上切屑流出的表面。

2）主后刀面。与工件切削表面相对的表面。

3）副后刀面。与工件已加工表面相对的表面。

4）主切削刃。前刀面与主后刀面的交线，承担主要切削工作。

5）副切削刃。前刀面与副后刀面的交线，承担少量切削工作，起到一定的修光作用。

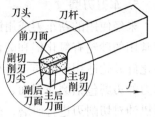

图 5-15　车刀的组成

6）刀尖。主切削刃和副切削刃的相交处，通常为了增加刀尖的强度，使用时刀尖通常磨成一小段圆弧或直线。

3. 车刀几何角度

为了确定车刀在空间的几何角度，需要假设三个相互垂直的辅助平面：基面、切削平面和正交平面，如图 5-16 所示。

1）基面。通过切削刃上的选定点，垂直于切削速度方向的平面。

2）切削平面。通过切削刃上的选定点，由切削速度方向和切削刃选定点的切线所组成的平面。

3）正交平面。通过主切削刃上的选定点，垂直于基面和切削平面的平面。

在这个静止的参考系内，车刀的切削部分在这三个辅助平面内形成了车刀几何角度，它们包括前角 γ_0，主后角 α_0，主偏角 κ_r，副偏角 κ_r' 和刃倾角 λ_s，如图 5-17 所示。

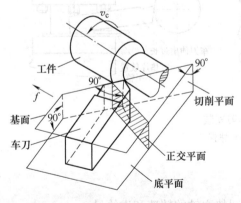

图 5-16　辅助平面

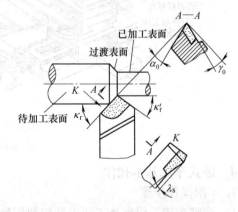

图 5-17　车刀的主要角度

1）前角 γ_0。在正交平面中测量，刀具的前刀面与基面的夹角。

2）主后角 α_0。在正交平面中测量，刀具的主后刀面与切削平面的夹角。

3）主偏角 κ_r。进给方向与主切削刃在基面上投影的夹角。

4）副偏角 κ_r'。副切削刃在基面上投影与进给运动的反方向的夹角。

5）刃倾角 λ_s。主切削刃和基面在切削平面上投影的夹角。

4. 车刀材料

车刀在切削时要承受强力、摩擦、冲击和高温，因此车刀材料必须具备较高的硬度和耐磨性、较高的热硬性、足够的强度和韧性等力学性能，同时，车刀还需具备很好的工艺性、导热性和经济性。常用车刀材料是高速钢和硬质合金。此外，还有陶瓷材料、涂层刀具材料、金刚石、立方氮化硼等特种刀具材料。

5. 车刀刃磨

未经使用的新车刀或用钝后的车刀需要刃磨，得到合理的几何角度后才能车削。刃磨车刀常用的砂轮有氧化铝和碳化硅两类。氧化铝砂轮适用于高速钢和碳素工具钢刀具的刃磨；碳化硅砂轮适用于硬质合金车刀的刃磨。粗磨车刀应选用粗砂轮，精磨车刀应选用细砂轮。车刀的刃磨包括磨前刀面、主后刀面、副后刀面、刀尖圆弧。车刀刃磨后，需要用油石和少量机油对切削刃进行研磨，提高刀具寿命和加工的表面质量。

6. 车刀安装

如图 5-18 所示，车刀在安装时应注意以下几个方面。

1）车刀刀尖必须与工件轴线等高，可以用尾座顶尖作为基准来确定刀尖的高度。

2）车刀伸出刀架长度要适当，一般为刀杆厚度的 1～2 倍，若伸出过长在切削时易产生振动。

3）车刀刀杆应与工件轴线垂直，否则主偏角和副偏角将发生变化。

4）刀杆下的垫片应平整、稳定且数量尽量少，通常 1～3 片。

5）检查车刀在工件加工的极限行程内是否发生干涉。

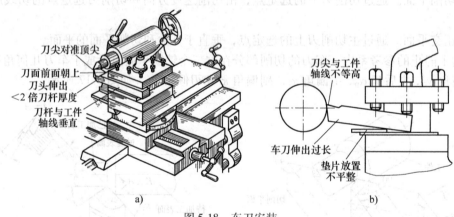

图 5-18　车刀安装

a）正确　b）错误

5.2.4　卧式车床基本操作

1. 车削操作步骤

1）调整车床。根据加工要求和切削用量，调整主轴的转速和进给量。

2）选择和装夹车刀。根据工件的材料和性能，选择相应车刀安装在方刀架上。

3）安装工件。选择合适的装夹方法和车床附件，将工件紧固。

4）开车对刀。起动车床，使车刀刀尖轻触工件待加工表面，以此分度值作为背吃刀量起点，退出车刀。

5）试切。对需要试切的工件，进行试切加工。因为刻度盘和丝杠都存在误差，在进行精加工时，可能会无法达到精度要求。为了更精确的确定进给次数和背吃刀量，仅依靠刻度盘进刀是不行的，因此要进行试切，其方法和步骤如图 5-19 所示。

6）加工。根据工件加工要求，确定进给次数，加工后进行测量检验。

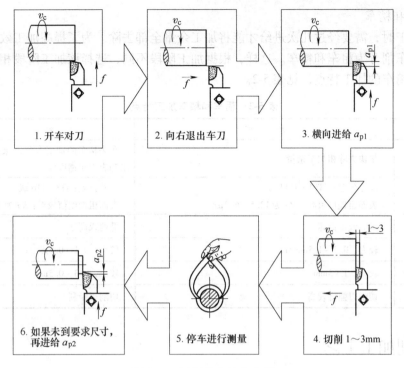

图 5-19 试切的方法和步骤

2. 刻度盘的使用

车削时，为防止尺寸超差，必须要正确掌握床鞍、中滑板和小滑板刻度盘的使用。中滑板的刻度盘紧固在丝杠轴端部，通过丝杠螺母紧固在一起。当刻度盘旋转一周时，带动丝杠也旋转一周，中滑板也就移动一个丝杠螺距的距离。因此，中滑板移动的距离可以根据刻度盘上的格数来计算。

刻度盘每转一格，中滑板移动的距离 = 丝杠螺距/刻度盘一圈格数。

以 CA6136 车床为例，丝杠螺距为 5mm，刻度盘一圈 100 格，那么，每转一格中滑板移动 0.05mm。

使用刻度盘时，若手柄旋转过了头或试切时发现尺寸不对需要退回时，由于丝杠和螺母之间存在间隙，故不能直接退回所需分度值，需按照图 5-20 所示方法进行调整。小滑板使用原理与中滑板相同。

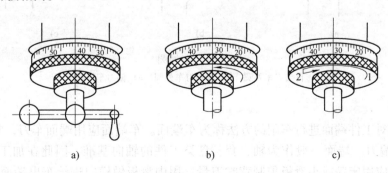

图 5-20 手柄旋转过头后的调整方法

a) 要求手柄转至 30，但旋转过头到 40 b) 错误：直接退至 30 c) 正确：反转一圈后，再转至 30

3. 粗车和精车

工件加工时，需要经过几次进给才能将加工余量全部去除。为了提高加工效率，满足图样要求，将车削分为粗车和精车。这样，根据加工阶段不同，选择该加工阶段相应的切削参数。粗车和精车的加工特点，见表 5-2。

表 5-2　粗车和精车加工特点

	粗　车	精　车
加工目的	尽快去除粗加工余量	车去精车的加工余量，保证图样精度要求和表面粗糙度要求
加工质量	尺寸公差：IT14 ~ IT11 级 表面粗糙度值高：Ra 为 12.5 ~ 6.3μm	尺寸公差：IT8 ~ IT6 级 表面粗糙度值较低：Ra 为 1.6 ~ 0.8μm
切削速度	中等或偏低速	低速或高速
进给量	较大，0.3 ~ 1.5mm/r	较小，0.1 ~ 0.3mm/r
背吃刀量	较大，1 ~ 3mm	较小，0.3 ~ 0.5mm
刀具要求	切削刃强度较高	切削刃锋利

5.3　车削加工工艺

5.3.1　车外圆、端面与台阶

1. 车外圆

在车床上将工件车削成圆柱形外表面的方法称为车外圆。车外圆（图 5-21）是车削加工中最基本、应用最广泛的工序。车外圆常用的车刀有：主要用于粗车外圆和车削没有台阶或台阶不大的外圆的直头刀；可车削外圆、端面、倒角的弯头刀；用来车削垂直台阶和细长轴的 90°偏刀等。切削时，应用中滑板控制背吃刀量，通过床鞍或小滑板做纵向进给车出外圆，可进行多次车削，直至最终尺寸。

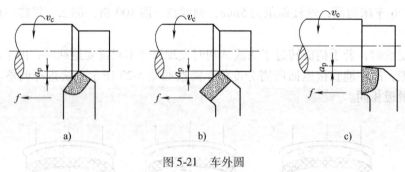

图 5-21　车外圆
a) 直头刀车外圆　b) 弯头刀车外圆　c) 偏刀车外圆

2. 车端面

在车床上对工件端面进行车削的方法称为车端面。车端面应用端面车刀，常用的有 45°弯头刀和 90°偏刀。端面一般作为轴、套、盘类工件的轴向基准，因此在加工中一般先车出。车削时，应用床鞍或小滑板控制背吃刀量，用中滑板做横向进给车出端面。图 5-22 所示为车端面的几种情况。

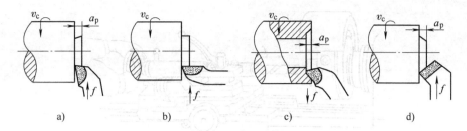

图 5-22　车端面的几种情况

（1）右偏刀由外向内车端面（图 5-22a）　副切削刃承担切削工作。由于副切削刃前角较小，故切削力较大，切削不顺利，刀尖易损坏。当背吃刀量大时，会产生扎刀现象。

（2）左偏刀车端面（图 5-22b）　主切削刃承担切削工作，切削刃强度高，适合切削大端面，特别是铸、锻件的大端面。

（3）右偏刀由内向外车端面（图 5-22c）　主切削刃承担切削工作，加工的表面粗糙度值较小，适合加工有孔的工件。

（4）弯头刀车端面（图 5-22d）　主切削刃承担切削工作，切削顺利，背吃刀量可大些，适用于车削较大的端面。

在车削端面时应注意：车刀刀尖应与工件中心线等高，以免车削后在端面上留下小凸台；车削时，工件被车削部分的直径不断发生变化，会引起切削速度的变化，因此应适当调整转速，使靠近工件中心处的转速高些；应将床鞍牢牢紧固在床身上，以免在车削时由于产生让刀现象导致端面不平整，此时可应用小滑板控制背吃刀量。

3. 车台阶

车台阶是车圆柱和端面的组合。台阶高度小于 5mm 为低台阶，可用 90°偏刀一次车出，如图 5-23a 所示；大于 5mm 为高台阶，其外圆车削可分几次进给完成，最后一次进给时，应用大于 90°偏刀沿径向从内向外进给车出台阶，如图 5-23b 所示。

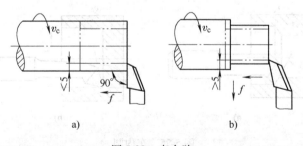

图 5-23　车台阶

a）一次进给　b）多次进给

5.3.2　钻孔与车内圆

1. 钻孔

利用钻头在实体工件上加工孔的方法称为钻孔。钻孔通常在车床或钻床上进行。与钻床上钻孔不同，在车床上钻孔时，工件旋转为主运动，钻头装夹在尾座套筒内，转动手轮推动其做纵向进给，如图 5-24 所示。钻孔最常用的工具是麻花钻，所加工孔的尺寸精度靠钻头直径保证。钻孔的精度较低，尺寸公差为 IT10 以下，属于孔的粗加工。在车床上钻孔易保证孔与外圆的同轴度和孔与端面的垂直度。

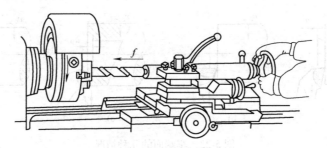

图 5-24　车床钻孔

车床上钻孔步骤如下。

1) 平端面，钻中心孔，便于钻头定心，防止发生钻偏。

2) 装夹钻头。选定相应直径的钻头且擦净，直柄钻头需用钻夹头装夹后插入尾座套筒内；锥柄钻头直接装入套筒锥孔内。

3) 调整尾座位置。松开尾座锁紧装置，将尾座调整至床身的合适位置后，锁紧固定。

4) 开车钻削。刚开始钻削时和孔将要钻通时的进给应缓慢。钻削时转速不宜过高，以免钻头过热。在钻削过程中应经常退出钻头排屑和冷却钻头。钻削结束时，应将钻头全部退出后再停车。

5) 钻不通孔时要控制深度。可以利用套筒上的刻度控制深度，也可在钻头上做标记控制孔深，也可利用深度尺随时测量。

2. 车内圆

在车床上对工件孔进行车削的方法称为车内圆。利用内圆车刀或镗刀对工件已铸、锻或钻出的孔进一步扩径加工，可粗加工、半精加工和精加工，能够纠正原加工孔轴线的偏斜，提高孔的形状、方向和位置精度。一般车内圆的尺寸公差为 IT8 ~ IT7 级，加工的表面粗糙度值 Ra 可达 3.2 ~ 1.6μm。图 5-25a 所示为车通孔，图 5-25b 所示为车不通孔。

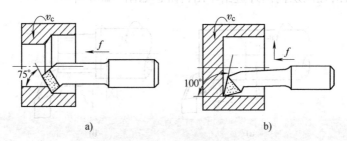

图 5-25　车内圆
a) 车通孔　b) 车不通孔

车内圆与车外圆的方法基本相同，但需注意以下几点。

(1) 选择和安装车刀　车通孔一般选择主偏角为 45° ~ 75° 的内圆车刀；车不通孔选择主偏角大于 90° 的内圆车刀且刀尖到刀杆背面的距离要小于孔径的一半，以免不通孔的底部无法车削。车刀安装时，在保证孔深的前提下，其伸出刀架的长度应尽量短且刀杆尽量粗，以减少加工时的振动。粗车时车刀刀尖应略低于工件轴线，让前角增大，使切削顺利；精车时刀尖略高，使后角增大，以免发生扎刀现象。

(2) 选择切削用量　车内圆时，因刀杆细长、散热条件差且排屑困难，容易产生让刀和振动现象，因此，选择的切削用量要比车外圆时小些。

（3）试切法　试切方法与车外圆基本相同，开车对刀—纵向退刀—横向进给—纵向切削—纵向退刀—停车测量。若满足尺寸公差要求，可纵向切削；若不满足要求，需重新横向进给调整背吃刀量，再试切，直至满足尺寸要求。车内圆的进刀方向和退刀方向与车外圆正好相反。

（4）控制孔深　孔深的控制方法与钻孔相似，若加工尺寸要求不高的时，可采用粉笔在刀杆上做标记的方法，也可用深度尺测量。

（5）内圆测量　常用游标卡尺测量孔径和孔深。若内圆直径尺寸精度要求较高，可用内径千分尺和内径百分表测量。批量生产时，可用塞规测量。

5.3.3　车锥面

在车床上将工件车削成圆锥表面的方法称为车锥面。圆锥面配合紧密，多次拆卸仍能保证定心准确，小锥度配合还能传递较大转矩，因此在机械结构中应用广泛，如圆锥体和圆锥孔的配合，顶尖锥柄和尾座套筒的配合，顶尖和工件中心孔的配合等。一般圆锥体可直接用锥角表示，如30°、45°、60°等。若锥角 α 较小时，可直接用锥度 C 表示，如 1:5、1:10、1:20等。特殊用途锥体是根据需要专门制定的。在车床上加工锥面的方法主要有四种。

1. 宽刀法

主切削刃磨成或倾斜成与锥体素线相同的角度车出锥面的方法称为宽刀法，如图 5-26 所示。这种方法适用于小于切削刃长度的内、外锥体，生产率高，适合批量生产。宽刀法切削力较大，因此要求切削加工系统具备较好的刚性。

2. 小滑板转位法

利用小滑板可旋转任意角度的功能，松开紧固螺母后，将其旋转半锥角 $\alpha/2$，紧固螺母。车削时缓慢而均匀地转动小滑板手柄，车刀沿斜向进给即可车出锥面，如图 5-27 所示。这种方法操作简单，不受锥角大小限制，内、外锥体均可加工。但因小滑板位移限制，不能加工太长的锥体，通常小于100mm。

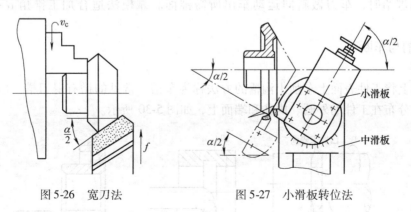

图 5-26　宽刀法　　　　　　　图 5-27　小滑板转位法

3. 偏移尾座法

将工件安装在前、后顶尖上，将尾座偏移一个距离 S，使工件轴线与机床主轴轴线交角成半锥角 $\alpha/2$，车刀纵向进给即可车出锥面，如图 5-28 所示。尾座偏移距离 S 为

$$S = l_0 \tan\frac{\alpha}{2} = l_0 \ (D-d) \ /2l$$

式中　l_0 ——前后顶尖距离，单位为 mm；

　　　l ——圆锥长度，单位为 mm；

　　　D ——锥面大端直径，单位为 mm；

　　　d ——锥面小端直径，单位为 mm。

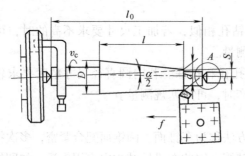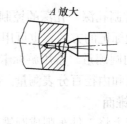

图 5-28　偏移尾座法

　　这种方法适用于车削较长内、外锥体，可以自动进给，加工后的表面粗糙度值低。但因尾座偏移量的限制，只能车削锥角 $\alpha < 16°$ 的工件。

　　4. 靠模法

　　大批量生产中常使用靠模法加工锥面。将车床加装靠模板控制车刀进给方向车出所需锥面，如图 5-29 所示。将中滑板上的丝杠和螺母脱开，其手柄不再调节车刀的横向进给，而是将小滑板旋转 90°，用小滑板的丝杠控制背吃刀量。将靠模板调节成半锥角 $\alpha/2$，

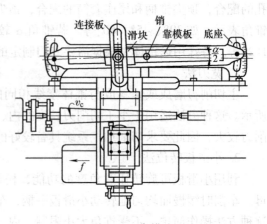

图 5-29　靠模法

当床鞍自动进给时，车刀做斜向运动车出所需锥面。靠模法适合加工锥角 $\alpha < 12°$ 的内、外长锥体。

5.3.4　车槽与车断

　　1. 车槽

　　在车床上将工件表面上车削出沟槽的方法称为车槽。常见的槽有退刀槽、砂轮越程槽、密封槽等，分布在工件的外圆、内孔和端面上，如图 5-30 所示。

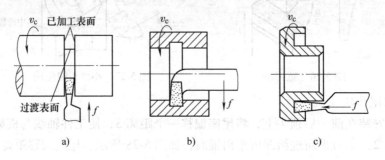

a)　　　　　　　　　b)　　　　　　　　　c)

图 5-30　车槽

a) 车外槽　b) 车内槽　c) 车端面槽

车槽应用车槽刀，刀头部分由一条主切削刃、两条副切削刃和两个刀尖构成。安装车槽刀时，主切削刃要平行于工件轴线且刀尖要与工件轴线等高，两副切削刃副后角也需对称相等。车槽刀角度及安装，如图 5-31 所示。

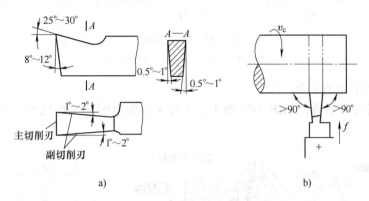

图 5-31　车槽刀角度及安装

a) 车槽刀　b) 安装

对于 5mm 以下的窄槽，采用主切削刃宽度等于槽宽的车槽刀加工，横向进给，一次车出，若工件精度要求较高，可分两次车削车出；5mm 以上的宽槽采用分段横向粗车，再纵向精车的方法车出。

2. 车断

在车床上将坯料或工件从夹持端上分离下来的车削方法称为车断，主要用于圆棒料按尺寸要求下料或将加工好的工件从坯料上切下来。车断利用车断刀，其结构和形状与车槽刀基本相同，区别是车断刀刀头窄且长，加工时易产生振动。另外，切削时车断刀深入工件内部，散热差，排屑困难，因此易折断。车断时应注意以下问题。

1）车断刀刀尖应与工件中心等高，否则易将断面留下凸台或折断刀具。刀具装夹时其伸出刀架的长度不宜过长，以免振动。

2）安装工件时将待车断处靠近卡盘，增加工件刚性，减小振动。

3）采用较低的切削速度，进给要缓慢而均匀，快车断时要放慢进给速度。

4）车断时应使用切削液，使散热加快，排屑顺利。

常用的车断方法有直进法和左右借刀法两种，如图 5-32 所示。直进法适用于脆性材料的车削，如铸铁等；左右借刀法适用于塑性材料的车削，如钢等。

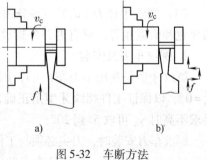

图 5-32　车断方法

a) 直进法　b) 左右借刀法

5.3.5　车螺纹

在车床上将工件表面加工成螺纹的方法称为车螺纹。螺纹的种类很多，分类方法也多样，按用途可分为连接螺纹和传动螺纹；按标准可分为米制螺纹和英制螺纹；按牙型可分为普通螺纹、矩形螺纹、梯形螺纹等，如图 5-33 所示。车床上用车刀可加工各种螺纹，小直径的螺纹也可用板牙和丝锥在车床上加工。现以应用广泛的米制普通螺纹车削加工为例进行说明。

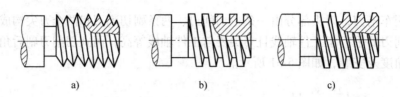

图 5-33　螺纹的种类

a）普通螺纹　b）矩形螺纹　c）梯形螺纹

1. 普通螺纹各部分名称

普通螺纹各部分名称，如图 5-34 所示，大写字母为内螺纹名称代号，小写字母为外螺纹名称代号。

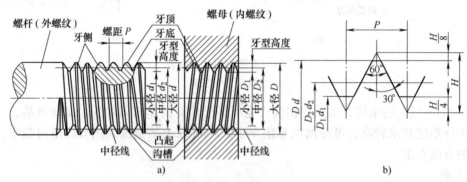

图 5-34　普通螺纹各部分名称

a）螺纹名称　b）螺纹要素

D、d—大径；D_1、d_1—小径；D_2、d_2—中径；P—螺距；H—原始三角形高度

决定螺纹类型的基本要素有三个。

（1）牙型角 α　螺纹轴向剖面内相邻两牙侧之间的夹角。

（2）螺距 P　在中径线上相邻两牙间对应点的轴向距离。

（3）螺纹中径 $D_2(d_2)$　平分螺纹理论高度 H 的一个假想圆柱体的直径。在中径处螺纹的牙宽和槽宽相等，只有内、外螺纹中径一致时，才能配合良好。

2. 螺纹车刀及安装

螺纹牙型是利用车刀车出的，因此要求螺纹车刀刀尖角与螺纹牙型角 α 相等，且前角 $\gamma_0 = 0°$，以保证工件螺纹牙型角正确，否则会产生形状误差，如图 5-35 所示。粗加工或螺纹要求不高时 γ_0 可取 5° 到 20°。

螺纹车刀安装时，刀尖必须与工件中心线等高，可根据尾座顶尖高度检查；刀尖角的角分线应与工件轴线垂直，以保证车出的牙型角不发生歪斜，可用样板对刀校正，如图 5-36 所示。

3. 车床的调整

车削螺纹时，螺距严格地靠纵向进给保证，螺纹直径靠横向进给保证。加工时，工件每旋转一周，车刀必须准确地移动一个工件的螺距或导程（单线螺纹为螺距，多线螺纹为导程）。为了传动准确，减少传动误差，车削螺纹使用丝杠传动。工件的螺距通过查询车床进给箱标牌表，调整手柄位置及变换齿轮箱齿轮的齿数获得。与车削外圆相比，车削螺纹的进给量要大得多，因此主轴转速要低，以保证有充分的退刀时间防止发生碰撞。

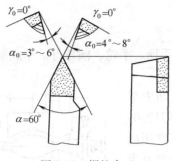

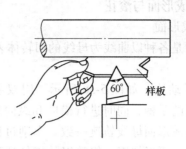

图 5-35　螺纹车刀　　　　　　　　　图 5-36　螺纹车刀安装

4. 螺纹车削方法和步骤

以车削外螺纹为例，在正式车削前需要按要求车出螺纹大径，并在螺纹起始端车出倒角，一般还要在螺纹末端车出退刀槽。车削螺纹的方法主要有两种，正反车法和抬闸法。图 5-37 所示为正反车法的车削步骤，适合于加工各种螺纹。这种方法在螺纹车削完毕之前不能随意松开对开螺母，加工中若需换刀，应重新对刀，以免乱扣。

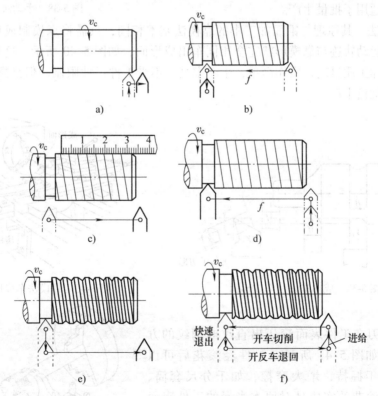

图 5-37　正反车法的车削步骤

a）开车，车刀刀尖轻轻接触，记录刻度盘读数，向后退出车刀　b）合上开合螺母，在工件表面上车出一条螺旋线，横向退出车刀　c）开反车将车刀退到工件右端，停车，用钢直尺检查螺距是否正确　d）利用刻度盘调整背吃刀量，开车切削　e）车刀将至终了时，先快速退出车刀再停车，然后开反车退回刀架　f）再次横向进给，继续切削

另一种方法是抬闸法，利用开合螺母的压下和抬起来车削螺纹。这种方法虽操作简单但易出现乱扣现象，因此只适合于加工车床丝杠螺距是工件螺距整数倍的螺纹。

5.3.6　车成形面与滚花

1. 车成形面

成形面是各种以曲线为母线的回转体表面，如手柄、手轮、圆球等。车成形面的方法主要有三种。

（1）手动法　如图 5-38 所示，用双手同时摇动中滑板和小滑板的手柄，同时进行横向和纵向进给，使刀尖的运动轨迹与成形面母线轨迹一致。车削过程中需经常用成形样板检验，再经加工、修整以使工件达到尺寸公差要求和表面粗糙度要求。这种方法适用于小批量生产。

（2）成形车刀法　如图 5-39 所示，利用与工件母线形状完全相同的成形车刀车出工件轮廓线的方法称为成形车刀法，也称为样板刀法。这种方法的加工精度主要靠刀具保证。切削时由于接触面大，切削力大，易产生振动，因此要求加工系统具备较高的刚性并且采用较小的切削用量。这种方法适用于批量生产。

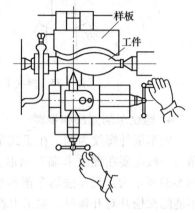

图 5-38　手动法车成形面

（3）靠模法　其原理与锥面加工中的靠模法基本相同，只需将靠模制成形状与母线一致，利用刀尖运动轨迹与靠模形状完全相同车出成形面，如图 5-40 所示。这种方法采用普通车刀车削，加工质量高，操作简单，生产率高，不受工件尺寸限制。但是靠模成本较高，因此适用于大批量生产。

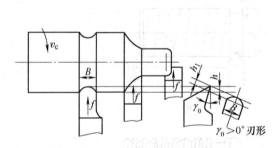

图 5-39　成形车刀法车成形面

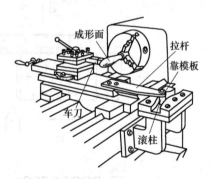

图 5-40　靠模法车成形面

2. 滚花

利用滚花刀在工件表面滚压出直纹或网纹的方法称为滚花，如图 5-41 所示。工件经滚花后可以增加美观，便于握持，增大摩擦，如千分尺套筒、螺纹量规等。滚花的实质是对原本光滑的工件表面挤压，使其表面发生塑性变形而形成花纹。由于滚花时切削力大，因此装夹时待滚花表面要尽量靠近卡盘，切削速度要低，加切削液。滚花刀的花纹样式分为直纹和网纹两种，按滚花轮的数量分为单轮、双轮和三轮三种，如图 5-42 所示。

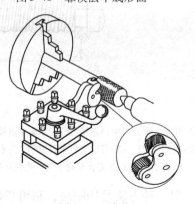

图 5-41　滚花

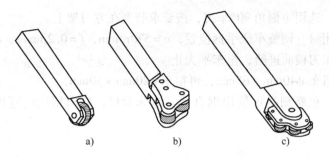

图 5-42　滚花刀

a）单轮滚花刀　b）双轮滚花刀　c）三轮滚花刀

5.4　车削加工基本技能训练

5.4.1　实训守则

1）穿戴好工作服，长发压入帽内，严禁戴手套。

2）多人共用一台车床时，只能一人操作，并注意他人安全。

3）开车前检查机床各个运动部位，检查手柄位置是否正确和电气开关位置是否在可靠位置。

4）工件和刀具装夹要牢固可靠，床面上不得放工、夹、量具及其他物品。

5）起动车床后，精神要集中，不可靠工件太近，以防切屑伤眼，必要时戴护目镜。

6）车床工作时，不得用手触摸工件，不得测量工件，不得直接用手清理切屑，以防发生事故。

7）严禁开车时变换主轴转速，以防损坏车床。

8）自动横向或纵向进给时，严禁床鞍和中滑板超过极限位置，以防滑板脱落或碰撞卡盘。

9）如遇异常情况应及时关闭电源。

10）工作结束后，关闭车床电源，清除切屑，清洁车床，以保持良好工作环境。

5.4.2　项目实例

项目一：粗车外圆及端面训练

以图 5-43 所示轴为例，进行粗车外圆及端面训练。

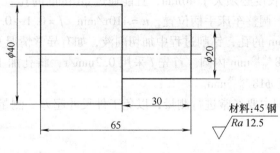

材料：45 钢

$\sqrt{Ra\ 12.5}$

图 5-43　轴

操作步骤：

1）装夹工件。用自定心卡盘装夹工件，工件伸出 70mm 长，夹紧。

2）安装车刀。选用主偏角 90° 车刀，按要求装夹在方刀架上。

3）选择切削用量。调整车床手柄位置，$n = 570 \text{r/min}$，$f = 0.2 \text{mm/r}$，$a_{p\max} = 1 \text{mm}$。

4）车端面。车刀横向进给，至车平为止。

5）车外圆。粗车 $\phi 40 \text{mm} \times 65 \text{mm}$，再粗车 $\phi 20 \text{mm} \times 30 \text{mm}$。

6）测量工件。粗略测量可使用钢直尺、游标卡尺，要求精确时还可采用外径千分尺测量。

操作要点：

1）装夹工件起动车床后，观察工件旋转状态，不能出现较大偏摆和振动，否则需要进行适当找正后重新夹紧。

2）正式切削前，要进行对刀操作，将车刀轻触待加工表面后，可将刻度盘调整至某一整数，以便记忆。

3）接近图样最终尺寸时，需要经常停车测量，防止尺寸超差。

4）若使用车床自动进给功能控制纵向尺寸时，可提前抬起手柄，手动进给至最终尺寸。

项目二：车内圆训练

以图 5-44 所示套筒为例进行车内圆训练。

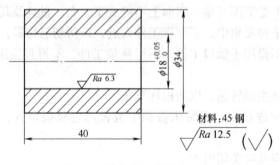

图 5-44 套筒

操作步骤：

1）装夹工件。用自定心卡盘装夹工件，工件伸出 45mm 长，夹紧。

2）安装钻头和内圆车刀。将直径 $\phi 15 \text{mm}$ 的钻头安装在尾座套筒内；选择内圆车刀安装在方刀架上，其刀杆长度必须大于 40mm，且能通过 $\phi 15 \text{mm}$ 的孔。

3）选择切削用量。调整车床手柄位置，$n = 410 \text{r/min}$，$f = 0.1 \sim 0.2 \text{mm/r}$。

4）钻孔。钻 $\phi 15 \text{mm}$ 的孔，钻削过程中加切削液，如有异常情况及时退出钻头。

5）车内圆。车 $\phi 18^{+0.05}_{0} \text{mm}$ 内圆。首先 f 采用 0.2mm/r，将孔加工至 $\phi 17.8 \text{mm}$；调整 f 至 0.1mm/r 进行精车至 $\phi 18^{+0.05}_{0} \text{mm}$。

6）测量。车削过程中要经常进行测量，以免工件尺寸超差。测量可应用游标卡尺或内径百分表等。

操作要点：

1）钻头和车刀刀尖都应与工件中心线等高，车刀伸出长度在保证孔深的情况下尽量短，一般大于工件长度 $5 \sim 10 \text{mm}$。

2）钻孔时进给要均匀，套筒松紧要适宜。开始钻削和结束钻削时进给要缓慢。

3）车至最终尺寸时，可能由于车床让刀或存在间隙等原因导致孔的直径偏小，此时需要继续进给，至工件合格为止。

项目三：车槽与车断训练

以图 5-45 所示轴为例进行车槽与车断训练。

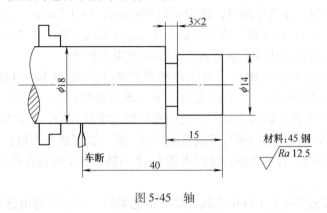

图 5-45 轴

操作步骤：

1）装夹工件。用自定心卡盘装夹工件，使 $\phi20mm$ 的棒料伸出 50mm 长。

2）安装车刀。将一把 90°偏刀和一把宽 3mm 的车断刀安装在方刀架上。

3）选择切削用量。$n = 570r/min$，$f = 0.1mm/r$，$a_{pmax} = 1mm$。

4）车外圆。用偏刀车削外圆至 $\phi18mm \times 43mm$；再车削外圆 $\phi14mm \times 15mm$。

5）车槽。用宽 3mm 的车断刀采用直进法车 $3mm \times 2mm$ 的槽，并且加切削液。

6）车断。用车断刀车断工件，保证长度 40mm，并且加切削液。

操作要点：

1）工件伸出卡盘的长度要大于工件切断长度加车断刀的宽度。

2）工件待车断位置应尽量靠近卡盘，以免车断时引起振动。

3）安装车断刀时刀尖必须对准工件中心，且垂直于工件中心线。车断刀伸出的有效长度应在保证大于工件半径的前提下尽量短。

4）工件将要车断时进给要缓慢，防止工件飞出发生危险。

5）切削钢件时需加切削液进行润滑冷却；切削铸铁件时需用煤油进行润滑冷却。

项目四：车削螺纹训练

以图 5-46 所示螺钉（原料为图 5-45 所示轴）为例进行车削螺纹训练。

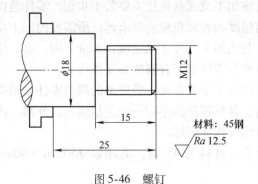

图 5-46 螺钉

操作步骤：

1）装夹工件。用自定心卡盘装夹工件，夹持工件 $\phi18$ mm 外圆，伸出长度 25mm。

2）安装车刀。将 90°偏刀和刀尖角为 60°的三角形外螺纹车刀各一把，按要求安装在方刀架上。

3）选择切削用量。车削外圆时，选用 $n = 570$ r/min，$f = 0.1$ mm/r，$a_{pmax} = 1$ mm；车削螺纹时，选用 $n = 72$ r/min，调节进给箱外手柄，使待加工螺纹螺距为 1.75mm。

4）车外圆。用偏刀将外圆车削至 $\phi12_{-0.30}^{0}$ mm 至退刀槽处。

5）车削螺纹。首先试切螺纹，将床鞍摇至距离工件端面 10~12mm 处，横向进给 0.05mm 左右，压下开合螺母，在工件表面车出一条有痕螺纹线，到退刀槽处迅速横向退刀，压下开关杠，使工件反转退出车刀，用钢直尺测量螺纹螺距，正确后再正式切削螺纹。车刀做垂直移动切入工件，用中滑板控制背吃刀量，第一次可进 8 小格，记录分度值；第二次进 4 小格后进行检验，若不合格，可以再进 1~2 小格，直至检验合格为止。

操作要点：

1）螺纹车刀刀尖要对准工件中心线，装夹不能偏斜，即车刀的角分线与工件的中心线应垂直，可用样板对刀。

2）车削螺纹精力要高度集中，当车刀车削至退刀槽时，右手应迅速退刀，以免发生碰撞。

3）检验螺纹可用螺纹样板或螺纹千分尺，大批量生产时也可以使用螺纹量规。

项目五：滚花训练

操作步骤：

1）装夹工件。用自定心卡盘装夹工件，使工件伸出 25mm 后夹紧。

2）安装车刀。采用偏刀和双轮滚花刀加工工件，将其装夹在方刀架上。

3）选择切削用量。滚花时切削用量不宜过大，$n = 72$ r/min，$f = 0.3$ mm/r。

4）滚花。首先用偏刀车外圆，$\phi25$ mm × 25mm。双轮滚花刀接触工件后横向进给 20 格，纵向自动进给，滚花长度 20mm。

操作要点：

1）工件伸出卡盘长度不宜过长，必要时可配合后顶尖支承。

2）滚花后工件的外径比滚花前略有增加，一般 0.02~0.5mm。

3）滚花时，主轴转速要低，并需要充分加切削液，以免研坏滚花刀和产生乱纹。

项目六：综合作业训练

在生产加工中，将毛坯加工成成品往往需要若干步骤。零件是由多个表面组成的，形状越复杂，尺寸精度、几何精度和表面粗糙度要求越高所需要的加工步骤也就越多。车床上加工的零件经常还需要配合其他加工处理才能完成，如铣、刨、磨、钳、热处理等。因此，综合考虑，合理安排加工步骤是零件加工合格的必要条件。

轴类和盘类零件是车削加工中最常见、最典型的两类零件。轴类零件的车削一般包括外圆、台阶、螺纹等的车削；盘类零件的车削一般包括端面、外圆、内圆等的车削。现以短轴为例，来进行车削加工的综合作业训练。

零件图如图 5-47 所示，材料为 45 钢，毛坯取 $\phi50$ mm × 90mm 棒料，其加工过程见表5-3。

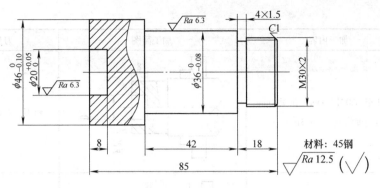

图 5-47　短轴

表 5-3　加工过程

加工顺序	加工内容	加工简图	刀具和量具
1	自定心卡盘装夹工件，车平端面，钻中心孔		45°弯头车刀、中心钻
2	工件调头装夹，车平端面，保证总长85mm		45°弯头车刀、游标卡尺
3	粗车、精车外圆 $\phi 46_{-0.10}^{0}$ mm，长25mm		右偏刀、游标卡尺
4	钻孔 ϕ18mm，孔深6mm		ϕ18mm 麻花钻

（续）

加工顺序	加工内容	加工简图	刀具和量具
5	镗孔至 $\phi20^{+0.05}_{0}$ mm，孔深 8mm，保证粗糙度值 Ra 为 6.3μm		镗刀、游标卡尺
6	工件调头装夹，配合顶尖支承，粗车外圆 $\phi38$ mm，长 60mm		45°弯头车刀、游标卡尺
7	粗车外圆 $\phi30.5$ mm，长 18mm		右偏刀、游标卡尺
8	依次精车 $\phi36^{0}_{-0.08}$ mm 和 $\phi30^{-0.10}_{-0.15}$ mm		右偏刀、游标卡尺
9	车槽、倒角		车槽刀、45°弯头车刀
10	车螺纹 M30×2		螺纹车刀
11	去毛刺		锉刀

5.4.3 练习件

以图 5-48 所示衬套为例，进行车削加工练习。

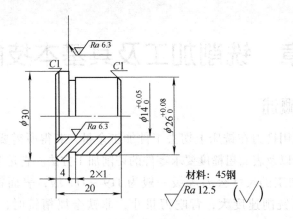

图 5-48 衬套

第6章　铣削加工及其基本技能训练

6.1　铣削加工概述

铣削加工就是利用铣刀在铣床上切去工件加工余量，获得所需要的尺寸精度、表面形状、方向和位置精度以及表面粗糙度要求零件的切削加工方法。它是金属切削加工中最常用的方法之一。铣削加工的尺寸公差等级一般为 IT9 ~ IT7 级，表面粗糙度值 Ra 为 6.3 ~ 1.6μm。如果铣刀的铣削速度大，背吃刀量小，非铁金属精铣时，表面粗糙度值 Ra 可达 0.4μm。

1. 铣削加工的应用范围

铣削加工广泛应用于机械制造和修理部门，在铣床上使用各种不同的铣刀，可以加工各种平面（水平面、垂直面、斜面等）、圆弧面、台阶、沟槽（直角槽、键槽、T 形槽、V 形槽、燕尾槽、螺旋槽等）、成形面、齿轮（直齿轮、斜齿轮、锥齿轮、齿条等），还可以进行切断、分度、钻孔、铰孔、扩孔、镗孔等工作。在大批量生产中，除了加工狭长的平面外，铣削几乎代替了刨削。铣削加工示例，如图 6-1 所示。

2. 铣削加工的特点

1）铣削加工采用旋转的多刃刀具进行切削，切削刃散热性较好，刀具寿命长。

2）铣削加工采用较大的切削用量和较高的切削速度，生产率高。

3）铣削属于断续切削，铣刀齿不断切入、切出，切削力在不断变化，容易产生振动。

4）铣床结构复杂，铣刀制造和刃磨较困难，故铣削加工成本较高。

3. 铣削运动和铣削用量

铣削运动分主运动和进给运动。铣削加工时铣刀旋转为主运动，工件在水平和垂直方向的运动为进给运动。在铣削运动过程中所选用的切削用量称为铣削用量。铣削用量由铣削速度 v_c、进给量 f、背吃刀量 a_p 和侧吃刀量 a_e 组成，如图 6-2 所示。

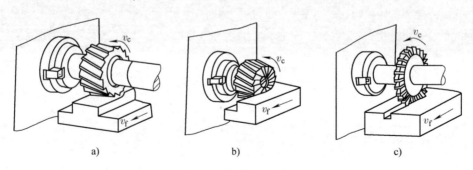

图 6-1　铣削加工示例

a）圆柱形铣刀铣平面　b）套式面铣刀铣台阶面　c）三面刃铣刀铣直角槽

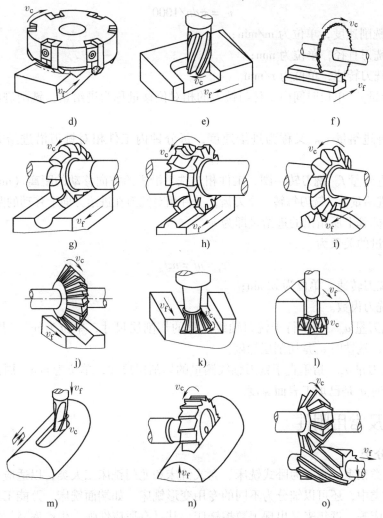

图 6-1　铣削加工示例（续）

d）面铣刀铣平面　e）立铣刀铣凹平面　f）锯片铣刀切断　g）凸半圆铣刀铣凹圆弧面　h）凹半圆铣刀铣凸圆弧面　i）模数铣刀铣齿轮　j）角度铣刀铣 V 形槽　k）燕尾槽铣刀铣燕尾槽　l）T 形铣刀铣 T 形槽　m）键槽铣刀铣键槽　n）半圆键槽铣刀铣半圆键槽　o）角度铣刀铣螺旋槽

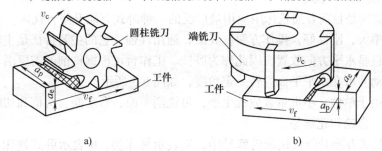

图 6-2　铣削用量

a）在卧铣上铣平面　b）在立铣上铣平面

（1）铣削速度 v_c　铣刀最大直径处切削刃的线速度。铣削速度与铣刀直径和铣刀转速有关，计算公式为

$$v_c = \pi dn/1000$$

式中　v_c——铣削速度，单位为 m/min；

　　　d——铣刀直径，单位为 mm；

　　　n——铣刀转速，单位为 r/min。

（2）进给量 f　单位时间内工件与铣刀的相对位移量称为进给量。铣削进给量有三种表示方法。

1）每分钟进给量 v_f。又称为进给速度，每分钟内工件相对铣刀沿进给方向的移动量（mm/min）。

2）每转进给量 f。铣刀转一圈，工件相对铣刀沿进给方向移动的距离（mm/r）。

3）每齿进给量 f_z。铣刀每转一个刀齿，工件相对铣刀在进给方向上移动的距离（mm/z）。

一般铣床标牌上所指出的进给量即为 v_f。

三种进给量的关系为

$$v_f = nf = nzf_z$$

式中　n——铣刀转速，单位为 r/min；

　　　z——铣刀齿数。

（3）背吃刀量 a_p　指平行于铣刀轴线测量的切削层尺寸，单位为 mm。周铣时 a_p 是已加工表面宽度，端铣时 a_p 是切削层深度。

（4）侧吃刀量 a_e　指垂直于铣刀轴线测量的切削层尺寸，单位为 mm。周铣时 a_e 是切削层深度，端铣时 a_e 是已加工表面宽度。

6.2　铣床及常用附件

6.2.1　铣床分类

铣床的种类很多，常分为卧式铣床、立式铣床和龙门铣床三大类，以适应不同的加工需要。在每一大类中，还可以细分为不同的专用变形铣床，如端面铣床、万能工具铣床、圆弧铣床、仿形铣床等。近年来又出现了数控铣床，其具有适应性强、生产率高、精度高、劳动强度低等优点。铣床类型繁多，仅以常用的卧式万能升降台铣床、立式升降台铣床和龙门镗铣床为例进行介绍。

1. 卧式万能升降台铣床

X6132 型铣床是目前普通铣床中应用最广泛的一种卧式万能升降台铣床。它的主要特点是转速高，功率大，刚性好，操作方便、灵活，通用性强。它的主要特征是主轴轴线与工作台平面平行，且呈水平方向放置，因此称为卧铣。工作台可根据铣削的需要沿着纵、横、垂直三个方向移动并可在水平平面内转一定角度，如图 6-3 所示。

该铣床适用于单件、小批量或成批生产，可铣削平面、台阶面、沟槽和切断等，配备附件可铣削齿条、齿轮和花键等。

X6132 型卧式万能升降台铣床的牌号中，X 表示铣床类，6 表示卧式铣床，1 表示万能升降台铣床，32 表示工作台宽度的 1/10（即工作台宽度为 320mm）。

卧式万能升降台铣床的主要组成及作用如下。

（1）床身　床身用来固定和支承铣床上所有部件。

（2）横梁　安装吊架，以支承铣刀刀杆的外端。

（3）主轴　空心轴，前端有锥度为 7:24 的圆锥孔，用以安装刀杆。

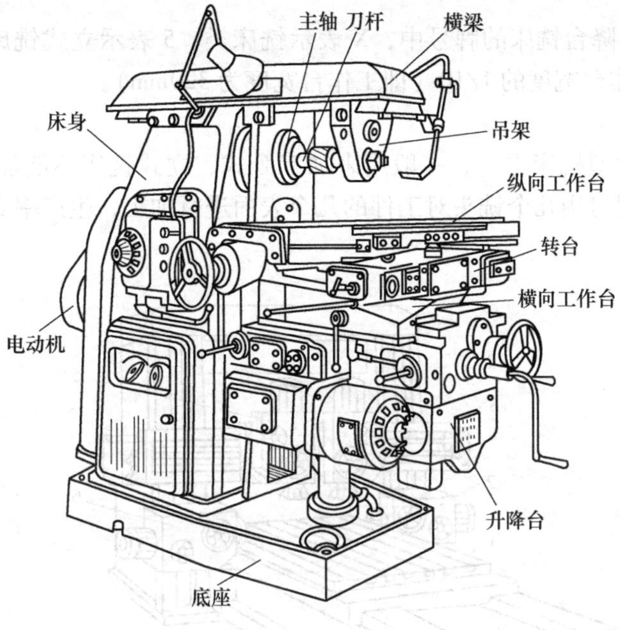

图 6-3　X6132 型卧式万能升降台铣床外观图

（4）纵向工作台　纵向工作台上面有 T 形槽用以装夹工件或卡具，下面通过螺母与丝杠螺纹连接，可在转台的导轨上移动；其侧面有固定挡铁，用以带动台面上的工件做纵向进给。

（5）横向工作台　横向工作台位于升降台上面的水平导轨上，可带动纵向工作台做横向进给，用以调整工件与铣刀之间的横向位置或获得横向进给。

（6）转台　可使工作台在水平面做顺时针和逆时针转动。

（7）升降台　支承工作台，带动工作台做垂直进给运动。

（8）底座　底座是整个铣床的基础，承受铣床的全部重量及提供盛放切削液的空间。

2. 立式升降台铣床

X5032 型铣床是一种常见的立式升降台铣床，如图 6-4 所示。它的规格、操纵机构、传动变速情况均与 X6132 相同，主要区别是主轴与工作台面垂直，此外它没有横梁、吊架和转台。根据工作需要，立式升降台铣床的头架可以左右旋转一定角度。铣削时铣刀安装在主轴上，由主轴带动做旋转运动，工作台带动工件做纵向、横向和垂直移动。

X5032 型立式升降台铣床主要适于单件、小批量或成批生产，用于加工平面、台阶面、

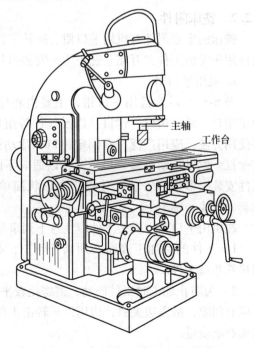

图 6-4　X5032 型立式升降台铣床外观图

沟槽等，配备附件可以铣削齿条、齿轮、花键、圆弧面、圆弧槽和螺旋槽等，还可进行钻削、镗削加工。

X5032 型立式升降台铣床的牌号中，X 表示铣床类，5 表示立式铣床，0 表示立式升降台铣床，32 表示工作台宽度的 1/10（即工作台宽度为 320mm）。

3. 龙门镗铣床

龙门镗铣床属大型机床之一，一般用来加工卧式、立式铣床不能加工的大型或较重零件。龙门镗铣床可同时用几个铣头对工件的几个表面进行加工，生产率高，适合成批大量生产，如图 6-5 所示。

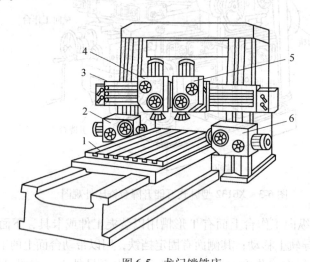

图 6-5　龙门镗铣床
1—工作台　2、6—水平铣头　3—横梁　4、5—垂直铣头

6.2.2　铣床附件

铣床的主要附件有机用平口钳、回转工作台、万能立铣头和万能分度头等。其中前三种附件用于安装工件，万能立铣头用于安装刀具。

1. 机用平口钳

图 6-6 所示为机用平口钳，主要由底座、钳身、固定钳口、活动钳口、钳口铁以及丝杠等组成。它安装使用方便，应用广泛，有固定钳口和活动钳口，通过丝杠、螺母传动调整钳口距离，以适应不同宽度的工件安装，多用于安装尺寸较小和形状简单的支架、盘套、板块、轴类。

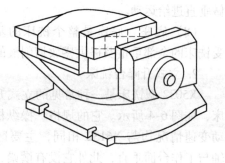

图 6-6　机用平口钳

在机用平口钳中安装工件应注意下列事项。

1）工件的待加工表面必须高于钳口，必要时可用垫铁垫高工件。

2）为防止加工时工件松动，需将比较平整的表面紧贴固定钳口和垫铁。工件与垫铁间不应有间隙，故需边夹紧，边用锤子轻击工件。对已加工表面应用铜锤进行敲击，以免敲伤表面影响质量。

3）为保护钳口和工件已加工表面，往往在钳口上垫以软金属片。

　　4）安装刚性较差的工件时，应将薄弱部位预先垫实或做支承，以免工件夹紧后产生变形。

　　2. 回转工作台

　　回转工作台如图 6-7 所示，又称为转盘或圆形工作台。它的内部为蜗杆传动。摇动手轮，直接使回转台转动。回转台周围有刻度，用以确定回转台位置。回转台中央的孔用以找正和确定工件的回转中心。

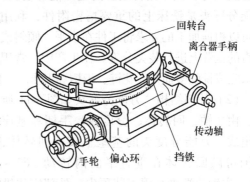

图 6-7　回转工作台

　　回转工作台一般用于较大工件的分度工作和非整圆弧面的加工。在回转工作台上铣削圆弧时，首先应校正工件圆弧中心与回转台中心重合，然后将工件安装在回转台上，铣刀旋转后，均匀摇动手轮使回转台带动工件进行圆弧进给，即可铣出圆弧槽。

　　3. 万能立铣头

　　万能立铣头安装在卧式铣床上，使卧式铣床可以完成立式铣床的工作，扩大了卧式铣床的加工范围，其主轴与铣床主轴的传动比为 1:1。万能立铣头外形如图 6-8 所示，其可以根据铣削的需要，把铣头主轴扳成任意角度。它的底座用螺钉固定在铣床的垂直导轨上。铣床主轴的运动是通过万能立铣头内部的两对锥齿轮传到铣头主轴上，万能立铣头壳体可绕铣床主轴轴线偏转任意角度，如图 6-9 所示。此外，万能立铣头主轴壳体还可在万能立铣头壳体上偏转任意角度，如图 6-10 所示。虽然加装万能立铣头的卧式铣床可以完成立式铣床的工作，但由于万能立铣头与卧

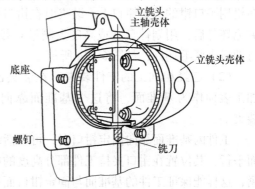

图 6-8　万能立铣头外形

式铣床的连接刚度比立式铣床差，铣削加工时切削量不能太大，所以不能完全替代立式铣床。

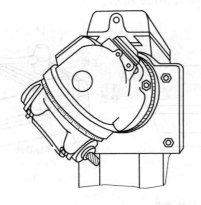

图 6-9　万能立铣头壳体绕主轴轴线偏转角度

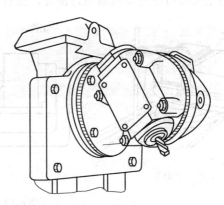

图 6-10　万能立铣头主轴壳体绕
万能立铣头壳体偏转角度

4. 万能分度头

（1）分类及用途　分度头的种类很多，有简单分度头、万能分度头、光学分度头、自动分度头等，其中用得最多的是万能分度头。万能分度头是铣床上的重要精密附件，利用它可以根据加工的要求将工件在水平、倾斜或垂直的位置上进行装夹分度。在生产中，常用它来完成铣削多面体、花键、齿槽等工作。

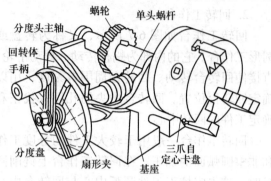

图 6-11　万能分度头

（2）外部结构　万能分度头如图 6-11 所示，由主轴、回转体、分度盘、手柄和基座等组成。万能分度头的基座上装有回转体，主轴可随回转体在垂直平面内转动 $-6°$ ~ $90°$。主轴前端锥孔用于装顶尖，外部定位锥体用于装自定心卡盘。分度时可转动手柄，通过蜗杆和蜗轮带动主轴旋转以进行分度。

6.2.3　工件装夹

1. 机用平口钳装夹

（1）毛坯件装夹　毛坯件装夹时应选择一个较为平整的毛坯面作为粗基准面，将其靠在机用平口钳的固定钳口上。装夹时在钳口铁平面与毛坯件之间垫铜皮，以防损伤钳口。轻夹毛坯件后，用划针盘（或高度尺测量）校正毛坯件的上平面位置，基本上与工作台面平行即可夹紧毛坯件，如图 6-12a 所示。

（2）已经粗加工的工件装夹　在装夹已经粗加工的工件时，应该选择一个较大的粗加工表面作为基准面，将这个基准面靠向机用平口钳的固定钳口或钳体导轨面上进行装夹。

工件的基准面靠向固定钳口时，可在活动钳口和工件间放置一圆棒，圆棒要与钳口上平面平行，其位置在钳口夹持工件部分高度的中间偏上。通过调整圆棒的上下位置，将工件夹紧，这样能保证工件的基准面与固定钳口面很好地贴合，如图 6-12b 所示。

工件的基准面靠向钳体导轨面时，在工件与导轨面之间垫以平行垫铁。为了使工件的基准面与导轨面平行，稍紧后可用铜锤轻击工件上面，同时移动平行垫铁，当其不松动时，工件的基准面与钳身导轨面贴合良好，然后夹紧，如图 6-12c 所示。

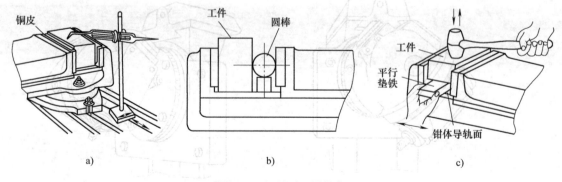

图 6-12　机用平口钳装夹

a）垫铜皮装夹校正毛坯件　b）用圆棒夹持工件　c）用平行垫铁装夹工件

2. 压板螺栓装夹

对于尺寸较大或形状特殊的工件，可视具体情况采用不同的装夹工具固定在工作台上，安装时应先进行工件找正。图 6-13 所示为压板螺栓装夹示意图。

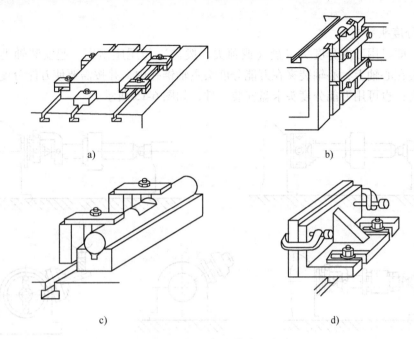

图 6-13　压板螺栓装夹示意图
a）用压板螺栓和垫铁安装工件　b）在工作台侧面用压板螺栓安装工件
c）用 V 形架安装轴类工件　d）用角铁和 C 形夹安装工件

压板螺栓装夹注意事项如下。图 6-14 所示为用压板螺栓在工作台上安装的正误比较。

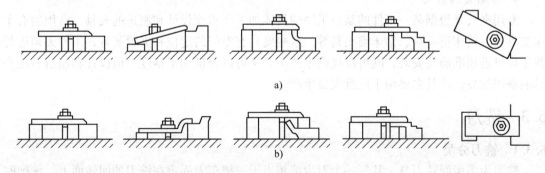

图 6-14　用压板螺栓在工作台上安装的正误比较
a）错误　b）正确

1）装夹时，应使工件的底面与工作台面贴实，以免压伤工作台面。若工件的底面是毛坯面，应用铁皮或铜皮等使工件的底面与工作台面贴实。夹紧已加工表面时，应在压板和工件表面间垫铜皮，以免压伤工件已加工表面。各压紧螺母应分几次交错拧紧。

2）工件的夹紧位置和夹紧力要适当。压板不应歪斜和悬伸太长，必须压在垫铁处，压点要靠近切削面，压力大小要适当。

3）在工件夹紧前后要检查工件的安装位置是否正确以及夹紧力是否得当，以免产生变形或位置移动。

4）装夹空心薄壁工件时，应在其空心处用活动支承件支承以增加刚性，防止工件振动或变形。

3. 万能分度头装夹

加工时，即可用万能分度头卡盘（或顶尖、拨盘）与尾座顶尖一起安装轴类工件；也可将工件套装在心轴上，心轴装夹在万能分度头主轴锥孔内，并按需要使万能分度头主轴倾斜一定的角度；也可用万能分度头卡盘安装工件，如图 6-15 所示。

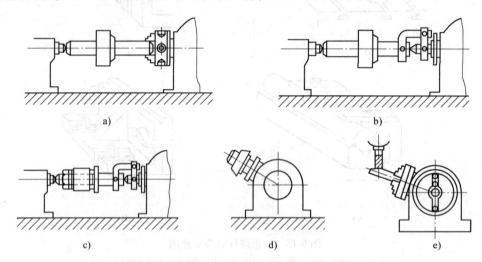

图 6-15　万能分度头装夹

a）一夹一顶　b）双顶尖夹顶工件　c）双顶尖夹顶心轴　d）心轴装夹　e）卡盘装夹

4. 专用夹具装夹

专用夹具是根据某一工件的某一工序的具体加工要求而设计和制造的夹具。常用的有车床类夹具、铣床类夹具、钻床类夹具等。这些夹具有专门的定位和夹紧装置，工件无须进行找正即可迅速准确地安装，既可以提高生产率，又可以保证加工精度。但设计和制造专用夹具的费用较高，故其主要用于成批大量生产。

6.3　铣刀

6.3.1　铣刀分类

铣刀为多齿回转刀具，其每一个刀齿都相当于一把车刀固定在铣刀的回转面上。铣削时同时参加切削的切削刃较多，且无空行程，v_c 也较高，所以生产率较高。铣刀的种类很多，结构不一，应用范围很广。下面介绍几种铣刀的分类方式。

铣刀的分类如下。

1）按材料不同，铣刀可分为高速钢和硬质合金两类。

2）按刀齿和刀体是否一体，铣刀分为整体式和镶齿式两类。

3）按安装的方法不同，铣刀分为带孔铣刀和带柄铣刀两类。

①带孔铣刀。带孔铣刀主要包括圆柱铣刀、圆盘铣刀、角度铣刀和成形铣刀，如

图 6-16a ~ h 所示。

②带柄铣刀。带柄铣刀主要包括面铣刀、立铣刀、键槽铣刀、T 形槽铣刀和燕尾槽铣刀，如图 6-16i ~ m 所示。

4）按铣刀的用途和形状分类，可分为圆柱铣刀、面铣刀、立铣刀、键槽铣刀、T 形槽铣刀、三面刃铣刀、锯片铣刀、角度铣刀和成形铣刀，如图 6-16 所示。

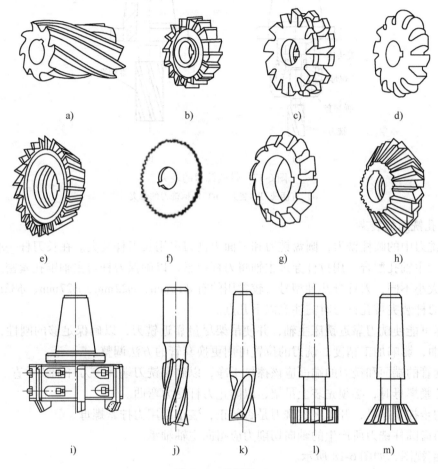

图 6-16 常用铣刀

a）圆柱铣刀 b）三面刃铣刀 c）凹半圆铣刀 d）凸半圆铣刀 e）单角铣刀 f）锯片铣刀 g）模数铣刀

h）双角铣刀 i）面铣刀 j）立铣刀 k）键槽铣刀 l）T 形槽铣刀 m）燕尾槽铣刀

6.3.2　铣刀装夹

1. 带柄铣刀的装夹

（1）直柄铣刀的装夹　直柄铣刀需用弹簧夹头装夹，弹簧夹头沿轴向有 3 个开口槽，当收紧螺母时，随之压紧弹簧夹头端面，使其外锥面受压收小孔径，夹紧铣刀，如图 6-17a 所示。不同孔径的弹簧夹头可以安装不同直径的直柄铣刀。

（2）锥柄铣刀的装夹　锥柄铣刀应根据铣刀锥柄尺寸选择合适的过渡锥套，用拉杆将铣刀及过渡锥套拉紧在主轴端部的锥孔中，如图 6-17b 所示。若铣刀锥柄尺寸与主轴端部的锥孔尺寸相同，则可直接装入主轴锥孔后拉紧。

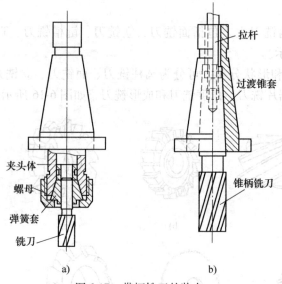

图 6-17　带柄铣刀的装夹

a）直柄铣刀的装夹　b）锥柄铣刀的装夹

2. 带孔铣刀的装夹

带孔铣刀中的圆柱铣刀，圆盘铣刀和三面刃铣刀多用长刀杆装夹。在长刀杆一端有7∶24锥度与铣床主轴孔配合，用拉杆穿过主轴将刀杆拉紧，以确保刀杆与主轴锥孔紧密配合。根据刀孔的大小不同，刀杆分几种型号，较常用的有 φ16mm、φ22mm、φ27mm、φ32mm 等。

用长刀杆装夹带孔铣刀时需注意以下几点。

1）尽可能使铣刀靠近铣床主轴，并使吊架尽量靠近铣刀，以确保足够的刚性，避免刀杆发生弯曲，影响加工精度。铣刀的位置可用更换套管的方法调整。

2）套管的端面和铣刀的端面应该擦拭干净，以确保铣刀端面与刀杆轴线垂直。

3）拧紧螺母时，必须先装上吊架，以防止刀杆受力弯曲。

4）初步拧紧螺母，开车观察铣刀是否装正，装正后用力拧紧螺母。

5）斜齿圆柱铣刀所产生的轴向切削力应指向主轴轴承。

装夹剖视图，如图 6-18 所示。

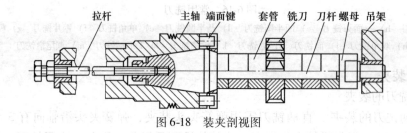

图 6-18　装夹剖视图

6.4　铣削加工工艺

6.4.1　铣削方式及操作步骤

1. 铣削方式

按铣削方式不同，铣削一般可分为周铣与端铣、顺铣与逆铣。

（1）周铣与端铣　周铣是指用刀齿分布在圆周表面的铣刀来进行铣削的方式，如图6-2a所示。端铣是指用刀齿分布在圆柱端面上的铣刀来进行铣削的方式，如图6-2b所示。

端铣法加工质量好，生产率高，最适合对大平面进行铣削加工。但周铣对加工各种形面的适应性较广。

（2）逆铣与顺铣　当铣刀和工件接触部分的旋转方向与工件的进给方向相反时称为逆铣，如图6-19a所示。当铣刀和工件接触部分的旋转方向与工件的进给方向相同时称为顺铣，如图6-19b所示。

顺铣时因工作台丝杠和螺母间的传动间隙，使工作台窜动，容易啃伤工件，损坏刀具。因此，丝杠和螺母有间隙补偿机构的铣床，精加工时可以采用顺铣，一般情况下都采用逆铣。

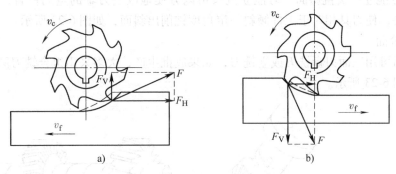

图6-19　逆铣与顺铣
a）逆铣　b）顺铣

2. 操作步骤

1）安装铣刀，装夹工件，调整主轴转速和进给速度。

2）开机，对刀试切，测量。

3）调整铣削深度和宽度，调整进给方向。

4）进给切削停车，检测。

6.4.2　铣平面、斜面、台阶面

1. 铣平面

铣工件上的平面可在卧式铣床上安装圆柱铣刀铣削。圆柱铣刀有螺旋齿和直齿，前者刀齿是逐步切入切出，切削过程比较平稳。也可以在卧式铣床上安装面铣刀铣削。面铣刀切削时，切削厚度变化小，参加切削刀齿多，工作平稳。还可以在立式铣床上安装立铣刀或面铣刀铣削。立铣刀用于加工较小的凸台面和台阶面，铣刀的周边是主切削刃，端面刃是副切削刃。

2. 铣斜面

（1）用斜垫铁铣斜面　在工件的基准下面垫一块斜垫铁，如图6-20所示，则铣削出的工件平面就会与基准面倾斜一定角度。改变斜垫铁的角度，即可加工出不同角度的工件斜面。

（2）用万能分度头铣斜面　将工件装夹在万能分度头上，如图6-21所示，利用万能分度头将工件的斜面转成水平面，即可铣出斜面。

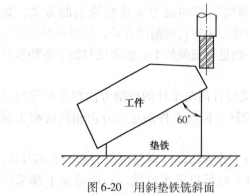

图 6-20　用斜垫铁铣斜面　　　　　　　　　图 6-21　用万能分度头铣斜面

（3）用万能立铣头铣斜面　万能立铣头可以方便地改变刀轴的空间位置，因此通过转动万能立铣头，使刀具相对于工件倾斜一定角度铣削出斜面，如图 6-22 所示。

3. 铣台阶面

铣台阶面可用三面刃盘铣刀或立铣刀，如果成批生产，大多采用组合铣刀同时铣削几个台阶面，如图 6-23 所示。

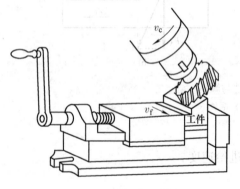

图 6-22　用万能立铣头铣斜面

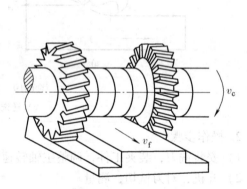

图 6-23　铣台阶面

6.4.3　铣沟槽

在铣床上利用不同的铣刀可以加工直角槽、燕尾槽、键槽、V 形槽和 T 形槽等。在这里仅介绍键槽、T 形槽和燕尾槽的加工过程。

1. 铣键槽

键槽有敞开式键槽和封闭式键槽。敞开式键槽一般用三面刃铣刀在卧式铣床上加工，如图 6-24 所示。封闭式键槽一般在立式铣床上用键槽铣刀或立铣刀加工，如图 6-25 所示，批量大时用键槽铣床加工。

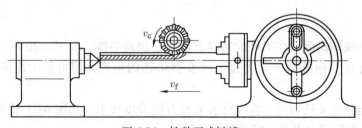

图 6-24　铣敞开式键槽

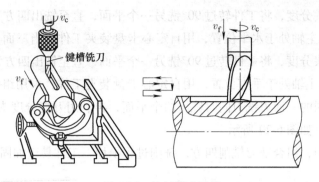

图 6-25　铣封闭式键槽

2. 铣 T 形槽和燕尾槽

铣 T 形槽的步骤，如图 6-26 所示。铣燕尾槽的步骤，如图 6-27 所示。

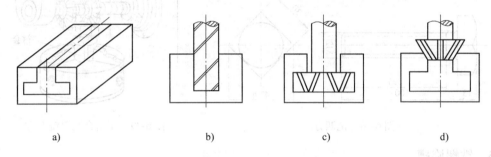

　a)　　　　　　　　b)　　　　　　　　c)　　　　　　　　d)

图 6-26　铣 T 形槽的步骤

a) 划线　b) 铣直槽　c) 铣 T 形槽　d) 倒角

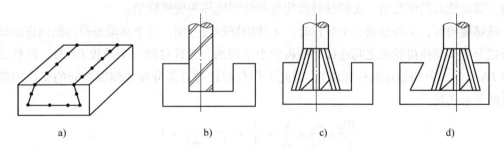

　a)　　　　　　　　b)　　　　　　　　c)　　　　　　　　d)

图 6-27　铣燕尾槽的步骤

a) 划线　b) 铣直槽　c) 铣左燕尾槽　d) 铣右燕尾槽

6.4.4　铣等分零件

在铣削加工中，经常需要铣削四方、六方、齿槽、花键键槽等等分零件。在加工中，可利用万能分度头对工件进行分度，即铣过工件的一个面或一个槽之后，将工件转过所需的角度，再铣第二个面或第二个槽，直至铣完所有的面或槽。下面介绍一下铣削四方零件的操作方法。

铣削四方头螺栓，可选用在卧式升降台铣床上利用万能分度头铣削四方头，如图 6-28 所示。一般铣削的方法如下。

1）万能分度头主轴处于垂直位置，用自定心卡盘装夹工件。当三面刃铣刀铣出一个平面后，用万能分度头分度，将工件转过90°铣另一个平面，直至铣出四方为止。

2）万能分度头主轴处于水平位置，用自定心卡盘装夹工件。当三面刃铣刀铣出一个平面后，用万能分度头分度，将工件转过90°铣另一个平面，直至铣出四方为止。

3）万能分度头主轴处于垂直位置，用自定心卡盘装夹工件，采用组合铣刀铣四方。这种方法是用两把相同的三面刃铣刀同时铣出两个平面，再利用万能分度头将工件转过90°再铣出另外两个平面，如图6-29所示。

上述三种方法中，组合铣刀铣削四方，铣削过程平稳，工件易于加固，铣削效率高。

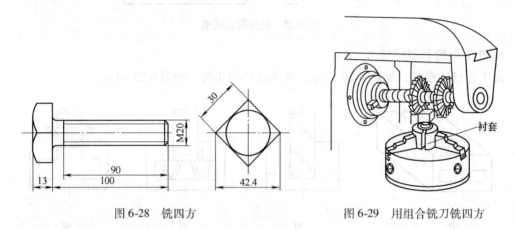

图6-28　铣四方　　　　　　　　　　图6-29　用组合铣刀铣四方

6.4.5　铣螺旋槽

铣削加工中，在万能升降台铣床上用万能分度头铣削带有螺旋线的工件，如麻花钻头的沟槽、螺旋铣刀的螺旋槽、交错轴斜齿轮等的铣削统称为铣螺旋槽。

铣螺旋槽时，工件移动一个导程时，工件刚好转过一周。这个运动是通过纵向进给丝杠与万能分度头交换齿轮轴之间连接交换齿轮来实现的。工件移动一个导程 Ph 时，丝杠必须转过 Ph/P 转（P 为铣床丝杠螺距），因此工作台丝杠与万能分度头侧轴之间的交换齿轮应满足的关系式是

$$\frac{Ph}{P} \times \frac{z_1}{z_2} \times \frac{z_3}{z_4} \times \frac{1}{1} \times \frac{1}{1} \times \frac{1}{40} = 1$$

即

$$\frac{z_1 z_3}{z_2 z_4} = \frac{40P}{Ph}$$

式中　z_1，z_2，z_3，z_4——交换齿轮齿数；

$\quad\quad\quad\quad P$——铣床纵向进给丝杠螺距，单位为 mm；

$\quad\quad\quad Ph$——工件导程，单位为 mm。

6.4.6　齿轮加工

加工齿轮齿形的方法很多，但基本上可以分为成形法和展成法。

通常采用成形法在铣床上加工齿轮，即利用与被切齿轮齿槽形状相符的成形刀具来切削齿形。所用的成形铣刀称为模数铣刀，用于卧式铣床的是盘状模数铣刀，用于立式铣床的为指形模数铣刀，如图6-30所示。

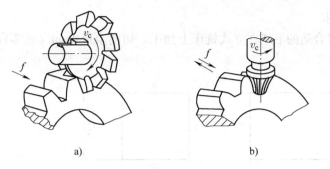

图 6-30 用盘状模数铣刀和指形模数铣刀加工齿轮

a）盘状模数铣刀　b）指形模数铣刀

6.5　铣削加工基本技能训练

6.5.1　实训守则

1. 安全生产注意事项

1）工作时应穿工作服、工作鞋，长发工作者戴上工作帽。

2）禁止穿背心、裙子、短裤，戴围巾，穿拖鞋或高跟鞋进入车间。

3）严格遵守安全操作规程。

4）严禁戴手套工作。

5）注意防火，安全用电。

2. 铣削安全操作规程

1）多人共用一台机床时，只能一人操作，严禁两人同时操作，以防意外发生，并注意他人的安全。

2）开动机床前必须检查手柄位置是否正确，检查旋转部分与机床周围有无碰撞或不正常现象，并对机床加油润滑。

3）工件、刀具和夹具必须装夹牢固。

4）加工过程中不能离开机床，不能测量正在加工的工件或手摸工件，不能用手清除切屑，应用刷子进行清除。

5）调整铣床、变换速度、调换附件、装夹工件和刀具及测量等工作应停车进行。

6）发现机床运转有不正常现象时，应立即停车，关闭电源，报告指导教师。

7）工作结束后，关闭电源，清除切屑，擦拭机床、工具、量具和其他辅具，加油润滑，清扫地面，保持良好的工作环境。

6.5.2　项目实例

项目一：铣削六方体训练

1. 训练目的

1）掌握六方体零件的加工顺序和基准面的选择方法。

2）掌握铣垂直面和平行面的方法。

3）能较为合理选择切削用量。

4）会分析铣削中出现的质量问题。

2. 作业件及要求

结合实际，选择合适的毛坯在立式铣床上加工，切削余量4mm（该零件尺寸，如图6-31所示）。

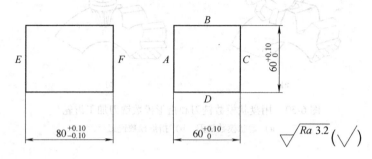

图6-31　铣削零件图

3. 铣削步骤

1）将面铣刀安装好并调整铣床。

2）选用机用平口钳，校正，使固定钳口与纵向进给方向平行，然后紧固。

3）铣削用量。一次切削4mm难以达到 Ra 值为 $3.2\mu m$，可采用粗铣和精铣两步完成。

①背吃刀量。粗铣 $a_p = 3.5mm$，精铣 $a_p = 0.5mm$。

②进给量。粗铣每齿进给量 $f_z = 0.05mm/z$，精铣每转进给量 $f = 0.1mm/r$。

③铣削速度。粗铣 $v_c = 70m/min$，铣刀直径100mm，齿数6，则铣床转速 $n = 223r/min$，选取主轴转速为220r/min，每分钟进给速度 v_f 取63mm/min；精铣 $v_c = 120m/min$，铣床转速 $n = 382r/min$，每分钟进给速度 v_f 取38mm/min。

4）工件放在机用平口钳内，垫上平行垫铁，工件上表面高于钳口8mm并夹紧，用塞尺检查工件与垫铁是否贴紧，在活动钳口和工件间夹圆棒，夹紧工件。

5）铣削顺序。以 A 面为定位粗基准面铣削 B 面，以 B 面为定位精基准面，先后铣削 A、C 面，注意确保尺寸公差，再以 C、B 为精基准面铣削 D 面，注意保证尺寸公差；再以 A 为精基准面铣削 E 面，最后以 A、E 为精基准面铣削 F 面，注意确保尺寸公差。

6）尺寸检测。用游标卡尺检测尺寸，直角尺检测垂直度。

4. 注意事项

1）装夹工件时，当工件一面是已加工面，而另一面是粗糙的毛坯表面时，应以工件的已加工面为基准面，紧贴于固定钳口，并在活动钳口与毛坯表面之间辅以一根圆棒，这样可使工件装夹得稳定，而且易保证铣削出的平面与基准面垂直。

2）及时用锉刀修正工件上的毛刺和锐边，但不要锉伤工件已加工表面。

3）应将工件放在机用平口钳的中间，不应放在某一头。否则，久而久之，会降低机用平口钳的夹持精度。

项目二：铣削 V 形铁训练

1. 训练目的

1）掌握 V 形槽的铣削方法和检测方法。

2）正确选择铣 V 形槽用的铣刀。

3）分析铣削中出现的质量问题。

2. 作业件及要求

结合实际，选择合适的毛坯在卧式铣床上利用三面刃铣刀和90°铣刀铣削 V 形铁（该零件尺寸，如图 6-32 所示）。

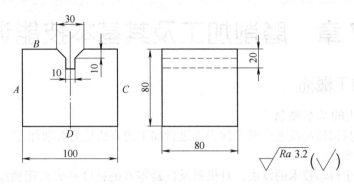

图 6-32 V 形铁零件图

3. 铣削步骤

1）选择 10mm 宽度的三面刃铣刀和 90°铣刀，先将三面刃铣刀安装在刀杆上，并校正铣刀的轴向偏摆，防止铣槽宽度过大。将待加工工件装夹在机用平口钳上。

2）铣削用量。加工余量较大，可选用粗铣和精铣进行铣削。

①进给量。粗铣每齿进给量 $f_z = 0.05\,\text{mm/z}$，精铣每转进给量 $f = 0.1\,\text{mm/r}$。

②铣削速度。粗铣 $v_c = 20\,\text{m/min}$，精铣 $v_c = 25\,\text{m/min}$。

3）铣削顺序。以 A、D 为精基准定位，铣削 B 面上的直角槽，注意保证尺寸公差，然后用 90°铣刀铣削 V 形槽。

4）尺寸检测。用游标卡尺检测槽深，直角尺检测 V 形槽垂直度。

4. 容易产生的问题

1）V 形面夹角中心与基准面不垂直，应校正工件或夹具基准面与工作台面平行。

2）V 形槽角度超差，应调整立铣头角度或工件角度。

6.5.3 练习件

1. 铣台阶面（图 6-33）

2. 基本要求

1）在长方体件基础上进一步加工出台阶面。

2）保证图样尺寸及对称度要求。

3. 加工重点

保证台阶的对称度，对刀是重点，测量是关键。精铣时定位一定要准确。

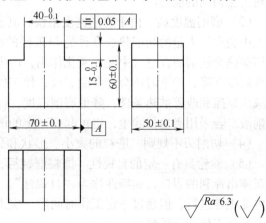

图 6-33 铣台阶面

第7章 磨削加工及其基本技能训练

7.1 磨削加工概述

7.1.1 磨削加工的基本概念

用磨料或磨具以较高线速度对工件表面进行加工的方法称为磨削加工。它是对机械零件进行精加工的主要方法之一。

近年来，由于科学技术的发展，对机器及仪器零件的精度和表面粗糙度要求越来越高，各种高硬度材料应用日益增多，同时，磨削工艺水平不断提高，所以磨床的适用范围日益扩大，在金属切削机床中所占的比重不断上升。目前在工业发达国家中，磨床在金属切削机床中所占的比重约为30%~40%。磨削不仅用于精加工，还可用于粗加工，并能获得较高的生产率和较好的经济性。

7.1.2 磨削加工的特点

（1）加工精度高、表面粗糙度值小　磨削时，砂轮表面上有极多磨粒参与切削，每个磨粒相当于一个刃口半径很小且锋利的切削刃，能切下一层很薄的金属。磨床的磨削速度很高，一般磨削速度可达到30~50m/s。磨床的背吃刀量很小，一般仅为0.01~0.005mm。经磨削加工的工件一般尺寸公差可达IT7~IT4级，表面粗糙度值 Ra 为0.1~0.8μm。

（2）可加工硬度高的工件　由于磨粒的硬度很高，磨削不但可以加工钢和铸铁等常用金属材料，还可以加工硬度更高的工件，特别是经过热处理后的淬火钢工件。但是，磨削不适于加工硬度很低、塑性很好的有色金属材料，因为磨削这些材料时，砂轮容易被堵塞，使砂轮失去切削的能力。

（3）磨削温度高　由于磨削速度很快，其速度是一般切削加工速度的10~20倍，所以加工中会产生大量的切削热。在砂轮与工件的接触处，瞬时温度可高达1000℃，同时大量的切削热会使磨屑在空气中发生氧化作用，产生火花。高的磨削温度会烧伤工件的表面，使工件硬度下降，严重时还会产生微裂纹，使工件的表面质量降低，使用寿命缩短。因此，为了减少摩擦和改善散热条件，降低磨削温度，保证工件表面质量，在磨削时必须使用大量的切削液。若采用吸尘器除尘，也可起到一定的散热作用。

（4）切削刃不规则　磨粒的大小、形状和分布均处于不规则的随机状态。

（5）砂轮具有一定的自锐性　磨粒磨钝后，磨削力也随之增大、致使磨粒破损或脱落，重新露出锋利的刃口，此特性称为"自锐性"。它有利于切削加工。自锐性使磨削在一定时间内能正常进行，但超过一定工作时间后，应进行人工调整，以免磨削力增大引起振动、噪声及损伤工件表面质量。

7.1.3 磨削运动与磨削用量

1. 主运动与磨削速度（v_c）

砂轮的旋转运动是主运动，砂轮最大外圆圆周的线速度称为磨削速度，可用下式计算，即

$$v_c = \frac{\pi d n}{1000 \times 60} \quad (\text{m/s})$$

式中　d——砂轮直径，单位为 mm；

　　　n——砂轮每分钟转数，单位为 r/min。

2. 圆周进给运动及进给速度（v_w）

工件的旋转运动是圆周进给运动，工件外圆处的线速度称为圆周进给速度，可以用下式计算，即

$$v_w = \frac{\pi d_w n_w}{1000 \times 60} \quad (\text{m/s})$$

式中　d_w——工件磨削外圆直径，单位为 mm；

　　　n_w——工件每分钟转数，单位为 r/min。

3. 纵向进给运动及纵向进给量 $f_{纵}$

工作台带动工件所做的直线往复运动是纵向进给运动，工件每转一转时砂轮在纵向进给运动方向上相对于工件的位移称为纵向进给量，用 $f_{纵}$ 表示。通常情况下公式为

$$f_{纵} = (0.1 \sim 0.8) \, T$$

粗磨时：　　　　　　　　$f_{纵} = (0.3 \sim 0.8) \, T$

精磨时：　　　　　　　　$f_{纵} = (0.1 \sim 0.3) \, T$

式中　$f_{纵}$——纵向进给量，单位为 mm；

　　　T——砂轮的宽度，单位为 mm。

4. 横向进给运动及横向进给量 $f_{横}$

砂轮沿工件径向上的移动是横向进给运动，工作台每往复行程（或单行程）一次，砂轮相对于工件在径向上的移动距离称为横向进给量，用 $f_{横}$ 表示。横向进给量实际上是砂轮每次切入工件的深度即背吃刀量，也可以用 a_p 表示，单位为 mm。

7.1.4　磨削加工切削液的选取

1. 切削液的作用

（1）冷却作用　加工过程中对局部温度过高处进行冷却。

（2）润滑作用　有良好的润湿性以及能形成耐高温、高压和抗剧烈摩擦的润滑膜。

（3）清洗作用　加工过程中会产生切屑，切削液可以清洗工件表面。

（4）防锈作用　切削液的使用，避免工件与空气直接接触，起到防锈作用。

2. 切削液的种类

切削液常分为水溶液和油类切削液。常见的水溶液有苏打水、乳化型和合成型切削液等。常见的油类切削液有 N15、N32 机油和煤油等低黏度矿物油，以及蓖麻油、豆油等植物油。

3. 切削液的使用方法

（1）浇注法（不适合高速磨削）　切削液以一定的压力和流量喷射到磨削区，需借助低压泵。

（2）喷雾冷却法（适合高速磨削）　喷雾冷却法是利用喷雾原理使切削液雾化，并随高速气流喷射到磨削区。

（3）砂轮的内冷却法　这种方法是使切削液进入砂轮内孔，依靠离心力甩出，使切削

液进入磨削区，实现冷却和润滑作用。

4. 磨削加工切削液的选取

磨削加工实际上是多刃同时切削的加工工艺，磨削加工的进给量较小，切削力通常也不大，但磨削速度较高（30～80m/s），因此磨削区域的温度通常可高达 800～1000℃。此外，磨削加工过程中会产生大量的金属磨屑和砂轮砂末，会影响加工工件的表面粗糙度。因此，要求切削液具有良好的冷却性、润滑性和清洗冲刷性。

5. 使用切削液的注意事项

1）切削液应直接浇注在砂轮和工件接触的地方，即磨削区域。

2）切削液应充足，并均匀地喷射到整个砂轮宽度上，而且要有一定压力喷射到磨削区域。

3）切削液应保持清洁。

7.2 砂轮

7.2.1 砂轮的特性及形状

1. 砂轮的特性

砂轮是由许多细小而坚硬的磨粒用结合剂粘合成形再经焙烧而形成的多孔物体，是磨削加工的切削工具。砂轮的特性主要由磨料、粒度、结合剂、硬度、组织等因素所决定。

（1）磨料　磨料是砂轮中的主要成分。目前，普通砂轮所用的磨料可分为刚玉类、碳化硅类和高硬类三类。常用磨料的名称、代号、主要性能和适用范围，见表 7-1。

表 7-1　常用磨料的名称、代号、主要性能和适用范围

类别	名称及代号	主要成分	显微硬度 HV	极限抗弯强度/GPa	热稳定性	磨削能力	适用范围
刚玉类	棕刚玉 A（GZ）	$w_{Al_2O_3}$ >95% w_{SiO_2} <2%	1800～2200	0.368	2100℃熔融	0.1	碳素钢、合金钢、铸铁
	白刚玉 WA（GB）	$w_{Al_2O_3}$ >99%	2200～2400	0.60	2100℃熔融	0.12	淬火钢、高速钢
碳化硅类	黑碳化硅 C（TH）	w_{SiC} >98%	3100～3280	0.155	>1500℃氧化	0.25	铸铁、黄铜、非金属材料
	绿碳化硅 GC（TL）	w_{SiC} >99%	3200～3400	0.155	>1500℃氧化	0.28	硬质合金等
高硬类	立方氮化硼 JLD（CBN）	CBN	7300～8000	1.155	<1300℃稳定	0.80	淬火钢、高速钢
	人造金刚石 JR	碳结晶体	10600～11000	0.33～0.38	>700℃石墨化	1.0	硬质合金、宝石、非金属

（2）粒度　粒度是指砂轮中磨粒尺寸的大小。粒度分为磨粒和微粉两类。而磨粒又分为粗粒、中粒、细粒和微粒。磨粒粒度选取的原则是：精磨时，应选用磨料粒度号较大或颗粒较细的砂轮，以减小已加工表面粗糙度值；粗磨时，应选用磨料粒度号较小或颗粒较粗的砂轮，以提高磨削生产率；砂轮速度较高时或砂轮与工件接触面积较大时，选用颗粒较粗的

砂轮,以减少同时参加磨削的磨粒数,以免发热过多而引起工件表面烧伤;磨削软而韧的金属时,用颗粒较粗的砂轮,以免砂轮过早堵塞;磨削硬而脆的金属时,选用颗粒较细的砂轮,以增加同时参加磨削的磨粒数,提高了生产率。表 7-2 介绍了常用磨粒的粒度号及应用范围。

表 7-2　常用磨粒的粒度号及应用范围

类　别	粒 度 号	应用范围
粗粒	F4 ~ F24	粗磨、打毛刺
中粒	F30 ~ F46	切断钢坯、磨电瓷
细粒	F54 ~ F100	半精磨、精磨
微粒	F120 ~ F220	珩磨、超精磨
微粉	F230 ~ F1200	研磨、超精磨、镜面磨

（3）结合剂　砂轮的结合剂是将磨粒粘合起来,使砂轮具有一定的形状。砂轮的强度、硬度、气孔和耐蚀性、抗潮湿和高速旋转而不破裂的性能,主要取决于结合剂的性能。常用结合剂有陶瓷结合剂（代号 V）,树脂结合剂（代号 B）,橡胶结合剂（代号 R）等,其中陶瓷结合剂做成的砂轮耐蚀性和耐热性很高被广泛应用。常用结合剂的名称、代号、性能及适用范围,见表 7-3。

表 7-3　常用结合剂的名称、代号、性能及适用范围

结合剂	代号	性　能	适用范围
陶瓷	V	耐热、耐蚀、气孔率大、易保持廓形、弹性差	最常用,适用于各类磨削加工
树脂	B	强度较 V 高、弹性好、耐热性差	适用于高速磨削、切断、开槽等
橡胶	R	强度较 B 高、更富有弹性、气孔率小、耐热性差	适用于切断、开槽
金属	M	强度最高、导电性好、磨耗少、自锐性差	适用于制造金刚石砂轮

（4）硬度　砂轮的硬度是指磨粒在外力作用下从其表面脱落的难易程度,也反映了磨粒与结合剂的牢固程度。砂轮磨粒难脱落时就称硬度高,反之就称硬度低。可见,砂轮的硬度主要由结合剂的粘结强度决定,而与磨粒的硬度无关,切勿将两者相混淆。砂轮的硬度分级,见表 7-4。

表 7-4　砂轮的硬度分级

大级名称	超软			软			中软		中		中硬			硬		超硬
小级名称	超软1	超软2	超软3	软1	软2	软3	中软1	中软2	中1	中2	中硬1	中硬2	中硬3	硬1	硬2	超硬
代号	D	E	F	G	H	J	K	L	M	N	P	Q	R	S	T	Y

（5）组织　磨粒在砂轮中占有的体积百分数（即磨粒率）,确定砂轮的组织号。磨粒的粒度相同时,组织号从小到大,磨粒间距由窄到宽,即砂轮的气孔率由小到大。砂轮的组织通常也用磨粒、结合剂和气孔三者体积的比例关系来进行表示,用来表示结构紧密和疏松程度。砂轮的组织用组织号的大小来表示。紧密组织的砂轮适用于成形磨削和精密磨削;中等组织的砂轮适用于一般的磨削工作,如淬火钢的磨削及工具刃磨等;疏松组织的砂轮适用于韧性大和硬度低金属的磨削。表 7-5 介绍了砂轮的组织号及适用范围。

表7-5　砂轮的组织号及适用范围

组织号	0	1	2	3	4	5	6	7	8	9	10	11	12	13	14
磨粒率（%）	62	60	58	56	54	52	50	48	46	44	42	40	38	36	34
疏密程度	紧　密				中　　等				疏　　松					大气孔	
适用范围	重负载、成形、精密磨削，加工脆硬材料				外圆磨、内圆磨、无心磨及工具磨，淬硬工件及刀具刃磨等				粗磨及磨削韧性大、硬度低的工件，适用磨削薄壁、细长工件或砂轮与工件接触面大以及平面磨削等					有色金属及塑料、橡胶等非金属	

2. 砂轮的形状

为适应不同表面形状与尺寸的加工，砂轮制成各种形状和尺寸。砂轮一般分为平形砂轮（代号1），用于磨削外圆、内圆、平面，可用于无心磨（图7-1a）；双斜边砂轮（代号4），用于磨削齿轮的齿形和螺纹的牙型（图7-1b）；筒形砂轮（代号2），用于立轴端面平磨（图7-1c）；杯形砂轮（代号6），用于磨削平面、内圆及刃磨刀具（图7-1d）；碗形砂轮（代号11），用于刃磨刀具及导轨磨（图7-1e）；碟形砂轮（代号12a），用于磨削铣刀、铰刀、拉刀及齿轮的齿形（图7-1f）；薄片砂轮（代号41），用于切断和开槽（图7-1g）。为了方便选用，在砂轮的非工作面上印有特性代码，如代码1-300×50×75-AF60L5V-35m/s的含义是：平形砂轮，外径300mm，厚度50mm，孔径75mm，棕刚玉A，粒度号F60，硬度L，组织号5，陶瓷结合剂V，允许最高工作速度35m/s。

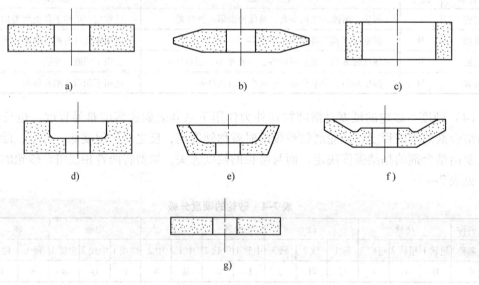

图 7-1　砂轮的形状
a）平形砂轮　b）双斜边砂轮　c）筒形砂轮　d）杯形砂轮　e）碗形砂轮　f）碟形砂轮　g）薄片砂轮

7.2.2　砂轮的检查、平衡及修整

1. 砂轮的检查

砂轮因为在高速下工作，因此砂轮安装前一般要进行裂纹检查，不应有裂纹。严禁使用有裂纹的砂轮。通过外观检查确认无表面裂纹的砂轮，一般还要用木槌轻轻敲击，声音清脆

的为没有裂纹的好砂轮。

2. 砂轮的平衡

由于砂轮各部分密度不均匀、几何形状不对称以及安装偏心等各种原因，往往造成砂轮重心与其旋转中心不重合，即产生不平衡现象。不平衡的砂轮在高速旋转时会产生振动，影响磨削质量和机床精度，严重时还会造成机床损坏和砂轮破裂。因此在安装砂轮前要进行平衡。砂轮的平衡有静平衡和动平衡两种。一般情况下，只需做静平衡，但在高速磨削（线速度大于 50m/s）和高精度磨削时，必须进行动平衡。

将砂轮装在心轴上，放在平衡架轨道的刀口上。如果砂轮不平衡，较重的部分总是转到下面，这时可移动法兰盘端面环槽（平衡架轨道）内的平衡铁进行平衡。这样反复进行，直到砂轮可以在刀口上任意位置都能静止，这就说明砂轮各部质量均匀。这种方法称为静平衡。一般直径大于 125mm 的砂轮都应进行静平衡。

3. 砂轮的修整

砂轮工作一段时间后，出现磨粒钝化、表面空隙被磨屑堵塞、外形失真等现象时，这时必须对其进行调整。使已磨钝的磨粒脱落，必须除去表层的磨料，重新修磨出新的刃口，以恢复砂轮的切削能力和外形精度。砂轮修整一般利用金刚石工具采用车削法、滚压法或磨削法进行。修整时需要大量切削液，以避免金刚石工具因温度剧烈上升而发生破裂。

7.3 磨床及其工作

用于磨削加工的机床称为磨床。磨床可以加工各种表面，如内、外圆柱面和圆锥面、平面、渐开线齿廓面、螺旋面以及各种成形表面。磨床可进行粗加工、精加工和超精加工，可以进行各种高硬、超硬材料的加工，还可以刃磨刀具和进行切断等，工艺范围十分广泛。磨床根据用途和加工工艺的方法可分为外圆磨床、内圆磨床、平面磨床等。

1）外圆磨床。普通、万能、无心外圆磨床。

2）内圆磨床。普通、无心内圆磨床。

3）平面磨床。卧轴、立轴平面磨床。

4）工具磨床。钻头沟槽磨床、曲线磨床等。

5）刀具刃磨床。滚刀、拉刀磨床等。

6）专用化磨床。花键轴、曲轴、齿轮磨床等。

7）其他磨床。抛光机、研磨机、超精加工机床等。

7.3.1 磨床的型号

磨床的种类很多，按 GB/T 15375—2008 将磨床品种分为三类。一般磨床为第一类，用字母 M 表示，读"磨"。超精加工机床、抛光机、砂带抛光机等为第二类，用 2M 表示。轴承套圈、钢球、叶片磨床等为第三类，用 3M 表示。齿轮磨床和螺纹磨床分别用 Y 和 S 表示，读"牙"和"丝"。

第一类磨床按加工方式不同可分为以下几组：0—仪表磨床；1—外圆磨床（如 M1432A、MBS1332A、MM1420、M1020、MG10200 等）；2—内圆磨床（如 M2110A、MGD2110 等）；3—砂轮机；4—坐标磨床；5—导轨磨床；6—刀具刃磨床（如 M6025A、M6110 等）；7—平面及端面磨床（如 M7120A、MG7132、M7332A、M7475B 等）；8—曲轴、凸轮轴、花键轴及轧辊轴磨床（如 M8240A、M8312、M8612A、MG8425 等）；9—工具磨床

（如 MK9017、MG9019 等）。

型号还指明机床主要规格参数。一般以内、外圆磨床上加工的最大直径尺寸或平面磨床工作台宽度（或直径）的 1/10 表示；曲轴磨床则表示最大回转直径的 1/10；无心磨床则表示基本参数本身（如 M1080 表示最大磨削直径为 80mm）。应当注意，外圆磨床的主要参数折算系数与无心外圆磨床不同。磨床的通用特性代号位于型号第二位，如型号 MB1432A 中的 B 表示半自动万能外圆磨床。磨床结构性能的重大改进用顺序 A、B、C 等表示，加在型号的末尾。

常用的磨床型号含义如下。

M1432B 表示万能外圆磨床，最大磨削直径为 320mm，经第二次重大结构改进。

MM1420 表示精密万能外圆磨床，最大磨削直径为 200mm。

MBS1332A 表示半自动高速外圆磨床，最大磨削直径为 320mm，经第一次重大结构改进。

MG1432A 表示高精度万能外圆磨床，最大磨削直径为 320mm，经第一次重大结构改进。

M1080 表示无心外圆磨床，最大磨削直径为 80mm。

M2110 表示内圆磨床，最大磨削孔径为 100mm。

M7120A 表示卧轴矩台平面磨床，工作台宽度为 200mm，经第一次重大结构改进。

M7475B 表示立轴圆台平面磨床，工作台直径为 750mm，经第二次重大结构改进。

7.3.2 常用磨床简介

1. 外圆磨床

外圆磨床主要包括万能外圆磨床和普通外圆磨床。两者主要区别是：万能外圆磨床的头架、砂轮架和工作台上都装有转盘，能回转一定的角度，且增加了内圆磨具附件，所以万能外圆磨床除了可以磨削外圆柱面和外圆锥面，还可以加工内圆柱面、内圆锥面及端平面，普通外圆磨床只能加工外圆柱面和外圆锥面，所以万能外圆磨床较普通外圆磨床应用更广泛。

以 M1432A 为例介绍外圆磨床（图 7-2）。外圆磨床主要由床身、工作台、砂轮、内圆磨头等结构组成，如图 7-2 所示。

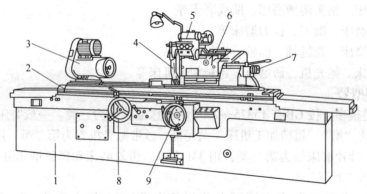

图 7-2 M1432A 型万能外圆磨床外形

1—床身 2—工作台 3—头架 4—砂轮 5—内圆磨头 6—砂轮架

7—尾座 8—工作台手动手轮 9—砂轮横向手动手轮

（1）床身 床身用来固定和支承磨床上所有的部件，上部装有工作台和砂轮架，内部装有液压传动和机械传动装置。床身上的纵向导轨供工作台移动用，横向导轨供砂轮架移动用。

（2）工作台　工作台有两层，包括上、下工作台，下工作台沿床身导轨做纵向往复直线运动，上工作台可相对于下工作台转动一定的角度，以便磨削圆锥面。

（3）头架　头架安装在上工作台上，头架上有主轴，主轴端部可安装顶尖、拨盘或卡盘，以便装夹工件并带动其旋转。头架内的双速电动机和变速机构可使工件获得不同的转速。头架在水平面内可以偏转一定角度。

（4）尾座　尾座也安装在工作台上，尾座的套筒内装有顶尖，用来支承细长工件的另一端。它在工作台上的位置可根据工件的长度做适当调节，调整后将其紧固好。尾座可在工作台上纵向移动。扳动尾座的手柄时，套筒可以伸出或缩进，以便装卸工件。

（5）砂轮架　砂轮安装在砂轮架的主轴上，由独立电动机通过 V 带传动从而带动砂轮高速旋转。砂轮架可以在床身后部的导轨上做横向移动，移动的方式有自动周期进给、快速前进和后退、手动三种，前两种由液压传动实现。砂轮架也可以绕垂直轴旋转一定角度。

（6）内圆磨头　内圆磨头用于磨削内圆表面。它的主轴可安装内圆磨削砂轮，由另一电动机带动。内圆磨头可绕支架旋转，用时翻下，不用时翻向砂轮架上方。

由于磨床动力的传输是通过液压实现的，该传动具有无级变速、传动平稳、操作简单、安全可靠的优点，故在磨削过程中，如果因操作失误使磨削力骤然增大时，液压传动的压力增大，当超过溢流阀调定的压力时，溢流阀会自动开启使液压泵卸载，液压泵排出的油经过溢流阀直接回流至油箱，这时工作台便会自动停止运动。

开动外圆磨床，一般按下列顺序进行：①接通机床电源；②检查工件装夹是否可靠；③起动液压泵；④起动工作台做往复移动；⑤引进砂轮，同时起动工件转动和切削液泵；⑥起动砂轮。停车一般按上述相反的顺序进行。

2. 平面磨床

平面磨床与其他磨床的明显不同是工作台上安装有电磁吸盘或者其他卡具，用作装夹工件。平面磨床分为立轴式和卧轴式。立轴式平面磨床用砂轮的端面进行磨削平面，卧轴式平面磨床用砂轮的圆周面进行磨削平面，有明显区别。

以 M7120A 为例介绍平面磨床（图 7-3）。平面磨床主要由床身、工作台、磨头、立柱、砂轮修整器等组成。

平面磨床的工作台上装有电磁吸盘，用来装夹铁钴镍类材料的工件，不能被吸附的材料（铜、铝等）采用传统装夹方式。矩形工作台安装在床身的水平导轨上，由液压传动实现往返运动（节流阀控制），也可用手轮操作。

磨头上的砂轮，由电动机直接驱动旋转，可沿着水平导轨做横向进给运动，由液压驱动或砂轮横向进给手轮操作。拖板可沿着立柱的导轨垂直移动，以调整磨头的高低位置及完成垂直进给运动，此运动可由操纵垂直进给手轮实现。

磨平面时，一般是以一个平面为基准，磨削另外一个平面。如果两个平面都要磨削并要求平行时，可互为基准反复磨削。

使用和操纵磨床，要特别注意安全。开动平面磨床一般按下列顺序进行：①接通机床电源；②起动电磁吸盘吸牢工件；③起动液压泵；④起动工作台做往复移动；⑤起动砂轮转动，一般适用低速档；⑥起动切削液泵。停车一般先停工作台，然后总停。

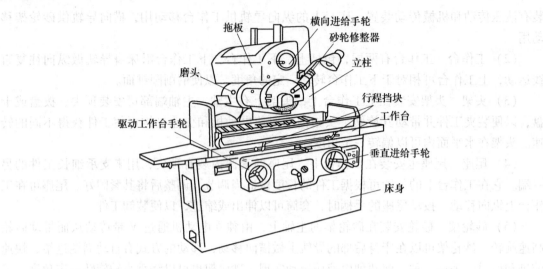

图 7-3　M7120A 型平面磨床外形

3. 内圆磨床

内圆磨床（图 7-4）主要用于磨削内圆柱面、内圆锥面、端面等。内圆磨床的特点是砂轮转速特别高，可高达 10000～20000r/min，以适应磨削时对速度的要求。加工时，工件需要安装在卡盘上，砂轮架安装在工作台上，可绕垂直轴转动一个角度，以便于磨削圆锥孔。内圆磨削运动与外圆磨削运动基本相同，只是砂轮与工件按相反的方向旋转。

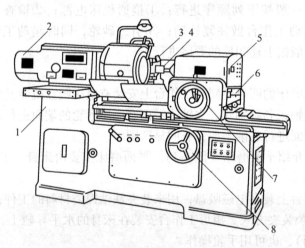

图 7-4　M2120 型内圆磨床外形

1—床身　2—头架　3—砂轮修整器　4—砂轮　5—砂轮架
6—工作台　7—砂轮横向手动手轮　8—工作台手动手轮

7.3.3　磨平面

1. 平面磨削时工件的安装

平面磨削时常采用电磁吸盘或精密虎钳安装工件。

（1）电磁吸盘安装　磨削中小型工件的平面，常采用电磁吸盘工作台吸住工件。电磁吸盘内部结构，如图 7-5a 所示。电磁吸盘的绝缘层由铅、铜或巴氏合金等非磁性材料制成，作用是使绝大部分磁力线都通过工件再回到吸盘体，以保证工件被牢牢地吸在工作台上。电磁吸盘工作台有矩形和圆形两种，分别用于矩台式平面磨床和圆台式平面磨床。

值得注意的是，磨削小型工件（键、垫圈、薄壁套等）时，由于工件与工作台接触面积小，电磁吸力弱，当工件与电磁吸盘之间的水平摩擦力小于磨削力时工件容易被弹出造成事故，因此安装此类工件时，需要其四周或左右两端用挡铁围住，以免工件弹出，如图 7-5b 所示。

（2）精密虎钳安装　电磁吸盘只能安装钢、铸铁等磁性材料的工件，对于铜、铜合金、铝等非磁性材料的工件，可在电磁吸盘上安放一台精密虎钳，再装夹工件。精密台式虎钳与普通虎钳相似，但精度更高。

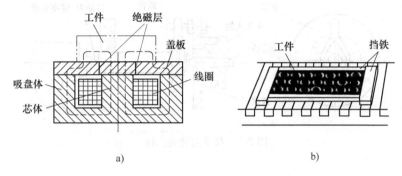

图 7-5　工件安装
a）电磁吸盘内部结构　b）用挡铁围住工件

2. 平面磨削方法

磨削平面时，一般以一个平面为定位基准，磨削另一个平面。如果两个平面都要求磨削并要求平行时，可互为基准反复磨削。平面磨削常用的方法有两种，即周磨法和端磨法。周磨法是在卧轴平面磨床上以砂轮圆周表面磨削工件，如图 7-6a 所示。此种方法砂轮与工件的接触面积小，排屑及冷却条件好，工件发热变形小，工件质量较高，多适用于精磨，但是效率较低。端磨法是在立轴平面磨床上以砂轮端面磨削工件，如图 7-6b 所示。此种方法砂轮与工件的接触面积大，排屑及冷却条件差，工件发热变形大，工件质量较低，多适用于粗磨，但是效率较高。

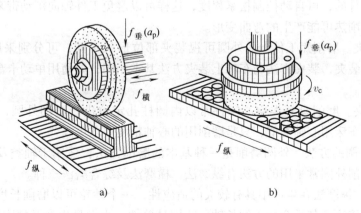

图 7-6　平面磨削方法
a）周磨法　b）端磨法

7.3.4 磨外圆、内圆及圆锥面

1. 磨外圆

（1）磨外圆时工件的安装　在外圆磨床上磨削外圆表面常采用顶尖装夹、卡盘装夹及心轴装夹三种方法。

1）顶尖装夹。顶尖装夹适用于两端有中心孔的轴类零件，该方法与车削中所用方法基本相同，如图7-7所示。磨削前，要修研工件的中心孔，以提高定位精度。通常，修研中心孔一般是用四棱硬质合金顶尖，如图7-8a所示，在车床上修研，研亮即可；如果定位精度要求较高时，可采用油石顶尖或者铸铁顶尖进行修研，如图7-8b所示。

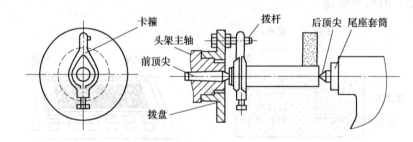

图7-7　双顶尖装夹工件

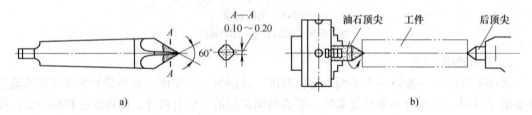

图7-8　顶尖安装
a）四棱硬质合金顶尖　b）用油石顶尖修研中心孔

该装夹方法与车削中装夹方法基本相同，不同之处是磨床所用的顶尖不随工件一起转动，由于避免了顶尖转动带来的误差，所以这样装夹可以提高定位精度。此外，后顶尖是靠弹簧推力顶紧工件的，可自动控制松紧程度，这样可以避免工件轴向窜动带来的误差，还可以避免工件因磨削热可能产生的弯曲变形。

2）卡盘装夹。磨削短工件上的外圆可视装夹部位形状不同，可分别采用自定心卡盘、单动卡盘或花盘装夹，装夹方法与车床上装夹方法基本相同，如使用单动卡盘装夹工件，应使用百分表找正。

3）心轴装夹。磨削盘套类空心零件常以内圆柱孔定位进行磨削外圆，多采用心轴装夹。装夹方法与车床用心轴类似，只是磨削用的心轴精度要求更高些。

（2）磨削外圆的方法　外圆磨削是一种基本的磨削方法，适用于轴类及外圆锥工件的外表面磨削。磨削外圆常采用的方法有纵磨法、横磨法及综合磨法三种。

1）纵磨法。纵磨法在生产中具有较大的适应性，一个砂轮可以磨削长度不同、直径不等的各类工件，该法尤其适合加工细长轴，特别是单件、小批量生产及精磨时多采用此法，特点是精度高、表面粗糙度值小，但磨削效率较低。

　　磨削外圆时，砂轮高速旋转起切削作用（主运动），工件转动（圆周进给）并与工作台一起往复直线运动（纵向进给），当一次纵向行程结束时，砂轮做周期性横向进给一次（背吃刀量），如图 7-9a 所示。背吃刀量通常很小，磨削余量是需要通过多次往复行程磨去的。当工件加工到接近最后尺寸时，应采用无横向进给的几次光磨行程，直至火花消失，以提高工件的加工精度。

　　2）横磨法。横磨法适用于磨削长度较短，刚性较好的工件，特点是磨削时产生的热量较大，工件表面容易产生烧伤现象，生产率高。

　　磨削外圆时，采用的砂轮宽度大于工件表面的长度，工件无纵向进给运动，砂轮以很慢的速度连续或断续地向工件横向进给，直至余量全部被砂轮磨掉为止，如图 7-9b 所示。当工件磨到所需尺寸后，还需要磨削轴肩端面，这时只要用手摇动纵向移动手柄，如图 7-9c 所示，使工件的轴肩端面靠向砂轮磨即可。

　　3）综合磨法。综合磨法是集纵磨法和横磨法同时运用的方法，既提高了磨削的精度又提高了生产率。

　　磨削外圆时，先采用横磨分段粗磨，一般相邻两段间有 5～15mm 重叠量，然后将留下的 0.01～0.03mm 余量用纵磨法磨去。一般加工表面长度为砂轮宽度的 2～3 倍以上时，可以采用此法。

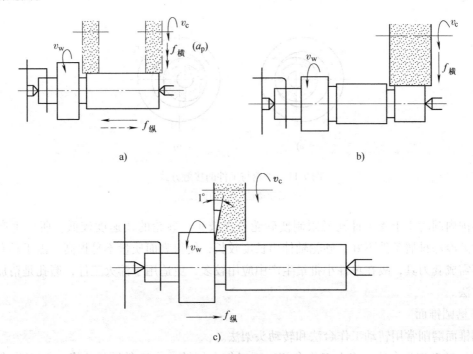

图 7-9　磨削外圆的方法
a）纵磨法　b）横磨法　c）磨轴肩端面

　　2. 磨内圆

　　（1）磨内圆时工件的安装　磨内圆时，通常以工件的外圆和端面作为定位基准，常用自定心卡盘或者单动卡盘装夹工件，其中以单动卡盘装夹工件用得最多，如图 7-10 所示。

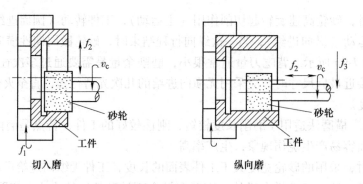

图 7-10　卡盘装夹工件

（2）磨削内圆的方法　磨削内圆通常在内圆磨床或万能外圆磨床上进行。与外圆磨削相似，只是砂轮的旋转方向与磨削外圆相反，通常采用纵磨法。磨削时砂轮与工件的接触方式有两种：一种是与工件孔的后面接触，如图 7-11a 所示，用于内圆磨床，只能用手动横向进给，此时切削液和磨屑向下面飞溅，不影响操作者的视线和安全，便于操作者观察加工表面；另一种是与工件孔的前面接触，如图 7-11b 所示，用于万能外圆磨床，便于自动进给。

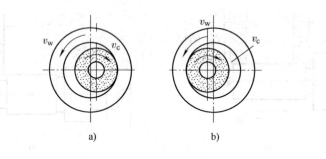

图 7-11　砂轮与工件的接触方式

a）后面接触　b）前面接触

　　磨削内圆时由于受工件孔径限制使砂轮直径较小，砂轮的线速度较低，所以生产率较低。此外冷却排屑条件不好，砂轮轴伸出长度较长，使得表面质量不易提高。由于具有万能性，不需成套刀具，故在单件小批量生产中应用较多，更适用于淬火工件，磨孔是精加工的主要方法。

　　3. 磨圆锥面

　　圆锥面磨削常用转动工作台法和转动头架法。

　　（1）转动工作台法　将上工作台相对下工作台扳转一个工件圆锥半角，下工作台在机床导轨上做往复运动进行圆锥面磨削。该种方法既可以磨削外圆锥面，又可以磨削内圆锥面，常用于磨削锥度较小、锥面较长的工件，如图 7-12 所示。

　　（2）转动头架法　将头架相对工作台转动一个工件圆锥半角，工作台在机床导轨上做往复运动磨削圆锥面。该种方法既可磨削外圆锥面，又可以磨削内圆锥面，但多适用于磨削锥度较大，锥面较短的工件，如图 7-13 所示。

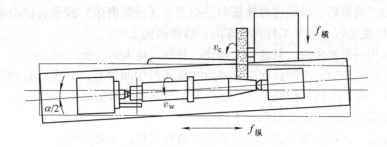

图 7-12　转动工作台法磨外圆锥面

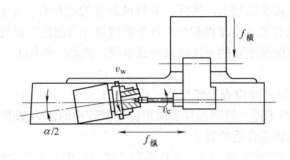

图 7-13　转动头架法磨内圆锥面

7.4　磨工基本技能训练

7.4.1　实训守则

1. 防护用品穿戴

1) 进入车间实习时，要穿好工作服、工作鞋，女同学要戴工作帽，并将发辫放入帽内。

2) 不得穿凉鞋、拖鞋、高跟鞋、背心、裙子和戴围巾等进入车间。

3) 严禁戴手套操作。

2. 操作前的检查

1) 检查砂轮安装是否正确、是否紧固、是否装有砂轮防护罩。

2) 试车操作。①手动试摇各手柄，观察有无不良情况；②松开各锁紧手柄，空车机动进给，检查主轴和进给系统是否正常、油路是否畅通，检查进给方向行程挡铁是否紧固在最大行程以内。

3) 开始磨削前，必须细心检查工件的装夹是否正确、是否紧固牢靠，磁性表座是否失灵。

3. 操作过程注意事项

1) 必须在砂轮和工件转动后再进给，在砂轮退刀后再停车，否则容易挤碎砂轮和损坏机床，且易使工件报废。

2) 测量工件或调整机床都应在砂轮退刀和磨床头架停转以后再进行，机床运转时，严禁用手接触工件或砂轮，不能在旋转的工件或砂轮附近做清洁工作。

3）工件加工结束后，必须将砂轮横向进给手轮（外圆磨床）或垂直进给手轮（平面磨床）退出些，以免装好下一个工件再开车时，砂轮碰撞工件。

4）多人共用一台磨床时，只能一人操作，并注意他人的安全。

5）每日工作完毕后，工作台面应该停留在机床的中间位置，并将所有的操作手柄处于"停止""退出"或"空档"的位置上，以免开车时部件突然运动而发生事故。

6）电气故障须由电工人员检修，不许乱动。

7）加工完后，打扫机床并进行场地清洁，清点工具，文明生产。

7.4.2　项目实例

项目一：磨削平面

训练目的是使学生初步接触生产实际，对机械制造的过程有一个较为完整的感性认识，为学习机械制造基础及有关后续课程和今后从事机械设计与制造方面的技术工作，打下一定的实践基础，同时掌握磨削平面的方法以及注意事项，熟悉磨削加工。

操作步骤：

1）看图样（图7-14）并检查毛坯尺寸，计算加工余量。

2）选基准面，安装工件。目测选择表面粗糙度值较小的面为基准面。选择正确方法安装工件。调整工作台行程至合适位置。

3）对刀。电磁吸盘吸牢基准面 A，在基准面 A 的对应面上方起动砂轮，降低磨头高度，使砂轮接近工件表面直到有微量火星出现，说明已对好刀。

4）开启切削液，砂轮做垂直进给，用横向磨削法磨出即可。工件旋转180°，磨削 A 面至图样尺寸。

5）对刀。电磁吸盘吸基准面 B，在基准面 B 的对应面上方起动砂轮，降低磨头高度，使砂轮接近工件表面直到有微量火星出现，说明已对好刀。

6）开启切削液，砂轮做垂直进给，用横向磨削法磨出即可。工件旋转180°，磨削 B 面至图样尺寸。

7）检查平行度、表面粗糙度和尺寸精度。

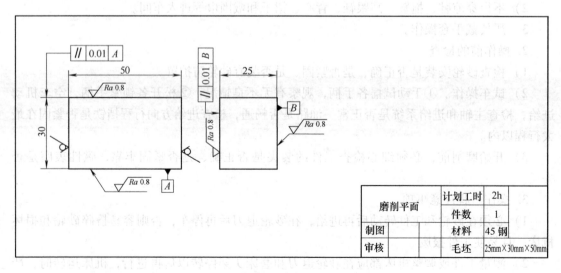

磨削平面	计划工时	2h
	件数	1
制图	材料	45钢
审核	毛坯	25mm×30mm×50mm

图7-14　磨削平面

项目二：磨削外圆

训练目的是锻炼学生的创新能力、工程实践能力以及动手能力，初步掌握磨削外圆的磨削方法，熟悉磨床的开关，熟悉轴类零件磨削加工方法。

操作步骤：

1）工件装夹。选用磨外圆的砂轮。

2）粗磨、精磨外圆。先粗磨外圆，留有精磨余量（0.04～0.06mm），再精磨至图样（图 7-15）尺寸。

3）对照图样，对工件所有尺寸逐一测量检查。

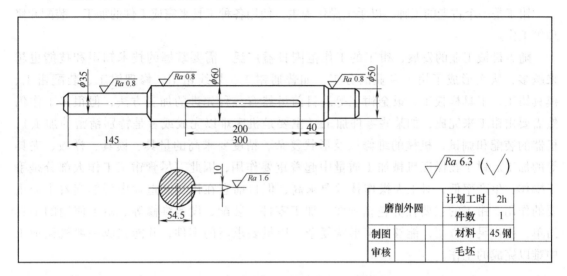

图 7-15　磨削外圆

第8章 钳工基本技能训练

8.1 钳工概述

钳工是一个古老的工种，以手工操作为主，使用各种工具来完成工件的加工、装配和修理等工作。

随着机械工业的发展，钳工的工作范围日益广泛，需要掌握的技术知识和技能也越来越多，从而形成了钳工专业的分工，如普通钳工、划线钳工、修理钳工、装配钳工、模具钳工、工具样板工、钣金钳工等。目前虽然有各种先进的加工方法，但很多工作仍然需要由钳工来完成，如某些零件加工（主要是机床难以完成或者是特别精密的加工）、机器的装配和调试，机械的维修以及形状复杂、精度要求高的量具、模具、样板、夹具等的加工。钳工在保证机械加工质量中起着重要作用，因此，尽管钳工工作大部分是手工操作，生产率低，对工人操作技术要求高，但目前它在机械制造业中仍然起着十分重要的作用。钳工的主要任务包括划线、加工零件、装配、设备维修等。钳工使用的工具简单，操作灵活方便，能够加工形状复杂、质量要求高的零件，并能完成一般机械加工中难以完成的工作。

8.2 钳工基本操作

钳工的基本操作有划线、錾削、锯削、锉削、刮削、研磨、钻孔、扩孔、锪孔、铰孔、攻螺纹、套螺纹及装配等。加工时，工件一般被夹紧在钳工工作台的台虎钳上。钳工常用设备有钳工工作台、台虎钳、砂轮机和台钻等。

8.2.1 划线

在需要加工的毛坯或半成品工件上划出加工图样所要求的加工界限的操作称为划线。

1. 划线的作用

1）在毛坯上明确地表示出加工余量、加工位置界限，作为工件装夹及加工的依据。

2）通过划线，检验毛坯的形状和尺寸是否符合图样的要求，避免不合格的毛坯投入机械加工而造成浪费。

3）通过划线，可合理分配工件的加工余量，降低加工时的废品率。

2. 划线的分类

划线主要分为平面划线和立体划线。平面划线是指所划出的线条都在一个平面上，较为简单。立体划线是指在工件的几个不同表面上进行划线，并通过划线，纠正和弥补工件上存在的某些缺陷和误差。所以，立体划线比平面划线更为复杂，难度也更大。两种划线类型，如图 8-1 所示。

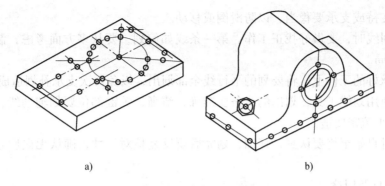

图 8-1 两种划线类型

a) 平面划线 b) 立体划线

3. 划线基准及选择

(1) 划线基准 用划针盘划各水平线时,应选定某一基准作为依据,并以此来调节每次划线的高度,这个基准称为划线基准。在零件图样上用来确定其他点、线、面位置的基准称为设计基准。划线时,划线基准与设计基准应一致,因此合理选择基准可提高划线质量和划线速度,并避免由失误引起的划线错误。

(2) 基准的选择原则 一般选择重要孔的轴线作为划线基准(图 8-2a)。若工件上个别平面已加工过,则应以加工过的平面为划线基准(图 8-2b)。

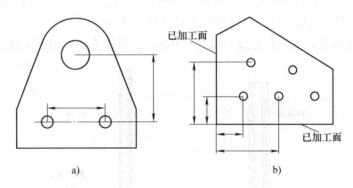

图 8-2 划线基准

a) 以孔的轴线为基准 b) 以已加工的面为基准

4. 划线步骤

1) 详细研究图样,确定划线基准。

2) 检查并清洗毛坯,去除不合格的毛坯,在划线表面涂上涂料。

3) 工件有孔时,用铅块或木块塞孔并确定孔的中心。

4) 正确安放工件,选择划线工具。

5) 划线。首先划出基准线,再划出其他水平线。然后翻转找正工件,划出垂直线。最后划出斜线、圆、圆弧及曲线等。

6) 根据图样,检查所划线是否正确,再打样冲眼。

5. 操作时应注意的事项

1) 看懂图样,了解零件的作用,分析零件的加工程序和加工方法。

2）工件夹持或支承要稳当，以防滑倒或移动。

3）毛坯划线时，要做好找正工作。第一条线如何划，要从多方面考虑，制订划线方案时要考虑到全局。

4）在支承好的工件上应将要划的平行线全部划出，以免再次支承补划造成划线误差。

5）正确使用划线工具，划出的线条要准确、清晰，关键部位要划辅助线，样冲眼的位置要准确，大小疏密要适当。

6）划线时自始至终要认真、仔细，划完后要反复核对尺寸，确认无误后才能转入后续加工。

6. 划线工具及用途

常用的划线工具有基准工具、量具、划针、划规、划卡、划针盘、样冲、方箱、千斤顶以及 V 形铁等。

（1）基准工具　划线平台是划线的主要基准工具，如图 8-3 所示，其安放要平稳牢固，上水平面应保持水平。划线平台的平面各处要均匀使用，以免局部磨凹。划线平台表面不要碰撞也不要敲击，且要保持清洁。划线平台长期不用时，应涂油防锈，并加盖保护罩。

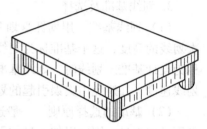

图 8-3　划线平台

（2）量具　量具有钢直尺、直角尺、高度尺等。普通高度尺（图 8-4a）又称为量高尺，由钢直尺和底座组成，使用时配合划针盘量取高度尺寸。高度游标卡尺（图 8-4b）能直接表示出高度尺寸，其读数精度一般为 0.02mm，可作为精密划线工具。

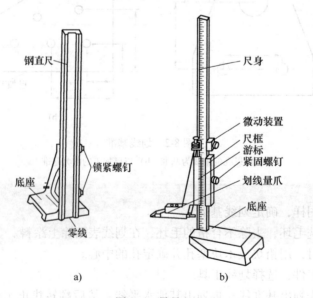

a)　　　　　　b)

图 8-4　量具

a) 普通高度尺　b) 高度游标卡尺

（3）划针　划针（图 8-5a、b）是在工件表面划线用的工具，常用 $\phi3 \sim \phi6$mm 的工具钢或弹簧钢丝制成，并经过淬火处理，其尖端磨成 $15° \sim 20°$ 的尖角。有的划针在尖端部位焊有硬质合金，这样的划针更锐利，耐磨性更好。划线时，划针要倚靠钢直尺或直角尺等导向工具移动，并向外侧倾斜约 15°～20°，向划线方向倾斜约 45°～75°（图 8-5c）。划线时，要做到尽可能一次划成，使线条清晰、准确。

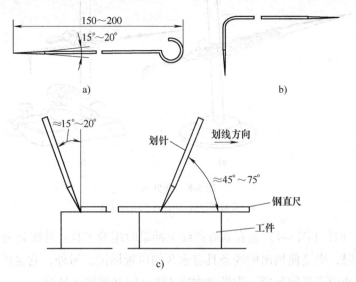

图 8-5　划针种类及使用方法
a）直划针　b）弯头划针　c）用划针划线的方法

（4）划规　划规（图 8-6）是划圆和弧线、等分线段及量取尺寸等使用的工具，其用法与制图用的圆规相同。

（5）划卡　划卡（单脚划规）主要是用来确定轴和孔的中心位置，其使用方法如图 8-7 所示。操作时应先划出 4 条圆弧线，然后再在圆弧线中心位置冲一样冲眼。

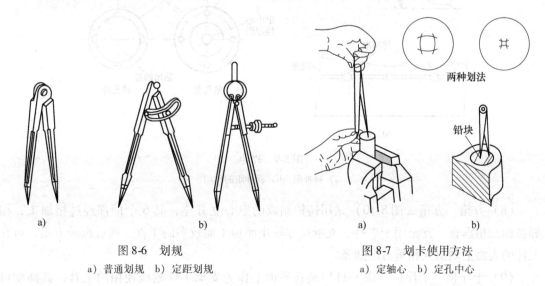

图 8-6　划规
a）普通划规　b）定距划规

图 8-7　划卡使用方法
a）定轴心　b）定孔中心

（6）划针盘　划针盘（图 8-8）主要用于立体划线和校正工件位置。用划针盘划线时，装夹应牢固，伸出长度要小，以免抖动，其底面要与划线平台贴紧，不要摇晃和跳动。

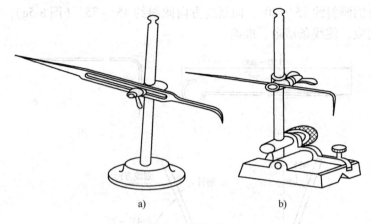

图 8-8　划针盘

a）普通划针盘　b）可微调划针盘

（7）样冲　样冲（图 8-9）是在划好的线上冲眼时用的工具。冲眼是为了强化显示用划针划出的加工界限，也是使划出的线条具有永久的位置标记。另外，它也可在划圆弧时作定心脚点使用。样冲用工具钢制成，尖端处磨成 45°～60°并经淬火硬化。

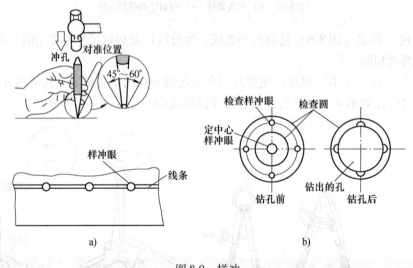

图 8-9　样冲

a）样冲眼　b）样冲眼的作用

（8）方箱　方箱（图 8-10）是用铸铁制成的空心立方体，其 6 个面都经过精加工，相邻各面互相垂直。方箱用于夹持、支承尺寸较小而加工面较多的工件。通过翻转方箱，可在工件的表面上划出互相垂直的线条。

（9）千斤顶　千斤顶（图 8-11）是在平面上作为支承工件划线使用的工具，其高度可以调整，通常用三个千斤顶组成一组，用于不规则或较大工件的划线找正。

（10）V 形架　V 形架（图 8-12）用于支承圆柱形工件，使工件轴心线与平台平面（划线基面）平行，一般两个 V 形架为一组。

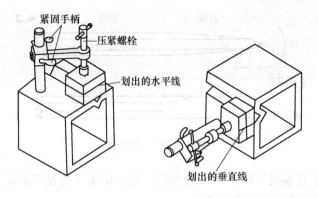

图 8-10　方箱

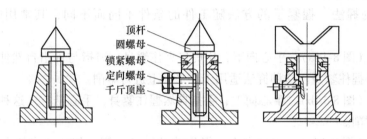

图 8-11　千斤顶

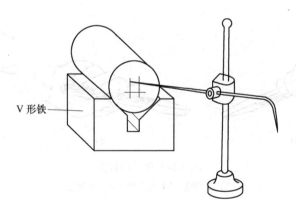

图 8-12　V 形架

8.2.2　錾削

用锤子打击錾子对金属进行切削加工的操作称为錾削。錾削的作用就是錾掉或錾断金属，使其达到所要求的形状和尺寸。錾削具有较大的灵活性，不受设备、场地的限制，一般用于錾油槽、刻模具及錾断板料等。

8.2.2.1　錾削工具

錾削工具主要包括錾子和锤子。

（1）錾子　在錾削过程中，錾子应具备一定的条件，即錾子刃部的硬度必须大于工件材料的硬度，并且必须制成楔形，即有一定楔角。錾子由锋口（切削刃）、斜面、柄部、头部 4 个部分组成（图 8-13）。柄部一般制成棱柱形，全长 170mm 左右，直径为 $\phi18 \sim \phi20\text{mm}$。

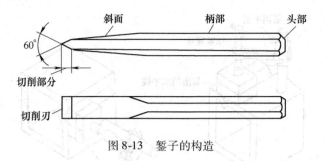

图 8-13 錾子的构造

（2）锤子 锤子是錾削工作中不可缺少的工具，用錾子錾削工件必须靠锤子的锤击力才能完成。锤子由锤头和木柄两部分组成。

8.2.2.2 錾削操作

（1）錾子的握法 握錾子的方法随工件的条件不同而不同，其常用的方法有以下几种。

1）正握法（图 8-14a）。手心向下，用虎口夹住錾身，拇指与食指自然伸开，其余三指自然弯曲靠拢并握住錾身。这种握法适用于在平面上进行錾削。

2）反握法（图 8-14b）。手心向上，手指自然握住錾身，手心悬空。这种握法适用于小的平面或侧面錾削。

3）立握法（图 8-14c）。虎口向上，拇指放在錾子一侧，其余四指放在另一侧捏住錾子。这种握法适用于垂直錾切工作，如在铁砧上錾断材料等。

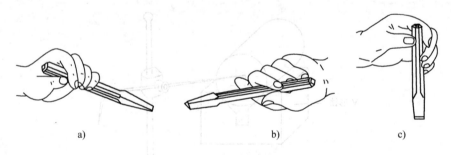

图 8-14 錾子的握法

a）正握法 b）反握法 c）立握法

（2）锤子的握法 锤子的握法有紧握法、松握法两种。

1）紧握法（图 8-15） 右手五指紧握锤柄，大拇指合在食指上，虎口对准锤头方向，木柄尾端露出 15~30mm，在锤击过程中五指始终紧握。这种方法因锤子紧握，所以容易疲劳或将手磨破，应尽量少用。

2）松握法（图 8-16） 在锤击过程中，拇指与食指仍握住锤柄，其余三指稍有自然松动并压着锤柄，锤击时三指随冲击逐渐收拢。这种握法的优点是轻便自如，锤击有力，不易疲劳，故常在操作中使用。

（3）挥锤方法 常用的挥锤方法有腕挥、肘挥、臂挥三种。

1）腕挥（图 8-17a）。腕挥是指单凭腕部的动作，挥锤敲击。这种方法锤击力小，适用錾削的开始与收尾，或錾油槽、打样冲眼等作用力不大的场合。

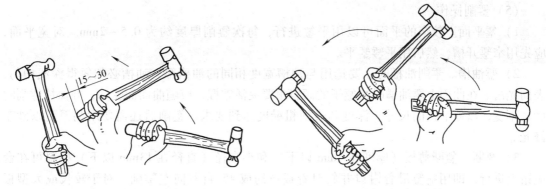

图 8-15 锤子紧握法   图 8-16 锤子松握法

2）肘挥（图 8-17b）。肘挥是靠手腕和肘的活动，也就是小臂的挥动来完成挥锤动作。挥锤时，手腕和肘向后挥动，上臂不大动，然后迅速向錾子的顶部击去。肘挥的锤击力较大，应用最广。

3）臂挥（图 8-17c）。臂挥靠的是腕、肘和臂的联合动作，也就是挥锤时手腕和肘向后上方伸，并将臂伸开。臂挥的锤击力大，适用于要求锤击力大的錾削。

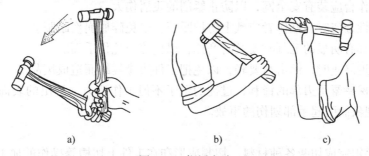

a)   b)   c)

图 8-17 挥锤方法
a）腕挥 b）肘挥 c）臂挥

（4）錾削时的步位和姿势   錾削时，操作者的步位和姿势应便于用力。操作者身体的重心偏于右腿，挥锤要自然，眼睛应正视錾刃而不是看錾子的头部。錾削时的步位和姿势，如图 8-18 所示。

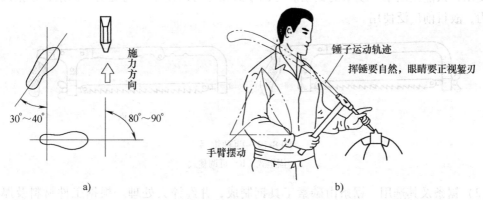

图 8-18 錾削时的步位和姿势
a）步位 b）姿势

（5）錾削操作

1）錾平面。较窄的平面可以用平錾进行，每次錾削厚度约为 0.5~2mm。对宽平面，应先用窄錾开槽，然后用平錾錾平。

2）錾油槽。錾削油槽时，要选用与油槽宽度相同的油槽錾，油槽必须錾得深浅均匀，表面光滑。在曲面上錾油槽时，錾子的倾斜角要灵活掌握，应随曲面而变动，并保持錾削时后角不变，以使油槽的尺寸、深度和表面粗糙度达到要求，錾削后还需要用刮刀裹以砂布修光。

3）錾断。錾断薄板（厚度在 4mm 以下）和小直径（直径在 13mm 以下）棒料可在台虎钳上进行，即用扁錾沿着钳口并斜对着板料约成 45°自右向左錾削。对于较长或大型板料，如果不能在台虎钳上进行，可以在铁砧上錾断。对形状复杂的板料进行錾断时，要在工件轮廓周围先钻出密集的排孔，然后再錾削。对于轮廓的圆弧部分，宜用狭錾錾断；对于轮廓的直线部分，宜用扁錾錾削。

（6）錾削时应注意的事项

1）锤头松动、锤柄有裂纹、锤子无楔不能使用，以免锤头飞出伤人。

2）握锤的手不准戴手套，锤柄不应带油，以免锤子飞脱伤人。

3）錾削工作台应装有安全网，以防止錾削的飞屑伤人。

4）錾削脆性金属时，操作者应戴上防护眼镜，以免碎屑崩伤眼睛。

5）錾子头部有明显的毛刺时要及时磨掉，以免碎裂扎伤手面。

6）錾削将近终止时，锤击力要轻，以免把工件边缘錾缺而造成废品。

7）要经常保持錾子刃部的锋利，过钝的錾子不但工作费力，錾出的表面不平整，而且常易产生打滑现象而引起手部划伤的事故。

8.2.3 锯削

锯削是用手锯完成切断各种材料、切割成形和在工件上切槽等操作的加工方法。它具有方便、简单和灵活的特点，但精度较低，常需进一步加工。

1. 手锯的构造

手锯由锯弓和锯条组成。

（1）锯弓　锯弓的形式有固定式和可调整式两类，如图 8-19 所示。固定式锯弓的长度不能变动，只能使用单一规格的锯条。可调整式锯弓可以使用不同规格的锯条，手把形状便于用力，故目前广泛使用。

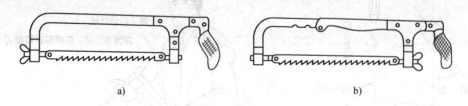

图 8-19　两种锯弓

a）固定式　b）可调整式

（2）锯条及其选用　锯条由碳素工具钢制成，并经淬火处理。根据工件材料及厚度选择合适的锯条。锯条锯齿分类及用途，见表 8-1。

表 8-1　锯条锯齿分类及用途

锯齿粗细	每 25mm 长度内含齿数目	用　途
粗齿	14 ~ 18	锯铜、铝等软金属及厚工件
中齿	24	锯普通钢、铸铁及中等厚度的工件
细齿	32	锯硬钢板及薄壁管子

锯条规格以锯条两端安装孔之间的距离表示。常用的锯条约长 300mm、宽 12mm、厚 0.8mm。

2. 锯削方法

（1）锯条的安装　锯条安装在锯弓上，锯齿应向前，松紧应适当，一般用两手指的力能旋紧为止。锯条安装好后，不能有歪斜和扭曲，否则锯削时易折断。

（2）工件安装　工件伸出口不应过长，以防止锯削时产生振动。锯削线应和钳口边缘平行，并夹在台虎钳的右边，以便操作。工件要夹紧，并应防止变形和夹坏已加工的表面。

（3）锯削操作　锯削时的站立姿势与錾削相似，人体重量均分在两腿上，右手握稳锯柄，左手扶在锯弓前端，锯削时推力和压力主要由右手控制（图 8-20）。

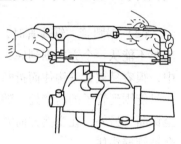

（4）起锯　起锯是锯削工作的开始，起锯好坏直接影响锯削质量。起锯方法有远边起锯和近边起锯两种。一般情况下采用远边起锯（图 8-21a），因为此时锯齿是逐步切入材料，不易被卡住，起锯比较方便。如采用近边起锯（图 8-21b），掌握不好时，锯齿由于突然锯入且较深，容易被工件棱边卡住，甚至崩断或崩齿。无论采用哪一种起锯方法，起锯角 α 以 15° 为宜。如起锯角太大，则

图 8-20　锯削操作

锯齿易被工件棱边卡住；起锯角太小，则不容易切入材料，锯条还可能打滑，把工件表面锯坏（图 8-21c）。为了使起锯的位置准确和平稳，可用左手大拇指挡住锯条来定位，而起锯时压力要小，往返行程要短，速度要慢。

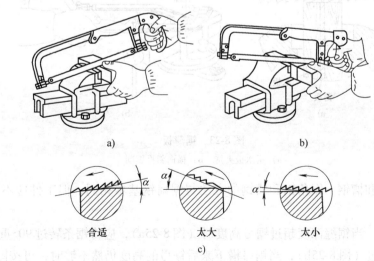

a)　　　　　　　　　　　　b)

c)

图 8-21　起锯方法

a）远边起锯　b）近边起锯　c）起锯角

3. 锯削操作示例

锯削不同的工件，需要采用不同的锯削方法，锯削前在工件上划出锯削线，划线时应留有锯削后的加工余量。

（1）锯扁钢　为了得到整齐的锯缝，应从扁钢较宽的面下锯，这样，锯缝深度较浅，锯条不易卡住（图8-22）。

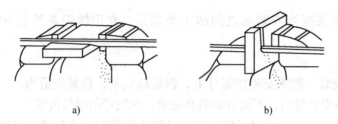

图 8-22　锯扁钢

a）正确　b）不正确

（2）锯圆管　锯薄管时，应将管子夹在两块木质的 V 形槽垫之间，以防夹扁管子。锯削时不能从一个方向锯到底，其原因是锯齿锯穿管子内壁后，锯齿即在薄壁上切削，受力集中，很容易被管壁钩住而折断。圆管锯削的正确方法是：多次变换方向进行锯削，每一个方向只能锯到管子的内壁处，随即把管子转过一个角度，一次一次地变换，逐次经过锯削，直至锯断。另外，在变换方向时，应使已锯部分向锯条推进方向转动，不要反转，否则锯齿也会被管壁钩住。

（3）锯薄板　锯削薄板时应尽可能从宽面锯下去。如果只能在板料的窄面锯下去，可将薄板夹在两木板之间一起锯削（图8-23a），这样可避免锯齿钩住，同时还可增加板的刚性。当板料太宽，不便用台虎钳装夹时，应采用横向斜推锯削（图8-23b）。

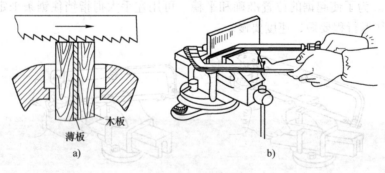

图 8-23　锯薄板

a）用木板夹持　b）横向斜推锯削

（4）锯角钢和槽钢　锯角钢和槽钢的方法与锯扁钢基本相同，但工件应不断改变夹持位置（图8-24）。

（5）锯深缝　当锯缝深度超过锯弓高度时（图8-25a），应将锯条转过90°重新安装，把锯弓转到工件旁边（图8-25b），当锯弓横下来后锯弓的高度仍然不够时，可按图8-25c所示将锯条转过180°，把锯条锯齿安装在锯弓内侧进行锯削。

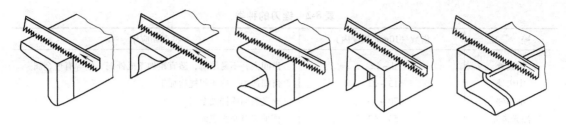

图 8-24 锯角钢和槽钢

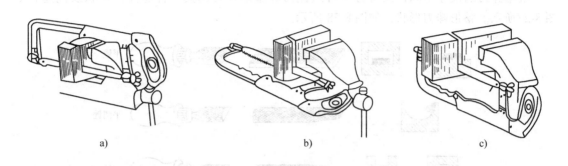

图 8-25 锯深缝

a) 锯缝深度超过锯弓高度　b) 将锯条转过 90°安装　c) 将锯条转过 180°安装

8.2.4 锉削

用锉刀从工件表面锉掉多余金属的加工称为锉削。锉削一般用于錾削、锯削之后的进一步加工，可对工件上平面、曲面、内外圆弧、沟槽及其他复杂表面进行加工，其最高加工精度可达 IT8 ~ IT7 级，表面粗糙度值 Ra 可达 0.8μm。锉削可用于成形样板、模具型腔以及部件、机器装配时的工件修整，是钳工主要操作方法之一。

1. 锉刀的构造

锉刀用碳素工具钢制成，并经淬硬处理。锉齿多是在剁锉机上剁出来的。齿纹呈交叉排列，构成刀齿，形成存屑槽，如图 8-26 所示。

图 8-26 锉刀的构造

a) 锉刀结构　b) 锉刀齿形

2. 锉刀的种类及应用

锉刀按每 10mm 锉面上齿数多少分为粗齿锉、中齿锉、细齿锉和油光锉，其各自的特点和应用，见表 8-2。

表 8-2 锉刀的种类

锉　刀	齿数（10mm 长度内）	特点和应用
粗齿锉	4 ~ 12	齿间大，不易堵塞，适宜粗加工或锉铜、铝等有色金属
中齿锉	13 ~ 23	齿间适中，适于粗锉后加工
细齿锉	30 ~ 40	锉光表面或锉硬金属
油光齿锉	50 ~ 62	精加工时修光表面

根据锉刀的尺寸不同，又可分为普通锉刀和整形锉刀两类。普通锉刀形状及用途，如图 8-27 所示。整形锉刀形状，如图 8-28 所示。

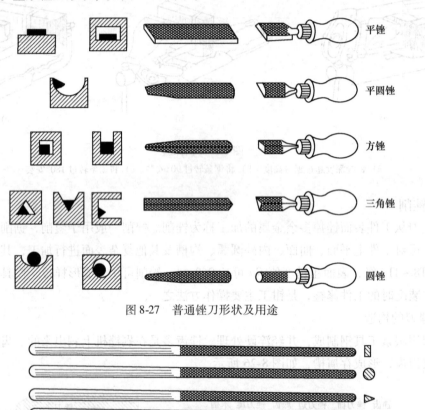

平锉

平圆锉

方锉

三角锉

圆锉

图 8-27 普通锉刀形状及用途

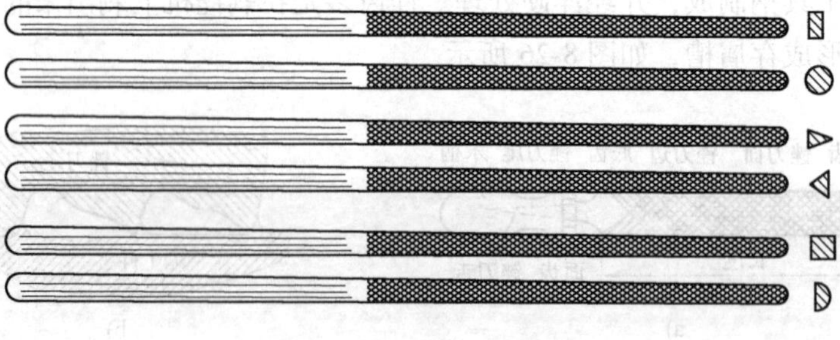

图 8-28 整形锉刀形状

3. 平面锉削

（1）选择锉刀 锉削前应根据金属的硬度、加工表面及加工余量大小、工件表面粗糙度要求来选择锉刀。

（2）装夹工件 工件应牢固地装夹在台虎钳钳口中部，锉削表面需高于钳口；夹持已加工表面时，应在钳口垫以铜片或铝片。

（3）锉削 锉削平面有顺向锉、交叉锉和推锉 3 种方法，如图 8-29 所示。顺向锉是锉刀沿长度方向锉削，一般用于最后的锉平或锉光。交叉锉是先沿一个方向锉一层，然后再转90°锉平。交叉锉切削效率高，锉刀也容易掌握，常用于粗加工，以便尽快切去较多的余量。推锉时，锉刀运动方向与其长度方向垂直。当工件表面已基本锉平时，可用细齿锉或油光锉以推锉法修光。推锉法尤其适合于加工较窄表面以及用顺向锉法锉刀推进受阻碍的情况。

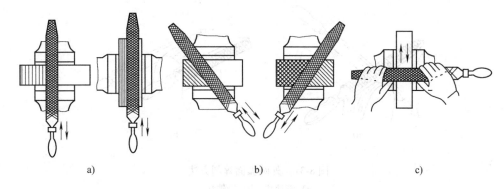

图 8-29　平面锉削方法
a）顺向锉　b）交叉锉　c）推锉

（4）检验　锉削时，工件的尺寸可用钢直尺和卡尺检查。工件的直线度、平面度及垂直度可用刀口尺、直角尺等根据是否透光来检查，检查方法如图 8-30 所示。

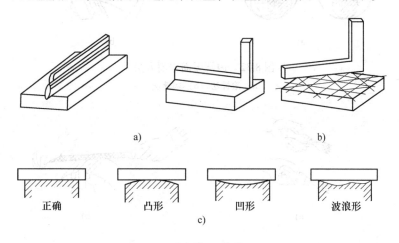

正确　　凸形　　凹形　　波浪形

图 8-30　锉削平面的检查方法

4. 圆弧面锉削

锉削圆弧面时，锉刀既需要向前推进，又需要绕弧面中心摆动。常用的有外、内圆弧面锉削的滚锉法和顺锉法，如图 8-31 和图 8-32 所示。滚锉时，锉刀顺圆弧摆动锉削，常用作精锉外圆弧面。顺锉时，锉刀垂直圆弧面运动，适于粗锉。

5. 锉削的操作

正确握持锉刀有助于提高锉削质量。可根据锉刀的大小和形状的不同，采用相应的握法。大锉刀的握法，如图 8-33a 所示，右手心压住锉刀木柄的端头，大拇指放在锉刀木柄的上面，其余四指弯到木柄下面，配合大拇指捏住锉刀木柄；左手则根据锉刀大小和用力的轻重，可选择多种姿势。中锉刀的握法如图 8-33b 所示，右手握法与大锉刀握法相同，而左手则需用大拇指和食指捏锉刀前段。小锉刀的握法如图8-33c所示，右手食指伸直，拇指放在锉刀木柄上面，食指靠在锉刀的刀面，左手拇指压在锉刀前端的对称位置上。更小锉刀的握法如图8-33d所示，一般只用右手拿着锉刀，食指放在锉刀上面，拇指放在锉刀的左侧。

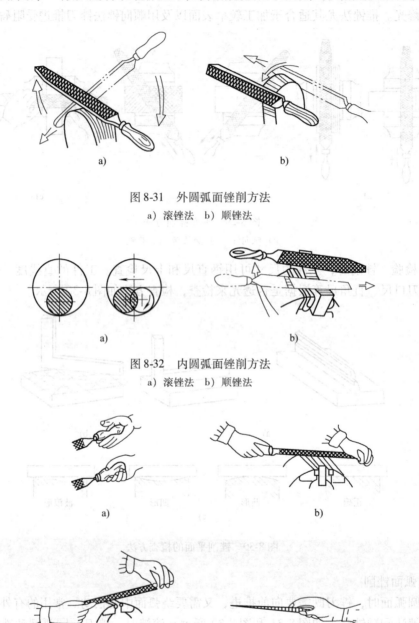

图 8-31　外圆弧面锉削方法
a）滚锉法　b）顺锉法

图 8-32　内圆弧面锉削方法
a）滚锉法　b）顺锉法

图 8-33　锉刀握法
a）大锉刀的握法　b）中锉刀的握法　c）小锉刀的握法　d）更小锉刀的握法

6. 锉削操作注意事项

1）有硬皮或砂粒的铸件、锻件，要用砂轮磨去后，才可用半锋利的锉刀或旧锉刀锉削。

2）不要用手摸刚锉过的表面，以免再锉时打滑。

3）被锉屑堵塞的锉刀，用钢丝刷顺锉纹的方向刷去锉屑，若嵌入的锉屑大，则要用铜片除去。

4）锉削速度不可太快，否则会打滑。锉削回程时，不要施加压力，以免锉齿磨损。

5）锉刀材料硬度高而脆，切不可摔落地下或把锉刀作为敲击物和杠杆，撬其他物件，用油光锉时，不可用力过大，以免折断锉刀。

8.2.5 螺纹加工

工件圆柱或圆锥外表面上的螺纹称为外螺纹，工件圆柱孔或圆锥孔表面上的螺纹为内螺纹。攻螺纹是用丝锥加工内螺纹。套螺纹是用板牙在圆柱上加工外螺纹。

1. 丝锥和铰杠

丝锥的结构如图 8-34 所示，其工作部分是一段开槽的外螺纹，还包括切削部分和校准部分。切削部分是圆锥形。切削负荷由各刀齿分担。校准部分具有完整的齿形，用以校准和修光切出的螺纹。丝锥有 3~4 条窄槽，以形成切削刃和排除切屑。丝锥的柄部有方头，攻螺纹时用其传递转矩。

铰杠是扳转丝锥的工具，如图 8-35 所示，常用的是可调节式，转动右边的手柄或螺钉，即可调节方孔大小，以便夹持各种不同尺寸的丝锥。铰杠的规格要与丝锥的大小相适应。小丝锥不宜用大铰杠，否则，易折断丝锥。

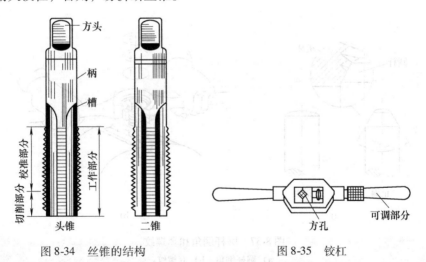

图 8-34 丝锥的结构   图 8-35 铰杠

2. 攻螺纹方法

攻螺纹前必须钻孔。由于丝锥工作时除了切削力以外，还有挤压力，因此，钻孔的孔径应略大于螺纹的内径。螺纹参数及钻头选用，见表 8-3。

表 8-3 螺纹参数及钻头选用 （单位：mm）

螺纹直径 d	2	3	4	5	6	8	10	12	14	16	20	24
螺距 P	0.4	0.5	0.7	0.8	1	1.25	1.5	1.75	2	2	2.5	3
钻头直径 d_2	1.6	2.5	3.3	4.2	5	6.7	8.5	10.2	11.9	13.9	17.4	20.9

钻不通螺纹孔时，由于丝锥不能切到底，所以钻孔深度要大于螺纹长度，其大小按下式计算，即

$$钻孔深度 = 要求的螺纹长度 + 0.7 \times 螺纹大径$$

攻螺纹时，先用头锥攻螺纹，首先旋入1~2圈，检查丝锥是否与孔端面垂直（可用目测或直角尺在互相垂直的两个方向检查），然后继续使铰杠轻压旋入，当丝锥的切削部分已经切入工件后，可只转动而不加压，每转1圈后应反转1/4圈，以便切屑断落（图8-36）。攻完头锥再继续攻二锥、三锥，每更换一锥，仍先旋入1~2圈，扶正定位，再用铰杠，以防乱扣。攻钢件时，可加机油润滑，使螺纹光洁并延长丝锥使用寿命。攻铸铁件时，可加煤油润滑。

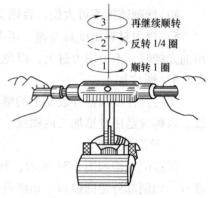

图8-36 攻螺纹操作

3. 套螺纹方法

套螺纹前应检查圆杆直径，太大难以套入，太小则套出螺纹不完整。套螺纹的圆杆必须倒角，如图8-37a所示。套螺纹时板牙端面与圆杆垂直，如图8-37b所示。开始转动板牙架时，要稍加压力，套入几扣后，即可只转动，不再加压。套螺纹过程中要时常反转，以便断屑。在钢件上套螺纹时，应加机油润滑。

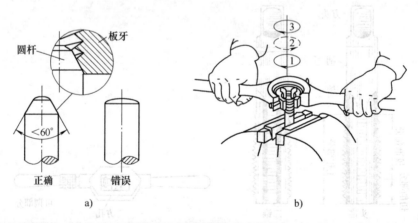

图8-37 圆杆倒角和套螺纹

a）圆杆倒角 b）套螺纹

8.2.6 钻削

各种零件上的孔加工，除去一部分由车、镗、铣等机床完成外，很大一部分是由钳工利用各种钻床和钻孔工具完成的。钳工加工孔的方法一般是指钻孔、扩孔、铰孔和锪孔。

1. 常用钻床

（1）台式钻床 台式钻床简称为台钻，如图8-38所示，是一种放在工作台上使用的小型钻床。台钻重量轻，移动方便，转速高（最低转速在400r/min以上），适于加工小型零件上直径小于或等于13mm的小孔，其主轴进给是手动的。

（2）立式钻床 立式钻床简称为立钻，如图 8-39 所示，一般用来钻中型工件上的孔，其规格用最大钻孔直径表示，常用的有 25mm、35mm、40mm、50mm 等几种。立式钻床主要由机座、立柱、主轴箱、进给箱、主轴、工作台和电动机等组成。主轴箱和进给箱与车床类似，分别用以改变主轴的转速与直线进给速度。钻小孔时，转速高一些，钻大孔时转速低一些。钻孔时，工件安放在工作台上，通过移动工件位置使钻头对准孔的中心。

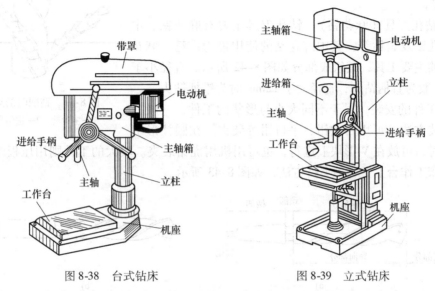

图 8-38　台式钻床　　　　　　　　　　　图 8-39　立式钻床

（3）摇臂钻床 摇臂钻床用来钻削大型工件的各种螺钉孔、螺纹底孔和油孔等，如图 8-40所示。它有一个能绕立柱旋转的摇臂，摇臂带动主轴箱可沿立柱垂直移动，同时主轴箱还能在摇臂上做横向移动。由于结构上的这些特点，操作时能很方便地调节刀具位置以对准被加工孔的中心，而无须移动工件。此外，主轴转速范围和进给量范围很大，适用于笨重、大工件及多孔工件的加工。

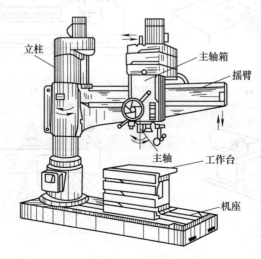

图 8-40　摇臂钻床

2. 钻孔

用麻花钻在材料实体部位加工孔称为钻孔。钻床钻孔时，钻头旋转（主运动）并做轴向移动（进给运动），如图 8-41 所示。钻头是钻孔用的主要工具，用高速钢制造，其工作部分经热处理淬硬至 62 ~ 65HRC。由于钻头刚性差、切削条件差，故钻孔精度低，尺寸公差等级一般为 IT12 左右，表面粗糙度值 Ra 为 12.5 ~ 50 μm左右。

（1）钻孔刀具（麻花钻）　钻孔刀具主要有麻花钻、中心钻、深孔钻及扁钻等，其中麻花钻的使用最为广泛。麻花钻是钻孔的主要工具，其组成部分如图 8-42 所示。直径小于 12mm 时一般为直柄钻头，直径大于 12mm 时为锥柄钻头。

（2）工件的安装　对于不同大小与形状的工件，一般有不同的安装方法，可用台虎钳、平口钳等装夹。在圆柱形工件上钻孔时，可放在 V 形块上进行，也可用机用虎钳装夹。较大的工件则用压板螺栓直接装夹在机床工作台上。各种夹持方法，如图 8-43 所示。

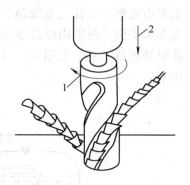

图 8-41　钻削时的运动
1—主运动　2—进给运动

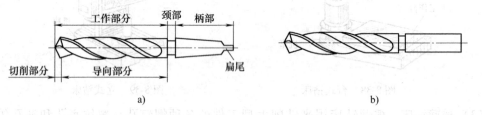

图 8-42　麻花钻的组成部分
a）锥柄　b）直柄

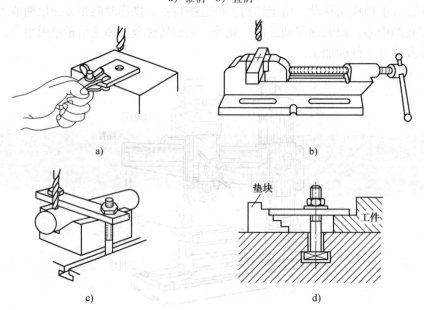

图 8-43　各种夹持方法
a）手虎钳夹持　b）机用虎钳夹持　c）V 形块夹持　d）压板螺栓夹持

在成批和大量生产中广泛应用钻模夹具，以提高生产率。应用钻模钻孔时，可免去划线工作，提高生产率，钻孔精度可提高一级，加工表面粗糙度值也有所减小。

（3）钻孔操作　首先要按划线位置钻孔，工件上的孔径圆和检查圆均需打上样冲眼作为加工界限，中心样冲眼应打得大一些。钻孔时先用钻头在孔的中心锪一小窝，检查小窝与所划圆是否同心。如稍偏离，可用样冲将中心样冲孔冲大校正或移动工件借正；若偏离较多，可用窄錾在偏离的相反方向凿几条槽再钻，便可逐渐将偏斜部分矫正过来。钻韧性材料要加切削液。钻深孔（孔深 L 与直径 d 之比大于 5）时，钻头必须经常推出排屑。

3. 扩孔

用扩孔钻对已有的孔（铸孔、锻孔、钻孔）扩大加工称为扩孔。扩孔所用的刀具是扩孔钻，如图 8-44 所示。扩孔钻的结构与麻花钻相似，不同的是有 3～4 个切削刃，其顶端是平的，无横刃，螺旋槽较浅，钻体粗大结实，切削时刚性好，不易弯曲，扩孔的尺寸公差等级可达 IT10～IT9 级，表面粗糙度值 Ra 为 6.3～3.2μm。扩孔可作为终孔加工，也可作为铰孔前的预加工。

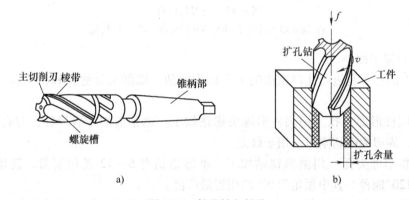

图 8-44　扩孔钻与扩孔
a）扩孔钻　b）扩孔

4. 铰孔

铰孔是用铰刀对孔进行最后精加工的一种方法。铰孔可分为粗铰和精铰。精铰加工余量较小，只有 0.05～0.15mm，尺寸公差等级可高达 IT7～IT6 级，铰孔的表面粗糙度值 Ra 为 0.8～0.4μm，如图 8-45c 所示。

（1）铰刀　铰刀是多刃切削刀具，有 6～12 个切削刃，铰孔时其导向性好。由于刀齿的齿槽很浅，铰刀的横截面大，因此铰刀的刚性好。铰刀（图 8-45a、b）按使用方法分为手用铰刀和机用铰刀两种；按所铰孔的形状分为圆柱形铰刀和圆锥形铰刀两种；按加工范围可分为固定铰刀和可调铰刀，可调铰刀用于修复孔和加工非系列直径的孔。

（2）铰孔时应注意的事项　铰孔时应注意以下三点：第一，铰刀铰孔时绝对不可倒转，即使在退出铰刀时，也不可倒转，否则铰刀和孔壁之间易于挤住切屑，造成孔壁划伤或切削刃崩刃；第二，机铰时，要在铰刀退出孔后再停机，否则孔壁有拉毛痕迹，铰通孔时，铰刀修光部分不可全部露出孔外，否则出口处会划坏；第三，铰钢质工件时，切屑易粘在刀齿上，故应经常注意清除，并用磨石修光切削刃，否则孔壁要拉毛。

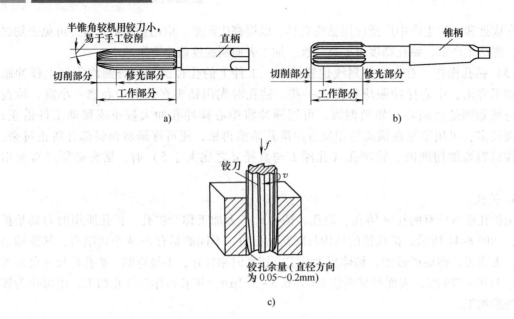

图 8-45　铰刀与铰孔

a）圆柱形手用铰刀　b）圆柱形机用铰刀　c）铰孔

5. 锪孔与锪平面

对工件上的已有孔进行孔口型面的加工称为锪削。锪削又分锪孔和锪平面，如图 8-46 所示。

（1）锪圆柱形埋头孔　用圆柱形埋头锪钻加工。锪钻前端带有导柱，与孔配合定心；其端刃切削，周刃为副切削刃，用于修光。

（2）锪锥形埋头孔　用锥形锪钻加工。锥形锪钻有 6 ~ 12 条切削刃，其顶角有 60°，75°，90° 和 120° 四种。其中顶角为 90° 的用得最广泛。

（3）锪端面　用端面锪钻加工与孔垂直的孔口端面。端面锪钻也用导柱定心。

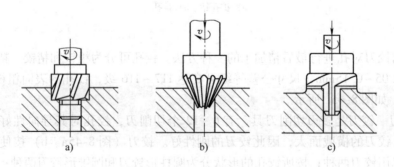

图 8-46　锪削

a）锪圆柱形埋头孔　b）锪锥形埋头孔　c）锪端面

8. 2. 7　刮削

用刮刀在工件已加工表面上刮去一层很薄金属的操作称为刮削。刮削能够消除机械加工时留下的刀痕和微观不平，提高工件表面质量及耐磨性，还可获得美观的外表。刮削具有切削余量小、加工热量小和装夹变形小的特点，但同时其劳动强度大、生产率低。刮削是一种精加工方法，常用于零件上互相配合的重要滑动表面，如机床导轨、滑动轴承等，以使其均匀接触。在机械制造、工具和量具制造以及修理工作中，刮削占有重要位置，得到广泛的应用。

8.2.7.1　刮刀及其用法

1. 刮刀

刮刀一般用碳素工具钢 T10、T12A 或轴承钢锻成，也有的刮刀头部焊上硬质合金用于刮削金属。刮刀分为平面刮刀和曲面刮刀两类。

（1）平面刮刀　平面刮刀用于刮削平面，有普通刮刀（图 8-47a）和活头刮刀（图 8-47b）两种。活头刮刀除机械夹固外，还可用焊接方法将刀头焊在刀杆上。平面刮刀按所刮表面又可分为粗刮刀、细刮刀和精刮刀三种。

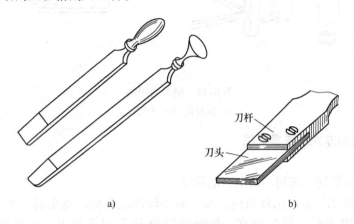

图 8-47　平面刮刀

a）普通刮刀　b）活头刮刀

（2）曲面刮刀　曲面刮刀用来刮削内弧面（主要是滑动轴承的轴瓦），其式样很多（图 8-48），其中以三角刮刀最为常见。

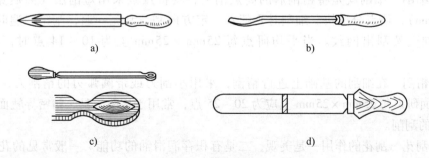

图 8-48　曲面刮刀

a）三角刮刀　b）匙形刮刀　c）蛇头刮刀　d）圆头刮刀

2. 刮刀的用法

（1）挺刮式（图 8-49a）　将刮刀的刀柄顶在小腹右下侧，左手在前，右手在后，握住离切削刃约 90mm 处的刀身，双手加压，利用腿力和臂力将刮刀推向前方至所需长度后，提起刮刀，其动作可归纳为“压、推、抬”。

（2）手刮式（图 8-49b）　用刮刀刮平面时，刮刀与刮削平面成 25°~30°角。右手握住刀柄，左手握在离刮刀头部约 50mm 处，右臂将刮刀推向前，左手加压，同时控制刮刀方向。刮刀推至所需长度时，提起刮刀。

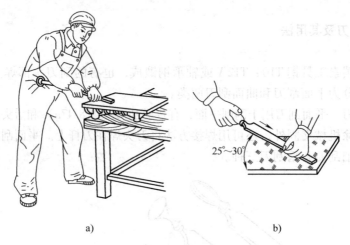

图 8-49　刮刀的用法
a) 挺刮式　b) 手刮式

8.2.7.2　刮削方式及注意事项

1. 平面刮削

平面刮削分为粗刮、细刮、精刮、刮花等。

（1）粗刮　若工件表面比较粗糙、加工痕迹较深或表面严重生锈、不平或扭曲、刮削余量在 0.05mm 以上时，应先粗刮。粗刮的特点是采用长刮刀，每次形程较大（10 ~ 15mm），刀痕较宽（10mm），刮刀痕迹顺向，成片不重复。机械加工的刀痕刮除后，即可研点，并按显出的高点刮削。当工件表面研点每 25mm × 25mm 上为 4 ~ 6 点并留有细刮加工余量时，可开始细刮。

（2）细刮　细刮就是将粗刮后的高点刮去，其特点是采用短刮法（刀痕宽约 6mm，长 5 ~ 10mm），研点分散快。细刮时要朝着一定方向刮，刮完一遍，刮第二遍时要成 45°或 60°方向交叉刮出网纹。当平均研点每 25mm × 25mm 上为 10 ~ 14 点时，即可结束细刮。

（3）精刮　在细刮的基础上进行精刮，采用小刮刀或带圆弧刃的精刮刀，刀痕宽约 4mm，平面研点每 25mm × 25mm 上应为 20 ~ 25 点，常用于检验工具、精密导轨面、精密工具接触面的刮削。

（4）刮花　刮花的作用一是美观，二是有积存润滑油的功能。一般常见的花纹有斜花纹、燕形花纹和鱼鳞花纹等。另外，还可通过观察原花纹的完整和消失的情况来判断平面工作后的磨损程度。

2. 曲面刮削

对于要求较高的某些滑动轴承的轴瓦，通过刮削可以得到良好的配合。刮削轴瓦时用三角刮刀，而研点的方法是在轴上涂上显示剂（常用蓝油），然后与轴瓦配研。曲面刮削原理和平面刮削一样，只是曲面刮削使用的刀具和握刀具的方法和平面刮削有所不同，如图 8-50所示。

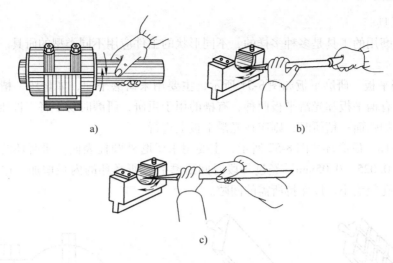

图 8-50　内曲面的显示方法与刮削姿势
a）显示方法　b）短刀柄刮削姿势　c）长刀柄刮削姿势

3. 刮削注意事项

1）工件安放的高度要适当，一般应低于腰部。

2）刮削姿势要正确，力量发挥要好，刀痕控制要正确，刮点分布准确合理，不产生明显的振痕和起刀、落刀痕迹。

3）用力要均匀，刮刀的角度、位置要准确。刮削方向要常调换，应成网纹进行，避免产生振痕。

4）涂抹显示剂要薄而均匀，如果厚薄不均匀会影响工件表面显示研点的正确性。

5）推磨研具时，推力要均匀。工件悬空部分不应超过研具本身长度的 1/4，以防止失重心掉落伤人。

8.2.8　研磨

在工件表层利用研具和研磨剂磨去一层极薄金属的过程称为研磨。研磨的尺寸公差可达到 IT5～IT3 级以上，表面粗糙度值 Ra 可达到 0.1～0.008μm，是一种精加工方法。研磨也能使工件几何形状更加准确。经过研磨的表面，其表面耐磨性、耐蚀性和强度都有所提高。

1. 研磨剂

研磨剂由磨料和研磨液调和而成。常用的磨料有氧化铝、碳化硅、人造金刚石等，起切削作用；常用的研磨液有机油、煤油、柴油等，起调和、冷却、润滑作用。某些研磨剂还起化学作用，从而加速研磨过程。目前，工厂中一般是用研磨膏，其由磨料加入粘结剂和润滑剂调制而成。

2. 研磨余量

研磨的切削量很小，一般每研磨一遍所能去掉的金属层不超过 0.002mm，所以研磨余量不能太大，否则会使研磨时间增加，并使研磨工具的使用寿命缩短。通常，研磨余量在 0.005～0.03mm 范围内比较合适，有时研磨余量就留在工件的公差以内。

3. 研磨工具

生产中研磨用的工具是多种多样的，不同形状的工件应用不同类型的研具。常用的研具有以下几种。

（1）研磨平板 研磨平板如图8-51所示，主要用来研磨平面，如量块、精密量具的测量面等。它分有槽平板和光滑平板两种，有槽的用于粗研，研磨时易于将工件压平，防止将工件磨成凸起的弧面；精研时，则应在光滑平板上进行。

（2）研磨环 研磨环如图8-52所示，主要用来研磨外圆柱表面。研磨环的内径通常比工件的外径大0.025~0.05mm，经过一段时间研磨后，研磨环的内径增加，这时可通过拧紧调节螺钉使孔径缩小，以保持所需的间隙。

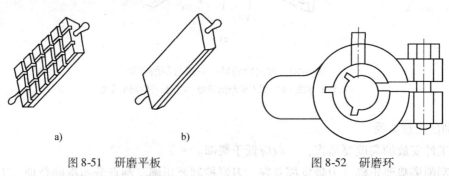

图8-51　研磨平板　　　　　　　　　图8-52　研磨环
a）有槽平板　b）光滑平板

（3）研磨棒 研磨棒如图8-53所示，主要用来研磨圆柱孔，有固定式和可调式两种。固定式研磨棒容易制造，但磨损后无法补偿，因此对工件上某一孔位的研磨，需要2~3个预先制好的有粗、半粗、精研磨余量的研磨棒来完成。带槽研磨棒用于粗研，光滑研磨棒用于精研。固定式研磨棒多用于单件研磨或机修中。

可调式研磨棒因为能在一定的尺寸范围内进行调整，适用于成批生产中工件孔位的研磨，可延长使用寿命，应用较为广泛。

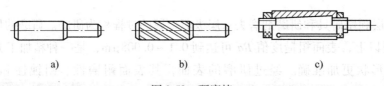

图8-53　研磨棒
a）光滑研磨棒　b）带槽研磨棒　c）可调式研磨棒

4. 研磨方法

研磨分手工和机械研磨两种。手工研磨时，要使工件表面各处都受到均匀切削，应合理选择运动轨迹，这对提高研磨效率、工件表面质量和研具的耐用度都有直接的影响。手工研磨时的运动轨迹有直线研磨运动轨迹、摆动式直线研磨运动轨迹、螺旋线研磨运动轨迹和"8"字形研磨运动轨迹几种类型（图8-54）。

5. 研磨一般平面

平面的研磨一般是在非常平整的平板上进行的。粗研时可在有槽平板上进行，有槽平板能保证工件在研磨时整个平面内有足够的研磨剂，这样粗研时就不会使表面磨成凸弧面；精研时，则应在光滑平板上进行。

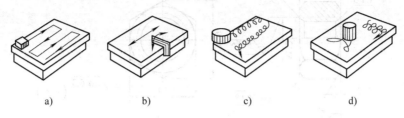

图 8-54　手动研磨轨迹

a）直线　b）摆动式直线　c）螺旋线　d）"8"字形

研磨前，先用煤油或汽油把研磨平板的工作表面清洗干净并擦干，再在平板上涂上适当的研磨剂，然后把工件需研磨的表面合在平板上，沿平板的全部表面以"8"字形、螺旋线或直线形相结合的运动轨迹进行研磨，并不断地变更工件的运动方向。由于无周期性运动，使磨料不断在新的方向上起作用，工件就能较快达到所需的精度要求。

研磨过程中，研磨的压力和速度对研磨效率和质量有很大影响。若压力太大，研磨切削量就大，表面粗糙度值大，甚至会将磨料压碎而使表面划伤。对于较小的硬工件或粗研时，可用较大的压力、较低的速度进行研磨。有时由于工件自身太重或接触面较大，互相贴合后的摩擦阻力大，为减小研磨时的推力，可加些润滑油或硬脂酸起润滑作用。在研磨过程中，应防止工件发热。若稍有发热，应立即暂停研磨，如继续研磨下去，则会使工件变形，特别是薄壁和壁厚不均匀的工件，更易发生变形。此外，工件发热时，不能进行测量，否则所得的测量尺寸也不准。

8.3　钳工基本技能训练

8.3.1　实训守则

1）实训时，要穿工作服，不准穿拖鞋，操作机床时严格禁止戴手套，长发女同学要戴工作帽。

2）不准擅自使用不熟悉的机器和工具。设备使用前要检查，如发现损坏或其他故障，应停止使用并报告。

3）操作时要时刻注意安全，互相照应，防止意外。

4）要用刷子清理铁屑，不准用手直接清除，更不准用嘴吹，以免割伤手指和铁屑飞入眼睛。

5）使用电气设备时，必须严格遵守操作规则，以防触电。

6）要做到文明生产，工作场地要保持整洁，使用的工具、量具要分类安放，工件、毛坯和原材料应堆放整齐。

8.3.2　项目实例

项目一：六角螺母制作训练

六角螺母，如图 8-55 所示。

六角螺母制作步骤，见表 8-4。

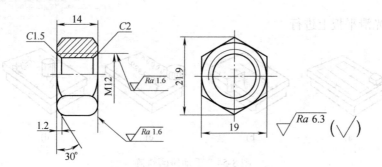

图 8-55　六角螺母

表 8-4　六角螺母制作步骤

步骤	加工简图	加工内容	工具、量具
1. 备料		材料：45 钢、ϕ30mm 棒料（高度 16mm）	钢直尺
2. 锉削		锉平面端面，高度 14mm，要求平面平直，两面平行	锉刀，钢直尺
3. 划线		定中心和划中心线，并按尺寸划出六角形边线和钻孔孔径线，打样冲眼	划针，划规，样冲，锤子，钢直尺
4. 锉削		锉 6 个侧面，先锉平一面，再锉与之相对的侧面，然后锉其余 4 个面。在锉某一面时，一方面参照所划的线，同时用 120° 样板检查相邻两平面的交角，并用直角尺检查 6 个角面与端面的垂直度。用游标卡尺测量尺寸，检验平面的平面度、直线度和两对面的平行度。平面要求平直，六角形要均匀对称，相对平面要求平行	锉刀，钢直尺，直角尺，120°样板，游标卡尺
5. 锉削		锉曲面（倒角），按加工界限倒好两端圆弧角	锉刀

（续）

步骤	加工简图	加工内容	工具、量具
6. 钻孔		计算钻孔直径。钻孔，并用大于底孔直径的钻头进行倒角，用游标卡尺检查孔径	钻头，游标卡尺
7. 攻螺纹		用丝锥攻螺纹	丝锥，铰杠

项目二：锤子制作训练

锤子，如图 8-56 所示。

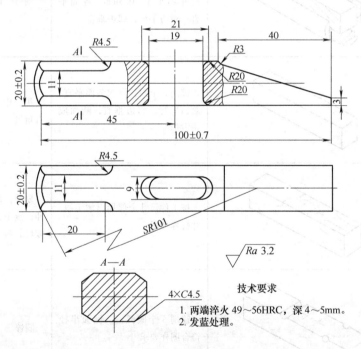

图 8-56 锤子

锤子制作步骤，见表 8-5。

表 8-5 锤子制作步骤

步骤	加工简图	加工内容	工具、量具
1. 备料		材料：45 钢，$\phi32$mm 棒料（长度 100mm）	钢直尺

（续）

步骤	加工简图	加工内容	工具、量具
2. 划线		在 $\phi 32$mm 圆柱两端表面上划 20mm × 20mm 加工线，并打样冲眼	划针盘，直角尺，划针，样冲，锤子
3. 錾削		錾削一个面，要求錾削宽度不小于 20mm，平面度、直线度公差为 1.5mm	錾子，锤子，钢直尺
4. 锯削		锯削三个面，要求锯痕整齐，尺寸不小于 20.5mm，各面平直，对边平行，邻边垂直	锯弓，锯条
5. 锉削		锉削 6 个面，要求各面平直，对边平行，邻边垂直，断面成正方形	粗、中平锉，游标卡尺，直角尺
6. 划线		按工件尺寸全部划出加工线，并打样冲眼	划针，划规，钢直尺，样冲，锤子，划针盘（游标高度尺）等
7. 锉削		锉削 5 个圆弧面，圆弧半径符合图样要求	圆锉
8. 锯削		锯削斜面，要求锯痕整齐	锯弓、锯条

（续）

步骤	加工简图	加工内容	工具、量具
9. 锉削		锉削 4 个圆柱面和一球面，要求符合图样要求	粗、中平锉
10. 钻孔		用 $\phi9$mm 钻头钻两个孔	$\phi9$mm 钻头
11. 锉削		锉通孔，用小方锉或小平锉锉掉留在两孔间的多余金属，用中圆锉将长圆孔锉成喇叭口	小方锉或小平锉，中圆锉
12. 修光		用细平锉和砂布修光各平面，用圆锉和砂布修光各圆柱面	细平锉，圆锉砂布
13. 热处理		两端淬火 49～56HRC，心部不淬火	由实习指导教师统一编号进行，学生自检硬度

8.3.3 练习件

图 8-57 和图 8-58 所示为角度样板配合件 1 和配合件 2，按图样要求完成加工，并满足配合要求（图 8-59）。

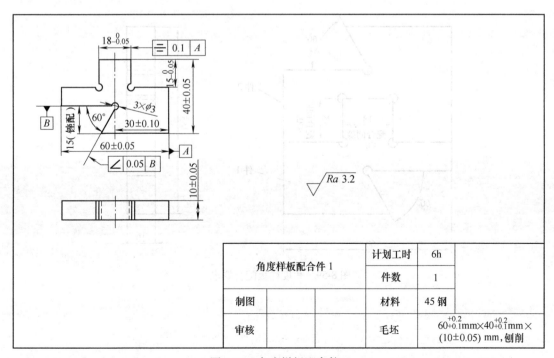

角度样板配合件 1		计划工时	6h
		件数	1
制图		材料	45 钢
审核		毛坯	$60^{+0.2}_{+0.1}$mm×$40^{+0.2}_{+0.1}$mm×(10±0.05) mm,刨削

图 8-57　角度样板配合件 1

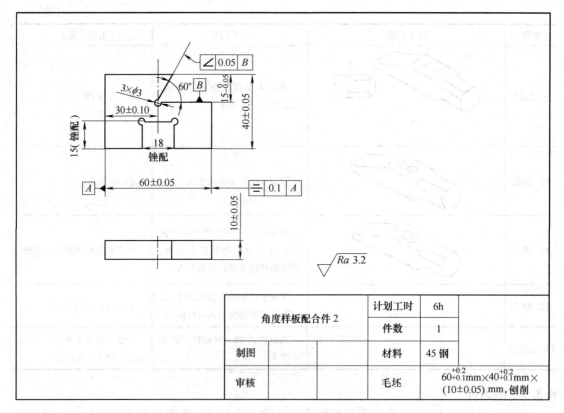

角度样板配合件 2			计划工时	6h
			件数	1
制图			材料	45 钢
审核			毛坯	$60^{+0.2}_{+0.1}$mm×$40^{+0.2}_{+0.1}$mm×(10±0.05) mm,刨削

图 8-58　角度样板配合件 2

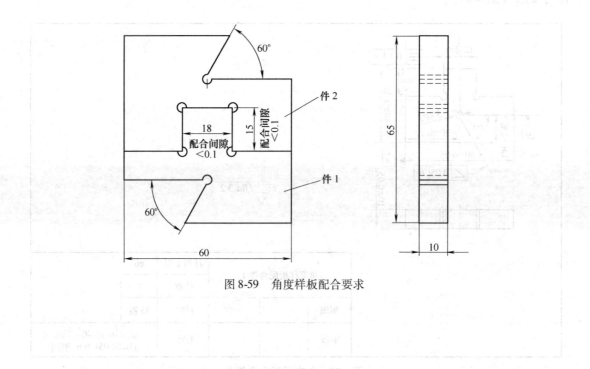

图 8-59　角度样板配合要求

模块四 先进制造工艺训练与实践

第9章 数控车削加工及其基本技能训练

9.1 数控车床概述

车削加工是在车床上由工件的旋转运动和刀具移动相配合，进行切削加工的一种加工方法。数控车床又称为 CNC（Computer Numerical Control）车床，即用数字化信号对机床运动及其加工过程进行控制的车床，是目前机械行业使用较为广泛的数控设备之一，约占数控机床总数的 25%。数控车床是机械制造设备中具有高精度、高效率、高自动化和高柔性化等优点的自动化机床。数控车削加工是数控加工中用得最多的加工方法之一。

9.1.1 数控车床的主要功能

数控车床除了可以完成普通车床能够加工的轴类、盘套类回转体零件外，还可以加工各种形状复杂的回转体零件，如复杂曲面；还可以加工各种螺距甚至变螺距的螺纹。

不同的数控车床其功能也不尽相同，各有特点，但都应具备以下主要功能。

（1）直线插补功能　控制刀具沿直线进行切削。

（2）圆弧插补功能　控制刀具沿圆弧进行切削。

（3）固定循环功能　使用该功能可以简化编程。

（4）恒线速度切削功能　使用该功能可以获得一致的加工表面。

（5）刀尖圆弧半径补偿功能　具有该功能的数控机床在编程时可以不用考虑刀尖圆弧半径，直接按零件轮廓进行编程，从而使编程变得方便简单。

9.1.2 数控车床的分类

随着数控车床制造技术的不断发展，数控车床品种繁多、规格不一，可采用不同的分类方法。

1. 按数控系统功能分类

（1）经济型数控车床　经济型数控车床一般是以卧式车床的机械结构为基础，经过改进设计而得到的，一般采用步进电动机驱动的开环伺服系统，其控制部分通常采用单板机或单片机实现，具有数码显示、CRT 字符显示、程序存储、程序编辑等功能。这类车床的特点是结构简单，价格低廉，一般只能进行两个平动坐标的联动控制，自动化程度和功能都比较差，车削加工精度不高，适用于要求不高的回转类零件的车削加工。

（2）全功能型数控车床　全功能型数控车床的功能较多，除了具有一般数控车床的功能以外，还具有一定的图形显示功能及面向用户的宏程序功能等，带有高分辨率的 CRT、刀具和位置补偿等功能，带有通信或网络接口，采用闭环或半闭环控制的伺服系统，可以进行多个坐标轴的控制，具有高刚性、高精度和高效率等特点。

（3）车削加工中心　车削加工中心是以全功能型数控车床为主体，增加了 C 轴和动力头的更高级的数控车床，带有刀库、自动换刀器、分度头和机械手等部件，实现多工序复合加工。它可控制 X、Z 和 C 三个坐标轴，联动控制轴可以是（X、Z）、（X、C）或（Z、C）。由于增加了 C 轴和铣削动力头，这种数控车床的加工功能全面，除可以进行一般车削外，还可以进行径向和轴向铣削、曲面铣削、中心线不在零件回转中心的孔和径向孔的钻削等加工，加工质量和速度都很高，但价格也较高。

2. 按控制方式分类

（1）开环控制数控车床　开环控制数控车床没有位置检测与反馈装置，即无位移的实际值反馈与指令值进行比较修改，因而控制信号的流程是单向的，故称"开环"。

通常用步进电动机作为执行机构。输入的数据经过数控系统的运算发出脉冲指令，使步进电动机转过一个角度，再通过机械传动机构把步进电动机轴的转动转换为工作台的直线运动，移动部件的移动速度和位移量由输入脉冲的频率和脉冲数量决定。

这类车床结构简单、价格低廉、调试维修方便、加工精度低。

（2）闭环控制数控车床　闭环控制数控车床带有位置检测与反馈装置，其位置检测与反馈装置采用直线位移检测元件，直接安装在车床的移动部件上，并将测量结果直接反馈到数控装置中。通过反馈可以消除从电动机到车床移动部件整个机械传动链中的传动误差，最终实现精确定位。

这类车床通常用伺服电动机作为执行机构，其定位精度高、速度快、系统复杂、成本高、维修调试较困难。

（3）半闭环控制数控车床　半闭环控制数控车床是在伺服电动机的轴上或数控车床的传动丝杠上装有检测元件，通过检测其转角来间接检测移动部件的位移，然后反馈到数控装置中。由于不是对工作台的实际位移量进行检测，因此可以获得较稳定的控制特性。

这类车床结构比较简单、价格较低廉、调试维修比较方便、稳定性好。

9.1.3　数控车床特点及组成

数控车床是在普通车床的基础上发展而来的，与普通车床相比，具有无法比拟的特点和组成结构。

1. 数控车床的特点

（1）具有高度柔性、适应性强　数控车床的程序控制取代了普通车床的手工操作，具有高度柔性。当改变加工工件时，只需要改变加工程序就可以完成工件的加工。这一特点为单件、小批量生产及产品开发提供了极大的方便，适应社会对产品多样化的要求。适应性强是数控车床最突出的优点。

（2）加工精度高、产品质量稳定　数控车床的传动系统和机床结构具有很高的刚度和热稳定性，定位精度和重复定位精度都很高，工件的加工精度全部由机床保证，按照程序完全自动进行加工，避免了普通机床加工时人为因素的影响。因此，加工出来的工件精度高、产品质量稳定。

（3）生产率高　数控车床可以选择较大的切削用量，有效地减少了加工中的切削工时；还可以自动完成一些辅助动作，并且无须工序间的检验与测量，使辅助时间大为缩短；在一次装夹后几乎可以完成零件的全部加工，因此，与普通车床相比，数控车床的生产率要高出许多。

（4）自动化程度高、劳动强度低　数控车床加工工件是按事先编好的程序自动完成的，加工过程不需要人为干预，加工完毕自动停车，加之数控车床一般都具有较好的安全防护、自动排屑、自动冷却和自动润滑的功能，大大降低了操作者的劳动强度和紧张程度。

（5）有利于生产管理现代化　用数控车床加工工件，能准确地计算产品生产的工时，工时费用也可以精确预算，有利于精确编制生产进度表、均衡生产和取得更高的预计产量，有利于实现制造和生产管理的现代化。

与普通车床相比，数控车床初次投资较大，维护成本较高，对维修人员的技术要求高。

2. 数控车床的组成

数控车床一般由控制介质、数控装置、伺服系统、检测与反馈装置、辅助装置和车床本体等部分组成。数控车床的组成，如图 9-1 所示。

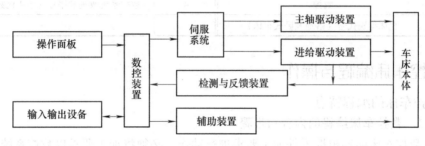

图 9-1　数控车床的组成

（1）控制介质　控制介质是记录零件加工程序的媒介，是人与车床之间联系信息的载体。控制介质包括加工程序单、穿孔纸带、磁带、磁盘等。

输入输出设备是数控系统与外部设备进行信息交换的装置，其作用是将记录在控制介质上的零件加工程序输入数控系统，或将调试好的零件加工程序通过输出设备存放或记录在相应的介质上。

操作面板是操作人员与数控机床进行信息交换的工具。操作人员可以通过它对数控机床进行操作、编程、调试、参数设定与修改，了解数控机床的运行状态。它是数控机床的一个输入输出部件。

（2）数控装置　数控装置是数控车床数控系统的核心，决定车床数控系统功能强弱。它的主要作用是根据输入的零件加工程序或操作命令信息，经过编译、数学运算和逻辑处理后，输出控制命令到相应的执行部件，完成零件加工程序或操作所要求的工作。

（3）伺服系统　伺服系统是数控车床数控系统的执行部分，是以机床移动部件的位置和速度作为控制量的自动控制系统。它的功能是接受数控装置输出的脉冲信号指令，信号经过分配、放大、转换等处理后，驱动机床上的运动部件做相应的运动，完成零件的切削加工。

（4）检测与反馈装置　检测与反馈装置是半闭环控制与闭环控制的必要装置，其根据系统要求不断测定运动部件的位置或速度，并转换成电信号传输到数控装置中，数控装置将接收到的信号与目标信号进行比较、运算，对伺服系统不断进行补偿控制，以保证运动部件的运动精度。

（5）车床本体 车床本体是数控系统的控制对象，是实现加工零件的执行部件。它由主轴、床身、刀架、导轨、尾座、丝杠等组成。它们的设计与制造应该具有结构先进、刚性好、精度高、抗振性强和热变形小等优点，这样才能保证加工零件的高精度和高效率。

（6）辅助装置 辅助装置一般包括液压装置、气压装置、润滑装置、切削液装置、排屑装置、超程保护装置、安全防护装置、换刀装置和夹紧装置等。

9.1.4 数控车床的型号

CJK6032-4 是装有华中世纪星 HNC-21T 数控系统的数控车床。CJK6032-4 型号中代码的含义，见表 9-1。

表 9-1 CJK6032-4 型号中代码的含义

代　码	含　义	代　码	含　义
C	车床类	0	机床型别代号（落地式车床）
J	经济型	32	最大工件回转直径的 1/10
K	数控	4	数控系统改进顺序号（第 4 代数控系统）
6	机床组别代号（落地及卧式车床）		

9.2 数控车床编程与操作

9.2.1 数控车床的编程特点

9.2.1.1 数控车床编程的内容和步骤

为了使数控车床能够根据零件加工要求进行动作，必须将加工要求以数控系统能够识别的指令形式告诉数控系统，这种数控系统可以识别的指令称为程序。制作程序的过程称为数控编程。

数控编程是数控车削加工的重要环节。数控编程的过程不只是指编写数控加工指令代码的过程，它包括从零件图分析到编写加工指令代码，再到制成控制介质以及程序校验的全过程。

数控车床编程的主要内容一般包括分析零件图样、制定工艺方案、数值计算、编写程序单、制备控制介质、程序校验与首件试切等内容。数控车床编程的内容和步骤，如图 9-2 所示。

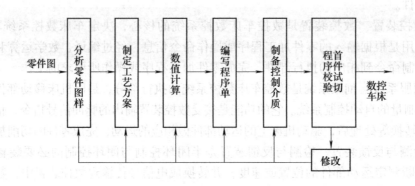

图 9-2 数控车床编程的内容和步骤

1. 分析零件图样

分析零件的材料、形状、尺寸、精度、表面粗糙度、毛坯的形状及热处理要求等，以便确定该零件是否适合在数控车床上加工，适合在哪类哪台数控车床上加工哪些工序或哪些表面。

2. 制定工艺方案

通过对零件图样的分析，确定被加工零件的加工方法、加工路线，选择适合的车床、夹具、刀具及切削用量等，正确地选择对刀点、换刀点，要求走刀路线要尽量短，走刀及换刀次数要尽量少，加工过程要安全可靠等。

3. 数值计算

根据零件图样的几何尺寸和确定的工艺路线，设定工件坐标系，计算刀具运动轨迹，以获得刀位数据。对于由直线和圆弧组成的形状较简单的零件，只需要计算出零件轮廓上两相邻几何要素的交点或切点坐标值，得出各几何要素起点和终点坐标值等；对于由非圆曲线组成的形状较复杂的零件，其形状与系统的插补功能不一致时，就需要进行较复杂的数值计算，这种计算一般要使用计算机辅助完成计算或采用宏指令编程实现加工。

4. 编写程序单

工艺路线、加工参数、刀位数据以及辅助动作确定后，根据数控系统对输入信息的要求，按照数控系统规定的规则、格式和代码，逐段编写零件的加工程序。

5. 制备控制介质

把编制好的程序单上的内容记录在控制介质上，作为数控装置的输入信息。一般通过手工输入、软盘、硬盘或通信传输送入数控系统。

6. 程序校验与首件试切

编写的程序必须经过校验与试切才能正式使用。程序校验的一般方法是在数控车床的CRT图形显示屏上，用图形模拟刀具与零件的切削过程，但是这种方法只能检验运动轨迹是否正确，却不能检验出刀具调整不当或计算编程不准确所引起的加工精度误差，因此必须用试切的方法进行实际切削检验，它不但可以查出程序的错误，还可以知道被加工零件的加工精度是否符合要求。如果加工出来的零件不符合要求，要分析原因，找出问题所在，加以修改，直到加工出合格零件。

9.2.1.2 数控车床的坐标系统

为了保证数控车床的正确运动，避免工作的不一致性，简化编程，ISO和我国都统一规定了数控车床坐标轴的代码及其正、负方向。

1. 标准坐标系

（1）标准坐标系的规定　标准坐标系为右手笛卡儿坐标系，如图9-3所示。规定基本的直线坐标轴用 X、Y、Z 表示，这三个直线轴互相垂直，其方向符合右手定则；围绕 X、Y、Z 轴旋转的坐标轴分别用 A、B、C 表示，A、B、C 的正方向分别用右手螺旋定则判定。

（2）坐标轴方向的规定　在编程时，为了编程方便和统一，不论实际加工中是刀具移动，还是工件移动，都一律规定：工件静止不动，刀具移动，刀具远离工件的方向作为坐标轴的正方向，刀具切入工件的方向作为负方向。

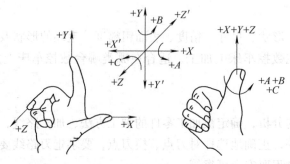

图 9-3　右手笛卡儿坐标系

（3）坐标轴的规定

1）Z 轴。Z 轴是由传递切削力的主轴决定的。对于数控车床来说，与主轴平行的坐标轴即为 Z 轴。

2）X 轴。对于数控车床来说，X 轴是水平方向的，且垂直于 Z 轴，并平行于工件的装夹面。

3）Y 轴。Y 轴垂直于 X、Z 轴。根据 X 轴和 Z 轴的正方向，按照右手笛卡儿坐标系来判断其方向。Y 轴通常是虚轴。

4）A、B、C 轴。确定了 X、Y、Z 三个直线坐标轴后，按照右手笛卡儿坐标系的规定，依次确定这三个回转坐标轴。

2. 机床坐标系

（1）机床坐标系的规定　机床坐标系是以机床原点为坐标系原点建立起来的直角坐标系。机床坐标系是与标准坐标系平行的坐标系，是制造、调整机床和设置工件坐标系的基础，一般不允许用户随便改动。

操作者在机床通电复位后，执行手动回参考点建立机床坐标系。一般该坐标系一经建立，就保持不变直至断电。

（2）机床原点　机床原点也称为机床零点或机床坐标系的原点。在机床经过设计、制造和调整之后，这个点便被确定下来，它是机床上一个固定不变的点。

数控车床的机床原点一般取在卡盘端面与主轴中心线的交点。

（3）机床参考点　机床参考点也是机床上一个固定点，该点是刀具退离到一个固定不变的极限点，其位置由机械挡块或行程开关来确定。

数控车床的参考点一般设在离机床原点最远的极限点处。数控车床的参考点，如图 9-4 所示。

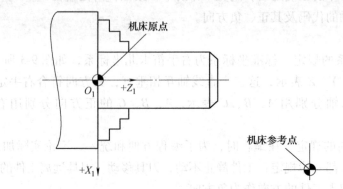

图 9-4　数控车床的参考点

3. 工件坐标系

工件坐标系是指编程时对工件所设置的坐标系，也称为编程坐标系。工件坐标系的原点也称为工件零点（工件原点或编程原点），是由编程人员根据零件图样及加工工艺要求设定的。一般情况下，工件坐标系的原点应选在工件的设计基准或工艺基准上，工件坐标系各轴方向与机床坐标系各轴方向一致。

对数控车削编程来说，工件坐标系的原点一般选在工件的右端面或左端面上，且在工件的回转轴线上。数控车床工件坐标系，如图 9-5 所示。

9.2.1.3　数控车削加工程序的结构与格式

每种数控系统，根据系统本身的特点及编程需要，都有一定的程序格式。对于不同数控系统的机床，程序的格式也不相同。编程人员必须按照机床说明书规定的格式进行编程，但程序的常规格式是相同的（本书以华中世纪星 HNC-21T 数控车床为例）。

1. 程序的结构

一个完整的程序一般由程序名、程序内容和程序结束三部分组成的。程序的结构，如图 9-6 所示。

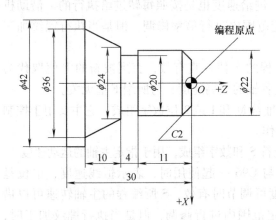

图 9-5　数控车床工件坐标系

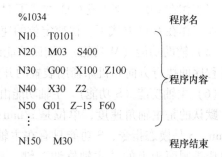

图 9-6　程序的结构

（1）程序名　程序名写在程序的最前面，必须单独占用一行。程序名有两种形式：一种是由字符 % 和 1~4 位数字组成；另一种是由字母 O 和 1~4 位数字组成，这里的数字至少有一位不是 0。

（2）程序内容　程序内容是整个程序的核心，由若干程序段组成，这部分表示数控车床要完成的全部动作。

（3）程序结束　可以作为程序结束标记的代码有 M02 和 M30，它们代表零件加工主程序结束。一般为了保证程序段的正常执行及程序结构清晰，通常要求 M02 或 M30 单独占用一行。

此外，子程序结束用专用的结束标记，用 M99 来表示子程序结束返回主程序。

2. 程序段的格式

程序段格式：N_ G_ X_ Z_ F_ M_ S_ T_

每个程序段是由若干个程序指令字组成的。指令字是组成程序段的最小单位，由地址符和带符号或不带符号的数字构成的。

程序段的格式是指一个程序段中字、字符和数据的安排形式。不同的数控系统往往有不同的程序段格式。

3. 程序指令字的功能

（1）程序段号 N　程序段号由地址符 N 和 1~4 位正整数组成。它是程序段的名称，与程序执行的先后顺序无关，数控系统是按照程序段编写时的排列顺序逐行执行。

除带有复合循环指令（G71、G72 或 G73）的循环加工起、止程序段必须编入程序段号外，其他程序段的程序段号可以随意指定，也可以不指定程序段号。

（2）准备功能（G 功能）　准备功能由地址符 G 和 1 或 2 位数字组成。它主要是用来指定机床或数控系统的工作方式。

（3）尺寸字　尺寸字用于确定机床上刀具运动终点的坐标位置。常见的尺寸字有 X、Z、U、W、I 和 K 等。

（4）进给功能（F 功能）　进给功能由地址符 F 和数字组成，用于指定刀具相对于工件的合成进给速度。

默认的进给速度是每分钟进给，单位是 mm/min；当与 G95 一起使用时，进给速度是每转进给，单位是 mm/r；另外，在加工螺纹时，进给速度也是按照每转进给执行的。借助机床控制面板上的"进给修调"键，F 可在一定范围内进行倍率修调，但是当执行螺纹加工时，"进给修调"键失效。

当工作在 G01、G02 或 G03 方式下时，编程的 F 值一直有效，直到被新的 F 值取代为止；而工作在 G00 方式下，快速定位的速度是各轴的最高速度，与所编 F 值无关。

（5）辅助功能（M 功能）　辅助功能由地址符 M 和 1 或 2 位数字组成。它主要用于控制零件程序的执行方向和机床辅助装置的开关动作。

（6）主轴功能（S 功能）　主轴功能由地址符 S 和数字组成，用于指定主轴的运动速度。

默认的是主轴角速度，单位是 r/min；当与 G96 一起使用时，表示恒线速度，单位是 m/min。S 是模态指令，S 功能只有在主轴速度可调节时有效，S 所编程的主轴转速可以借助机床控制面板上的"主轴修调"键，在一定范围内进行修调，但是当执行螺纹加工时，该键功能失效。

（7）刀具功能（T 功能）　刀具功能由地址符 T 和 2 位或 4 位数字组成，具体对应关系由生产厂家确定。刀具功能主要用来选刀或换刀。

华中系统 T 功能是由 T 和 4 位数字组成的，前后两位数字分别表示刀具号和刀具补偿号，如 T0102 表示选择 1 号刀具并调用 2 号刀具补偿值。执行 T 指令时并不产生刀具移动动作，当一个程序段同时包含 T 指令和刀具移动指令时，先执行 T 指令，后执行刀具移动指令。

4. 程序的文件名

数控装置可以装入许多程序文件，以磁盘文件的方式读写。

文件名格式是由字母 O 和 4 位数字或字母组成的。数控系统通过调用文件名来调用程序，进行编辑或加工。

9.2.2　数控车削编程指令及其应用

9.2.2.1　数控车削基本程序指令

由于不同的数控系统，其功能指令的含义和格式不尽相同，即使完成相同的功能，所使用的编程指令也可能有所不同，所以编程时需要查看所使用的机床说明书。

华中世纪星 HNC-21T 系统数控车床 G 代码，见表 9-2；M 代码，见表 9-3。

表 9-2 华中世纪星 HNC-21T 系统数控车床 G 代码

G 代码	组	功　能	格　式
G00		快速定位	G00X（U）_ Z（W）_
▶G01	01	直线插补	G01X（U）_ Z（W）_ F_
G02		顺圆插补	G02X（U）_ Z（W）_ R（I_ K_）_ F_
G03		逆圆插补	G03X（U）_ Z（W）_ R（I_ K_）_ F_
G04	00	暂停	G04P_
G20	08	英制输入	G20
▶G21		米制输入	G21
G28	00	返回到参考点	G28X（U）_ Z（W）_
G29		由参考点返回	G29X（U）_ Z（W）_
G32	01	螺纹切削	G32X（U）_ Z（W）_ R_ E_ P_ F_
▶G36	17	直径编程	G36
G37		半径编程	G37
▶G40		取消刀尖圆弧半径补偿	G40G00（G01）X（U）_ Z（W）_
G41	09	左刀补	G41G00（G01）X（U）_ Z（W）_
G42		右刀补	G42G00（G01）X（U）_ Z（W）_
G53	00	直接机床坐标系编程	G53X_ Z_
G54 ~ G59	11	工件坐标系选择	G54 ~ G59
G65	00	宏指令简单调用	G65P_ L_ A ~ Z
G71		内径/外径粗车复合循环	G71U_ R_ P_ Q_ E_ （X_ Z_）F_ S_ T_
G72		端面粗车复合循环	G72W_ R_ P_ Q_ X_ Z_ F_ S_ T_
G73		闭环切削复合循环	G73U_ W_ R_ P_ Q_ X_ Z_ F_ S_ T_
G76	06	螺纹切削复合循环	G76C_ R_ E_ A_ X_ Z_ I_ K_ U_ V_ Q_ P_ F_
G80		内径/外径车削固定循环	G80X_ Z_ I_ F_
G81		端面车削固定循环	G81X_ Z_ K_ F_
G82		螺纹切削固定循环	G82X_ Z_ R_ E_ C_ P_ F_ /G82X_ Z_ I_ R_ E_ C_ P_ F_
▶G90	13	绝对编程	G90X_ Z_
G91		增量编程	G91X_ Z_
G92	00	工件坐标系设定	G92X_ Z_
▶G94	14	每分钟进给	G94F_
G95		每转进给	G95F_
G96	16	恒线速度切削	G96S_
▶G97		取消恒线速度切削	G97S_

1. 准备功能说明

1）准备功能也称为 G 功能、G 指令或 G 代码，用来规定刀具和工件的相对运动轨迹、坐标系、刀具补偿等。

2）在编程时，G 代码中前面的 0 可以省略不写，如 G00、G01 可以分别简写为 G0、G1，而 G40 则不能简写。

3）G 功能根据功能的不同分成若干组，其中 00 组的 G 功能称为非模态 G 功能，其余组的 G 功能称为模态 G 功能。

4）模态 G 功能也称为续效代码，这些功能一旦被执行，就一直有效，直到被同一组的其他功能注销为止。模态 G 功能组中包含一个默认 G 功能（表 9-2 中带有▶记号的），系统上电时将被初始化为该功能。

5）非模态 G 功能也称为当段有效代码，只在书写了该代码的程序段中有效，程序段结束时该功能被注销。

6）没有相同尺寸地址符的不同组的 G 代码可以放在同一程序段中，而且与顺序无关。如 G21、G36、G90、G94 可以与 G01 放在同一程序段中。

表 9-3　华中世纪星 HNC-21T 系统数控车床 M 代码

M 代码	说　明	功　能	M 代码	说　明	功　能
M00	非模态、后作用	程序暂停	M03	模态、前作用	主轴正转起动
M02	非模态、后作用	程序结束	M04	模态、前作用	主轴反转起动
M30	非模态、后作用	程序结束并返回程序起点	▶M05	模态、后作用	主轴停止转动
			M07	模态、前作用	切削液打开
M98	非模态	调用子程序	M08		
M99	非模态	子程序结束并返回	▶M09	模态、后作用	切削液关闭

2. 辅助功能说明

1）辅助功能也称为 M 功能、M 指令或 M 代码，M00、M02、M30、M98、M99 用于控制零件程序的走向，M03、M04、M05、M07、M08、M09 用于控制机床辅助装置的开关动作。

2）在编程时，M 代码中前面的 0 可以省略不写，如 M00、M03 可以分别简写为 M0、M3，而 M30 则不能简写。

3）M 功能与 G 功能一样，也有非模态 M 功能和模态 M 功能两种形式。模态 M 功能也称为续效代码，这些功能在被同一组的另一个功能注销前一直有效，直到被同一组的其他功能注销为止。模态 M 功能组中包含一个默认 M 功能（表 9-3 中带有▶记号的），系统上电时将被初始化为该功能。非模态 M 功能也称为当段有效代码，只在书写了该代码的程序段中有效，程序段结束时该功能被注销。

4）M 功能还可以分为前作用 M 功能和后作用 M 功能两类。前作用 M 功能在程序段编制的轴运动之前执行。当机床移动指令和前作用 M 指令在同一程序段指定时，先执行前作用 M 指令的功能，而后执行机床移动指令。后作用 M 功能在程序段编制的轴运动之后执行。当机床移动指令和后作用 M 指令在同一程序段指定时，先执行机床移动指令，而后执行后作用 M 指令的功能。

9.2.2.2　数控车削常用编程指令及其应用

1. 程序结束指令 M02

格式：M02

说明：M02 放在主程序的最后一个程序段中，当 CNC 执行该指令时，机床的主轴、进给、切削液全部停止，加工结束。但执行该指令后，光标停在 M02 所在程序段的末尾，并不返回到程序头的位置，若要重新执行该程序，就要再次调用程序，然后再按控制面板上的"循环启动"键。M02 是非模态后作用 M 功能。

2. 程序结束并返回程序起点指令 M30

格式：M30

说明：M30 和 M02 功能基本相同，但执行 M30 指令还兼有控制光标返回到程序起点的作用。若要重新执行该程序，只需再次按控制面板上的"循环启动"键即可，因此使用 M30 比 M02 作为程序结束的指令更方便。M30 是非模态后作用 M 功能。

3. 主轴控制指令 M03、M04、M05

格式：M03S

　　　　M04S

　　　　M05

说明：M03、M04 分别用于起动主轴并以程序中 S 代码指定的主轴速度正向旋转、反向旋转。M05 用于使主轴停止旋转。M03 和 M04 是模态前作用 M 功能，M05 是模态后作用 M 功能。M03/M04 与 M05 可以相互注销，但 M03 与 M04 不能相互注销。M05 是开机默认值。

4. 调用子程序指令 M98 和子程序结束并返回指令 M99

（1）子程序的格式　子程序格式与主程序相似。在子程序开始用字符%或字母 O 和 1～4 位数字（至少有一位数字不为 0）指定子程序名，子程序结尾用 M99 指令结束子程序的调用，返回上一级程序。

子程序的格式如下。

%＿＿＿＿（子程序名）

　：

M99　　　　　（子程序结束，返回上一级程序）

（2）调用子程序的格式　子程序是由主程序或上一级子程序调用并执行的。

调用子程序的格式如下。

M98P_ L_

M98 调用子程序指令；P 被调用的子程序号；L 重复调用子程序的次数，调用一次可以不用指定。

（3）子程序说明

1）M98 或 M99 不能和 NC 指令放在同一程序段中，否则该 NC 指令的功能被注销，即 M98 或 M99 应该单列一程序段。

2）子程序的作用相当于一个固定循环。如果一组程序段在一个程序中多次重复出现，可以把这组多次重复出现的程序段编写成一个子程序，每次使用它时，只需调用这个子程序，这样可以减少重复编程，达到简化编程的目的。

3）数控系统通常按主程序指令运行，但在主程序运行中遇到子程序调用指令时，数控系统就按子程序的指令运行，在子程序调用结束后控制其返回上一级程序，继续运行上一级程序。

4）子程序的位置是放在主程序之后，子程序可以被主程序调用，被调用的子程序还可以调用其他子程序。

子程序编程应用举例：

例 9-1 试编写如图 9-7 所示零件的精加工程序,用子程序功能切槽。已知铝合金毛坯直径 ϕ32mm、长度 80mm,1 号刀为 93°外圆精车刀,2 号刀为 3mm 宽的切刀,以切刀的左刀尖为刀位点编程。

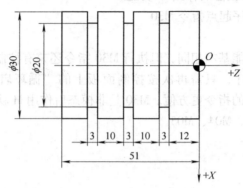

图 9-7   子程序编程应用举例

华中世纪星 HNC-21T 系统编写的加工程序,见表 9-4。

表 9-4   华中世纪星 HNC-21T 系统编写的加工程序

程　序	注　释
%1001	主程序名
N1 T0101	调用 1 号外圆刀,导入 1 号刀补,建立工件坐标系
N2 M03 S400	主轴正转,转速为 400r/min
N3 G00 X100 Z50	快速定位至起刀点
N4 G00 X30 Z2	快速定位至外圆尺寸并接近工件右端面
N5 G01 Z−51 F30	直线插补精加工 ϕ30mm 外圆,加工长度 51mm,进给速度 30mm/min
N6 G00 X100 Z50	快速退刀至换刀点(起刀点)
N7 T0202	换 2 号切刀,导入 2 号刀补,建立工件坐标系
N8 M03 S300	主轴正转,转速为 300r/min
N9 G00 X32 Z−2	快速定位至子程序起点
N10 M98 P0001 L3	调用 3 次子程序,完成 3 个槽的加工,子程序名是%0001
N11 G01 X35 F100	沿 X 轴方向直线退出工件表面
N12 G00 Z−54	沿 Z 轴方向快速移至切断表面
N13 G01 X0 F12	沿 X 轴方向直线插补切断零件,进给速度 12mm/min
N14 G00 X100 Z50	快速退刀至起刀点
N15 M05	主轴停止
N16 M30	主程序结束并复位
%0001	子程序名
N17 G00 W−13	沿 Z 轴方向快速左移 13mm 至切槽起点
N18 G01 U−12 F12	沿 X 轴方向直线插补切槽至 ϕ20mm,进给速度 12mm/min
N19 G01 U12	沿 X 轴方向直线退刀至 ϕ32mm
N20 M99	子程序结束,返回上一级程序(主程序)

5. 进给速度单位设定指令 G94、G95

格式：G94F_

　　　　G95F_

说明：G94 是每分钟进给；G95 是每转进给。F 的单位依 G20/G21（英制输入/米制输入）和 G94/G95 的设定而变化（in/min、mm/min、in/r、mm/r），G94、G95 是同一组的模态指令，可相互注销，G94 是开机默认值。

6. 直径编程指令 G36 和半径编程指令 G37

格式：G36

　　　　G37

说明：

1）G36 是直径编程；G37 是半径编程。数控车床主要是加工回转表面的零件，其横断面通常是圆，零件的径向（X 轴方向）尺寸有两种指定方式，即直径编程和半径编程。

2）由于回转表面零件的径向尺寸通常都是以直径尺寸标注的，所以采用直径编程更方便。

3）G36、G37 是同一组的模态指令，可相互注销，G36 是开机默认值。

4）本章例题未说明的均为直径编程。

7. 绝对编程指令 G90 和增量编程指令 G91

格式：G90X_ Z_

　　　　G91X_ Z_

说明：

1）G90 是绝对编程；G91 是增量编程，也称为相对编程。

2）数控车床增量（相对）编程时，可以用 G91X_ Z_ ，也可以用 U、W 直接表示 X 轴、Z 轴的增量值，其程序段中的尺寸均是相对于前一位置的增量尺寸。

3）绝对编程时，G90 指令后面的 X、Z 表示 X 轴、Z 轴的坐标值，其程序段中的尺寸均是相对于工件坐标系原点的。

4）G90、G91 是同一组的模态指令，可相互注销，G90 是开机默认值。

5）编程时，可以采用绝对编程、相对编程或混合编程。

6）选择合适的编程方式可以简化编程。当图样尺寸是由一个固定基准给出时，采用绝对方式编程较为方便；当图样尺寸是以轮廓顶点之间的间距给出时，采用相对方式编程较为方便。

7）表示增量的地址符 U、W 不能用于循环指令的程序段中表示相对坐标，如果在循环指令的程序段中使用相对编程，就必须用 G91 X_ Z_ 实现相对编程。

直径/半径、绝对/增量编程应用举例：

例 9-2 用直径/半径、绝对/相对方式编程指令编写如图 9-8 所示零件的精加工程序。

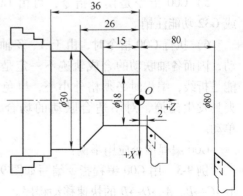

图 9-8　直径/半径、绝对/相对方式
编程应用举例

直径/半径、绝对/相对方式编写的加工程序,见表9-5。

表9-5　直径/半径、绝对/相对方式编写的加工程序

直径编程			半径编程		
直径绝对	直径相对	直径混合	半径绝对	半径相对	半径混合
%1002	%1003	%1004	%1005	%1006	%1007
T0101 F30	T0101 F30	T0101 F30	T0101 F30	T0101 F30	T0101 F30
M03 S400	M03 S400	M03 S400	G37 M03 S400	G37 M03 S400	G37 M03 S400
G00 X80 Z80	G00 X80 Z80	G00 X80 Z80	G00 X40 Z80	G00 X40 Z80	G00 X40 Z80
X18 Z2	G91 X−62 Z−78	X18 Z2	X9 Z2	G91 X−31 Z−78	X9 Z2
G01 Z−15	G01 Z−17	G01 W−17	G01 Z−15	G01 Z−17	G01 W−17
X30 Z−26	X12 Z−11	U12 Z−26	X15 Z−26	X6 Z−11	U6 Z−26
Z−36	Z−10	W−10	Z−36	Z−10	W−10
G00 X80 Z80	G00 X50 Z116	G00 X80 Z80	G00 X40 Z80	G00 X25 Z116	G00 X40 Z80
M30	M30	M30	M30	M30	M30

8. 快速定位指令 G00

格式:G00 X(U)_ Z(W)_

功能:G00 指定刀具相对于工件以各轴预先设定的速度,从当前位置快速移动到程序段指令的定位目标点。

说明:

1)X、Z 为绝对编程时终点在工件坐标系中的坐标值,增量(相对)编程时终点相对于起点的位移量;U、W 为增量(相对)编程时终点相对于起点的位移量。

2)G00 指令的快速移动速度由机床参数"快移进给速度"对各轴分别设定(决定于各轴的脉冲当量),与所编 F 无关,因此不能用 F 指令限定 G00 的速度。

3)G00 指令一般用于加工前快速定位或加工后快速退刀,以提高工作效率。

4)G00 指令执行过程中,可由机床控制面板上的"快速修调"键调整快移速度。

5)G00 指令是模态指令,可由 G01、G02、G03 或 G32 功能注销。

6)执行 G00 指令时,由于 X、Z 轴以各自速度移动,因而各轴联动的合成轨迹不一定是一条直线,可能是折线,编程时必须格外小心,以免刀具与工件或夹具发生碰撞,对不适合联动的场合,可采取两轴单动。

G00 编程指令应用举例:

例9-3　用 G00 编程指令编写如图9-9 所示 $A \to B$、$A \to C \to B$、$A \to D \to B$ 的快速移动程序。

G00 指令编程的快速移动程序,见表9-6。

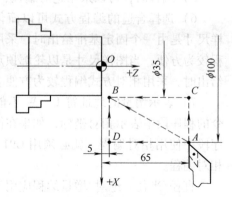

图9-9　G00 编程指令应用举例

表 9-6　G00 指令编程的快速移动程序

A→B	A→C→B	A→D→B
⋮	⋮	⋮
G00 X100 Z65	G00 X100 Z65	G00 X100 Z65
G00 X35 Z5	X35	Z5
⋮	Z5	X35
	⋮	⋮

9. 直线插补指令 G01

格式：G01X（U）＿ Z（W）＿ F＿

功能：G01 指定刀具以各轴联动的方式，按 F 规定的合成进给速度，从当前位置按线性路线（联动直线轴的合成轨迹为直线）移动到程序段指令的目标位置。

说明：

1）X、Z 为绝对编程时终点在工件坐标系中的坐标值，增量（相对）编程时终点相对于起点的位移量；U、W 为增量（相对）编程时终点相对于起点的位移量。

2）F 为直线切削时的合成进给速度。

3）在程序中，应用第一个 G01 指令时，一定要规定一个与之对应的 F 指令。在以后的程序段中，若没有新的 F 指令，合成进给速度将保持不变，所以不必在每个程序段中都写入同一 F 指令。

4）G01 指令是模态指令，可由 G00、G02、G03 或 G32 功能注销。

5）在程序中一定要指定 F 值，否则机床会按照快速定位的速度进行切削加工，这是非常危险的，编程操作者一定要特别注意。

G01 编程指令应用举例：

例 9-4　用 G01 编程指令编写如图 9-10 所示零件的精加工程序。

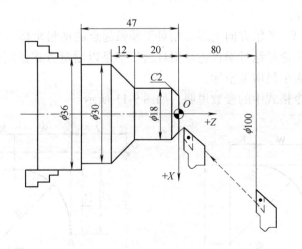

图 9-10　G01 编程指令应用举例

G01 指令编写的精加工程序，见表 9-7。

表 9-7 G01 指令编写的精加工程序

程　序	注　释
%1004	程序名
T0101	调用 1 号外圆刀，导入 1 号刀补，建立工件坐标系
M03 S400 F30	主轴正转，转速为 400r/min，进给速度 30mm/min
G00 X100 Z80	快速定位至起刀点
X12 Z1	快速定位至倒角延长线上，距离右端面 1mm
G01 X18 Z－2	直线插补加工 C2 倒角
Z－20	直线插补加工 φ18mm 外圆
X30 W－12	直线插补加工圆锥面
Z－47	直线插补加工 φ30mm 外圆
X36	直线车削环形端面
G00 X100 Z80	快速退刀至起刀点
M30	主程序结束并复位

10. 圆弧插补指令 G02、G03

格式：G02X（U）_ Z（W）_ R_ （I_ K_）F_

　　　G03X（U）_ Z（W）_ R_ （I_ K_）F_

功能：G02 顺时针圆弧插补，G03 逆时针圆弧插补。该组指令使刀具按 F 规定的合成进给速度沿圆弧轮廓从圆弧起点运动到圆弧终点。

说明：

1）X、Z 为绝对编程时圆弧终点在工件坐标系中的坐标值，增量（相对）编程时圆弧终点相对于圆弧起点的位移量；U、W 为增量（相对）编程时圆弧终点相对于圆弧起点的位移量。

2）F 为圆弧切削时的合成进给速度。

3）R 为圆弧半径。

4）I、K 分别为 X、Z 轴方向上圆心相对于圆弧起点的增量坐标（等于圆心的坐标减去圆弧起点的坐标）。无论是绝对编程还是相对编程都是以增量方式指定；无论是直径编程还是半径编程，I 始终为半径增量坐标。

5）G02/G03 指令格式中的参数说明，如图 9-11 所示。

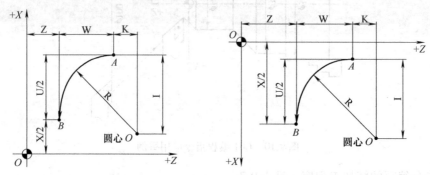

图 9-11　G02/G03 指令格式中的参数说明

6）在程序中，应用第一个 G02/G03 指令时，一定要规定一个与之对应的 F 指令。

7）G02/G03 指令是模态指令，同一组的 G00、G01、G02、G03、G32 功能可以相互注销。

8）在一个程序段中，同时编入 R 与 I、K 时，R 有效。

9）G02/G03 顺、逆时针圆弧插补方向的判断：观察者沿着与圆弧所在平面相垂直的坐标轴的正向往负向看去，起点到终点运动轨迹为顺时针时使用 G02 指令，为逆时针时使用 G03 指令。上、下位刀架数控车床圆弧插补方向判断，如图 9-12 所示。

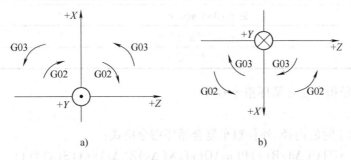

图 9-12　上、下位刀架数控车床圆弧插补方向判断

a) 上位刀架车床　b) 下位刀架车床

G02/G03 编程指令应用举例：

例 9-5　用 G02/G03 编程指令编写如图 9-13 所示零件的精加工程序。

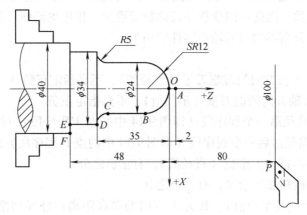

图 9-13　G02/G03 编程指令应用举例

G02/G03 指令编写的精加工程序，见表 9-8。

表 9-8　G02/G03 指令编写的精加工程序

程　序	注　释
%1005	程序名
T0101	调用 1 号外圆刀，导入 1 号刀补，建立工件坐标系
M03 S400 F30	主轴正转，转速为 400r/min，进给速度 30mm/min
G00 X100 Z80	快速定位至起刀点 P
G00 X0 Z2	快速定位至工件附近点 A，距离右端面 2mm
G01 Z0	刀具以进给速度 30mm/min 移至加工起点 O（原点）

(续)

程 序	注 释
G03 X24 Z - 12 R12	逆圆插补加工 SR12mm 圆弧面至点 B
G01 Z - 30	直线插补加工 φ24mm 对应的外圆至点 C
G02 X34 Z - 35 R5	顺圆插补加工 R5mm 圆弧面至点 D
G01 Z - 48	直线插补加工 φ34mm 对应的外圆至点 E
X40	退至毛坯表面点 F
G00 X100 Z80	快速退刀至起刀点 P
M30	主程序结束并复位

11. 内径/外径粗车复合循环指令 G71

格式：

1）无凹槽加工时的内径/外径粗车复合循环指令格式：

$$G71U(\Delta d)R(r)P(ns)Q(nf)X(\Delta x)Z(\Delta z)F(f)S(s)T(t)$$

2）有凹槽加工时的内径/外径粗车复合循环指令格式：

$$G71U(\Delta d)R(r)P(ns)Q(nf)E(e)F(f)S(s)T(t)$$

功能：G71 指令可以自动完成零件内（外）表面粗车复合循环加工，其切削方向平行于 Z 轴。编程时只需指定精加工路线、精加工余量和粗加工的背吃刀量，系统会自动计算粗加工路线和进给次数，因此可以使程序段的数量更少，程序更清晰，编程的效率更高。它特别适合于加工余量分布不均匀的轴类零件的切削。

说明：

1）Δd 为每次沿 X 轴方向的背吃刀量（半径值），不必指定正负。

2）r 为每次沿 X 轴方向的退刀量（半径值），不必指定正负。

3）ns 为精加工路径第一个程序段（即图 9-14 中的点 A′程序段）对应的程序段号。

4）nf 为精加工路径最后一个程序段（即图 9-14 中的点 B 程序段）对应的程序段号。

5）Δx 为 X 轴方向精加工余量（直径值），有正负之分。

6）Δz 为 Z 轴方向精加工余量，有正负之分。

7）e 为精加工余量（半径值），其为 X 方向的等高距离；外径切削时为正，内径切削时为负。

8）f、s、t 为粗加工时 G71 程序段中的 F、S、T 有效，而精加工时处于 ns 到 nf 程序段之间的 F、S、T 有效。

9）G71 指令执行如图 9-14 所示 A→1~16 的粗加工路径，而精加工路径为 A′→B′→B 的轨迹。

10）精加工余量 Δx 和 Δz 的正负符号，如图 9-15 所示。Δx 和 Δz 的符号设置不当，会导致零件过切。

11）精加工路线第一个程序段（ns 程序段）必须为 G00/G01 指令。

12）P、Q 参数一定要赋值，不但要求 P 后的数字要与精加工路径第一个程序段号对应，Q 后的数字要与精加工路径最后一个程序段号对应，而且要求 P、Q 参数值不能相同，否则不能进行该循环。

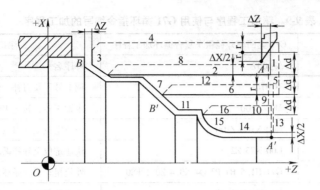

图 9-14 G71 外径粗车复合循环加工轨迹

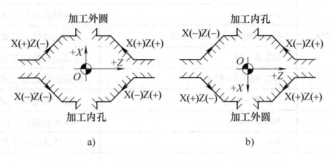

图 9-15 G71 复合循环 Δx 和 Δz 的符号

a) 上位刀架车床 b) 下位刀架车床

例 9-6 用外径粗车复合循环 G71 指令编写如图 9-16 所示无凹槽零件的加工程序。已知：循环起点在 (73, 2)，X 轴方向背吃刀量为 1.5mm（半径量），退刀量为 1mm，X 轴方向的直径精加工余量为 0.4mm，Z 轴方向的精加工余量为 0.1mm，粗加工进给速度 80mm/min，精加工进给速度 30mm/min，毛坯为直径 ϕ73mm 铝合金棒料，其中双点画线部分为工件毛坯。

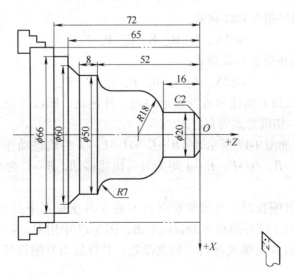

图 9-16 G71 无凹槽外径粗车复合循环编程举例

精加工程序与使用 G71 循环指令编写的加工程序，见表 9-9。

表 9-9　精加工程序与使用 G71 循环指令编写的加工程序

精加工程序	G71 无凹槽外径粗车复合循环加工程序	注　释
%1006	%1007	程序名
T0101	T0101	调 1 号刀及刀补，建立工件坐标系
M03 S400	M03 S400	主轴正转，转速 400r/min
G00 X100 Z100	G00 X100 Z100	快速定位至起刀点
	G00 X73 Z2	快速定位至外径循环起点
	G71 U1.5 R1 P3 Q4 X0.4 Z0.1 F80	外径粗车复合循环加工
X12 Z2	N3 G00 X12 Z2	快速移至精加工路径始点
G01 X20 Z−2 F30	G01 X20 Z−2 F30	直线插补精加工 C2 倒角
Z−16	Z−16	直线插补精加工 φ20mm 外圆
G03 X36 W−14.967 R18	G03 X36 W−14.967 R18	逆圆插补精加工 R18mm 圆弧面
G01 Z−45	G01 Z−45	直线插补精加工 φ36mm 外圆
G02 X50 Z−52 R7	G02 X50 Z−52 R7	顺圆插补精加工 R7mm 圆弧面
G01 W−8	G01 W−8	直线插补精加工 φ50mm 外圆
X60 Z−65	X60 Z−65	直线插补精加工锥面
X66	X66	直线插补精加工台阶面
Z−72	N4 Z−72	精车 φ66mm 外圆至精加工路径终点
G00 X100 Z100	G00 X100 Z100	快速退刀回起刀点
M05	M05	主轴停止
M30	M30	程序结束并复位

12. 螺纹切削循环指令 G82

格式：

1）直螺纹切削循环指令 G82 格式：

$$G82X\_\ Z\_\ R\_\ E\_\ C\_\ P\_\ F\_$$

2）锥螺纹切削循环指令 G82 格式：

$$G82X\_\ Z\_\ I\_\ R\_\ E\_\ C\_\ P\_\ F\_$$

功能：该指令可以加工圆柱形或圆锥形的内、外螺纹，螺纹可以是单线螺纹或多线螺纹，G82 是模态指令，切削方式为直进式。

1）G82 指令执行如图 9-17 所示 $A{\to}B{\to}C{\to}D{\to}E{\to}A$ 的轨迹动作，即"进刀→螺纹切削→退刀→返回"。$A{\to}B$、$D{\to}E$、$E{\to}A$ 均为刀具快速移动，$B{\to}C$ 为有效螺纹切削，$C{\to}D$ 为螺纹退尾切削。

2）X、Z 为绝对值编程时，有效螺纹终点 C 在工件坐标系下的坐标；相对值编程时，为有效螺纹终点 C 相对于循环起点 A 的有向距离，图 9-17 中用 U、W 表示。

3）I 为锥螺纹起点 B 与螺纹终点 C 的直径差，其符号为差的符号（无论是绝对值编程还是增量值编程）。

4）R、E 为螺纹切削的退尾量，R、E 均为向量，R 为 Z 轴回退量；E 为 X 轴回退量，R、E 可以省略不写，表示不用回退功能。

5）C 为螺纹线数，0 或 1 时是指切削单线螺纹，可以省略不写。

6）P 在单线螺纹切削时，是主轴基准脉冲处距离切削起始点的主轴转角（默认值为 0）；在多线螺纹切削时，是相邻螺纹线的切削起始点之间对应的主轴转角。

7）F 为螺纹导程，即主轴每转一圈，刀具相对于工件的进给值。

8）在螺纹加工的过程中，主轴转速必须保持一常数，也不能使用恒线速度功能，否则会产生螺距误差。

9）I 值是直径差还是半径差，取决于数控系统参数设置，现有数控系统参数设置为直径差。

10）螺纹退尾量 R 一般取 2 倍的螺距值，E 一般取螺纹的牙型高度值，其值为正表示沿坐标轴正向回退，为负表示沿坐标轴负向回退。

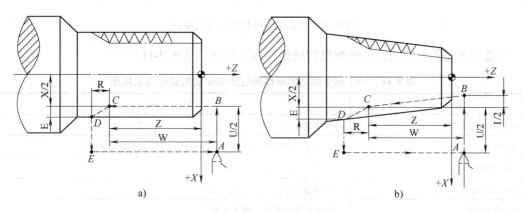

图 9-17　G82 螺纹切削循环

a）圆柱螺纹切削循环　b）圆锥螺纹切削循环

11）螺纹车削是成形加工，且切削进给量较大，刀具强度一般较差，为了保证螺纹的表面质量和加工精度，常常要分多次加工。常用米制螺纹的切削次数与背吃刀量，见表 9-10。

表 9-10　常用米制螺纹的切削次数与背吃刀量　（单位：mm）

螺距	牙深（半径值）	切削次数与背吃刀量（直径值）								
		1 次	2 次	3 次	4 次	5 次	6 次	7 次	8 次	9 次
1.0	0.649	0.7	0.4	0.2	—	—	—	—	—	—
1.5	0.974	0.8	0.6	0.4	0.16	—	—	—	—	—
2.0	1.299	0.9	0.6	0.6	0.4	0.1	—	—	—	—
2.5	1.624	1.0	0.7	0.6	0.4	0.4	0.15	—	—	—
3.0	1.949	1.2	0.7	0.6	0.4	0.4	0.4	0.2	—	—
3.5	2.273	1.5	0.7	0.6	0.6	0.4	0.4	0.2	0.15	—
4.0	2.598	1.5	0.8	0.6	0.4	0.4	0.4	0.4	0.3	0.2

G82 循环编程指令应用举例：

例 9-7　用螺纹切削循环 G82 指令编写如图 9-18 所示零件的圆柱外螺纹加工程序。已知：螺纹公称直径为 ϕ30mm、螺距为 1.5mm，背吃刀量（直径值）依次为 0.8mm、

0.6mm、0.4mm、0.16mm，升速进刀距离为5mm，降速退刀距离为3mm。零件外轮廓和槽已加工完成，只需编写螺纹加工程序。

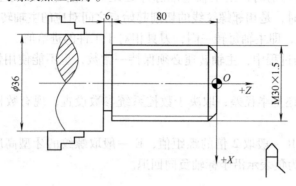

图 9-18　G82 循环编程指令应用举例

G82 指令编写的单线圆柱外螺纹切削循环加工程序，见表 9-11。

表 9-11　G82 指令编写的单线圆柱外螺纹切削循环加工程序

程　　序	注　　释
%1007	程序名
T0303	调用 3 号外螺纹刀，导入 3 号刀补，建立工件坐标系
M03 S300	主轴正转，转速 300r/min
G00 X100 Z100	快速定位至起刀点（换刀点）
G00 X38 Z5	快速定位至螺纹切削循环起点
G82 X29.2 Z－83 F1.5	第一次循环切削单线直螺纹，背吃刀量为 0.8mm
X28.6 Z－83 F1.5	第二次循环切削单线直螺纹，背吃刀量为 0.6mm
X28.2 Z－83 F1.5	第三次循环切削单线直螺纹，背吃刀量为 0.4mm
X28.04 Z－83 F1.5	第四次循环切削单线直螺纹，背吃刀量为 0.16mm
X28.04 Z－83 F1.5	光整切削单线直螺纹一次
G00 X100 Z100	快退至起刀点
M30	程序结束并复位

13. 刀尖圆弧半径补偿指令 G40、G41、G42

（1）刀具补偿的内容　刀具补偿包括刀具偏置补偿、刀具磨损补偿和刀尖圆弧半径补偿三种。刀具偏置补偿和刀具磨损补偿统称为刀具几何补偿。

1）刀具偏置补偿。编程时，设定刀架上各刀在工作位置时，其刀尖位置是一致的。但由于刀具的几何形状及安装方式的不同，其刀尖位置是不一致的，其相对于工件原点的距离也是不同的。因此需要将各刀具的位置进行比较或设定，以便系统在加工时对刀具偏置值进行补偿，这称为刀具偏置补偿。刀具偏置补偿可使加工程序不随刀尖位置的不同而改变，以简化编程的工作量。

刀具偏置补偿有绝对偏置补偿和相对偏置补偿两种形式。

2）刀具磨损补偿。每把刀具在加工过程中都有不同程度的磨损，这样会使工件尺寸产生误差，因此需要对其进行刀具磨损补偿。该补偿与刀具偏置补偿存放在同一个寄存器的地址号中。各刀的磨损补偿只对该刀有效（包括标刀）。

3）刀具几何补偿与 T 代码。刀具几何补偿功能由 T 代码指定，其后 4 位数字中的前 2 位表示选择的刀具号，后 2 位表示刀具补偿号，如"T0102"，其刀具号为 01，刀具补偿号为 02。

刀具补偿号实际上是刀具补偿寄存器的地址号，该寄存器存放刀具的 X 轴和 Z 轴偏置补偿值、刀具的 X 轴和 Z 轴磨损补偿值。T 加补偿号表示开始补偿功能，补偿号为 00 时，则表示几何补偿功能取消。补偿号可以和刀具号相同，也可以不同，即一把刀具可以对应多个刀具补偿号。

刀具几何补偿的目的：在编程时，只需考虑沿工件轮廓编程，而无须考虑各刀具的几何形状和安装方式的不同。

4）刀位点。刀位点是指确定刀具位置的基准点。在数控编程过程中，为了编程方便，通常将数控车刀假想成一个点，该点称为刀位点。车刀的刀位点一般为理想状态下的假想刀尖或刀尖圆弧的圆心。

5）刀尖圆弧半径补偿。数控程序一般是针对刀具的刀位点按工件轮廓尺寸编制的。但实际加工中的车刀，为了提高刀具使用寿命或工艺要求，刀尖往往不是一个理想的点，而是一段圆弧，该刀称为圆弧刀或圆头刀。用圆弧刀切削加工时，刀具切削点在刀尖圆弧上变动，造成实际切削点与刀位点之间的位置出现偏差，这会产生过切或少切现象。这种由于刀尖不是一个理想的点而是一段圆弧造成的加工误差，可用刀尖圆弧半径补偿功能消除。

（2）刀尖圆弧半径补偿指令 G40、G41、G42 及其应用

格式：

$$\left\{ \begin{matrix} G40 \\ G41 \\ G42 \end{matrix} \right\} \quad \left\{ \begin{matrix} G00 \\ G01 \end{matrix} \right\} \quad X\ (U)\ \_\ Z\ (W)\ \_$$

功能：编程人员只需按工件的轮廓尺寸编程，不需按圆弧刀的中心轨迹编程，可以大大简化编程；可以通过刀尖圆弧半径补偿功能留出加工余量，以及消除由于刀具磨损引起的加工误差。

刀尖圆弧半径补偿的前提条件：只有使用圆弧刀加工工件时，才需要对其进行刀尖圆弧半径补偿。

说明：

1）G40 为取消刀尖圆弧半径补偿（取消刀补）；G41 为刀尖圆弧半径左补偿（左刀补）；G42 为刀尖圆弧半径右补偿（右刀补）。

2）X、Z 为 G00 或 G01 指定的绝对编程时建立或取消刀补的终点坐标，相对编程时建立或取消刀补的终点相对于起点的位移量；U、W 为相对编程时建立或取消刀补的终点相对于起点的位移量。

3）G40、G41、G42 都是模态指令，G41/G42 与 G40 可以相互注销，但 G41 与 G42 不能相互注销。G40 是开机默认值。

4）左、右刀补方向的判断方法。观察者站在与加工平面相垂直的坐标轴的正方向，沿着刀具的加工方向看，当刀具处于加工轮廓的左侧时，采用左补偿，即 G41 指令；当刀具处于加工轮廓的右侧时，采用右补偿，即 G42 指令。左、右刀补方向的判断方法，如图 9-19 所示。

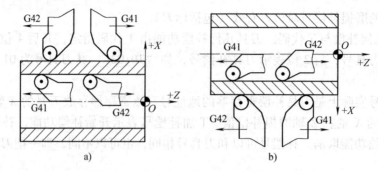

图 9-19　左、右刀补方向的判断方法

a）上位刀架车床　b）下位刀架车床

5）刀尖方位的规定。刀尖圆弧半径补偿寄存器中定义了车刀圆弧半径及刀尖方向号。圆弧车刀的刀尖方向号如图 9-20 所示，从 0～9 共 10 个刀尖方向号，这 10 个刀尖方向号均可以作为圆弧刀的刀位点。

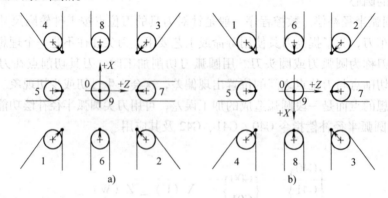

图 9-20　圆弧车刀的刀尖方向号

a）上位刀架车床　b）下位刀架车床

● 代表刀具刀位点　＋ 代表刀尖圆弧圆心

刀补编程指令应用举例：

例 9-8　调用刀尖圆弧半径补偿指令编写如图 9-21 所示零件的加工程序。已知：加工方向是从右向左的正常加工方向。

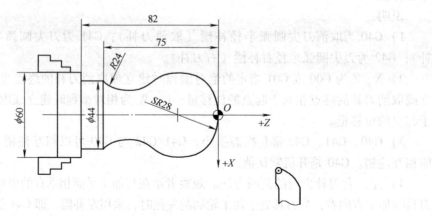

图 9-21　刀尖编程指令应用举例

使用刀尖圆弧半径补偿指令编写的加工程序，见表9-12。

表9-12 使用刀尖圆弧半径补偿指令编写的加工程序

精加工程序	G71外径循环加工程序	注 释
%1008	%1009	程序名
T0101	T0101	调1号圆弧刀，建立工件坐标系
M03 S400	M03 S400	主轴正转，转速400r/min
G00 X100 Z100	G00 X100 Z100	快速定位至起刀点
	G00 X60 Z2	快速定位至外径循环起点
	G71 U1 R1 P3 Q4 X0.4 Z0 F60	外径粗车复合循环加工
G42 G00 X0 Z2	N3 G42 G00 X0 Z2	加入右刀补，快移至工件中心
G01 Z0 F30	G01 Z0 F30	以进给速度移至加工起点
G03 X44 W − 45.3 R28	G03 X44 W − 45.3 R28	逆圆插补精加工 SR28mm 圆弧面
G02 Z − 75 R24	G02 Z − 75 R24	顺圆插补精加工 R24mm 圆弧面
G01 Z − 82	N4 G01 Z − 82	直线插补精加工 ϕ44mm 外圆
G01 X61	G01 X61	退出已加工表面
G40 G00 X100 Z100	G40 G00 X100 Z100	取消刀补，快速退刀回起刀点
M05	M05	主轴停止
M30	M30	程序结束并复位

9.2.3 华中世纪星 HNC-21T 系统数控车床操作

9.2.3.1 数控车床的操作装置

数控车床的操作装置由操作台和 MPG 手持单元组成。操作台包括显示器、NC 键盘和机床控制面板三部分。

1. 显示器

操作台的左上部为彩色液晶显示器，用于汉字菜单、系统状态、故障报警的显示和加工轨迹的图形仿真。

2. NC 键盘

NC 键盘包括 MDI 键盘和〈F1〉~〈F10〉的功能键，用于零件程序的编制、参数输入、MDI 及系统管理操作等。

MDI 键盘介于显示器和"急停"按钮之间，其中的大部分按键具有上档键功能。当〈Upper〉键有效时（指示灯亮），输入的是上档键字符。MDI 键盘的结构，如图 9-22 所示。MDI 键盘功能介绍，见表 9-13。

〈F1〉~〈F10〉功能键位于显示器的正下方，与显示器屏幕内下方的 10 个软件位置相对应，随主功能状态不同，相应的软件有不同的含义。

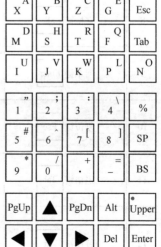

图 9-22 MDI 键盘的结构

表 9-13　MDI 键盘功能介绍

序号	名　称	功能介绍
1	地址和数字键 〔A X〕〔9 *〕…	按这些键可以输入字母、数字和其他字符
2	换档键 〔·Upper〕	MDI 键盘中的某些按键包含两个字符，当〈Upper〉键有效时（指示灯亮），输入的是上档键字符，否则输入的是下档键字符
3	删除键 〔Del〕	删除光标后的一个字符，光标位置不变，余下的字符左移一个字符位置
4	删除键 〔BS〕	删除光标前的一个字符，光标向前移动一个字符位置，余下的字符左移一个字符位置
5	翻页键、图形缩小键 〔PgUp〕	使编辑程序向程序头滚动一屏，光标位置不变，如果到了程序头，则光标移到文件首行的第一个字符处；缩小图形显示窗口中的 ZX 平面图形
6	翻页键、图形放大键 〔PgDn〕	使编辑程序向程序尾滚动一屏，光标位置不变，如果到了程序尾，则光标移到文件末行的第一个字符处；放大图形显示窗口中的 ZX 平面图形
7	光标移动键 〔▲〕 〔◀〕〔▼〕〔▶〕	移动光标至编辑处，光标移动时字符位置不变。◀键使光标左移一个字符位置；▶键使光标右移一个字符位置；▲键使光标向上移一行；▼键使光标向下移一行
8	空格键 〔SP〕	按〈SP〉键可以输入空格，每按一次空一个字符位置
9	回车键 〔Enter〕	按此键表示程序段结束，或换到下一行继续输入一个新的部分，或开始执行命令
10	复位键 〔Esc〕	按此键可以使 CNC 复位，用以中途退出输入、输出过程等
11	退格键 〔Tab〕	按此键可以使光标及其后的字符向右移动，每按一次〈Tab〉键，光标及其后的字符会向右移动四个字符位置
12	替换键 〔Alt〕	该键主要用于组合键的定义与操作。〈Alt + H〉使光标移到文件首行的第一个字符处；〈Alt + T〉使光标移到文件的最后一行处；〈Alt + B〉定义块首；〈Alt + E〉定义块尾；〈Alt + D〉删除；〈Alt + X〉剪切；〈Alt + C〉复制；〈Alt + V〉粘贴

3. 机床控制面板

机床控制面板的大部分按键（除"急停"按钮外）位于操作台的下部，"急停"按钮位于操作台的右上角，用于直接控制机床的动作或加工过程。机床控制面板，如图 9-23 所示。机床控制面板功能介绍，见表 9-14。

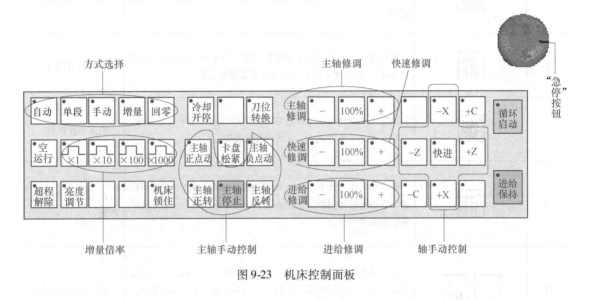

图 9-23 机床控制面板

表 9-14 机床控制面板功能介绍

序号	名 称	功能介绍	备 注
1	自动	按下该键，进入自动运行方式	
2	单段	按下该键，进入单程序段运行方式	方式选择键用来选择系统的运行方式。方式选择键互锁，即按下一个键，其余几个会失效。当某一方式有效时，该按键指示灯亮
3	手动	按下该键，进入手动操作方式	
4	增量	按下该键，进入增量/手摇脉冲发生器进给方式。根据手持单元的坐标轴选择波段开关位置，对应两种机床工作方式：①波段开关置于"OFF"档为增量进给方式；②波段开关置于 X 或 Z 轴为手摇脉冲发生器进给方式	
5	回零	按下该键，进入返回机床参考点方式	
6	×1 ×10 ×100 ×1000	在增量运行方式下，用来选择增量进给的倍率。当手持单元的坐标轴选择开关置于"OFF"档时，按一下控制面板上的"增量"按键（指示灯亮），系统处于增量进给方式，再选增量倍率按键中的某一个，按此倍率可增量移动机床坐标轴。4 个按键分别对应 0.001mm、0.01mm、0.1mm 和 1mm 的增量值	增量倍率选择按键。各键互锁，按下一个键，其余几个会失效

（续）

序号	名　　称	功能介绍	备　注
7	超程解除	当机床某轴超程时，"超程解除"键指示灯亮，系统视其状况为紧急停止，"超程解除"键用于解除因超程而引起的报警	超程解除按键
8	亮度调节	该按键用于调整液晶显示器的亮度。调整时，需持续按压该键3s后，再反复按压即可朝当前相反状态变化	亮度调节按键
9	机床锁住	该键用来禁止机床坐标轴移动。该功能也可用于校验程序。只有在手动工作方式下，才能操作此按键	机床锁住按键
10	冷却开停	在手动工作方式下，按一下该按键，切削液在开与停之间转换，系统默认切削液关闭。而在程序中，用 M 代码指定冷却系统的起动与停止	冷却开始与停止按键
11	□ 刀位转换	在手动工作方式下，先按"刀位转换"键左侧的空白键，需要转几个刀位就按几下空白键，然后再按一下"刀位转换"键，刀架将自动按顺时针转到所需位置	刀位转换组合按键
12	主轴正点动　主轴负点动　主轴正转　主轴停止　主轴反转	在手动工作方式下，用来起动主轴正转、反转和停止转动。各键互锁	主轴手动控制按键
13	主轴修调　−　100%　＋	在自动或 MDI 运行方式下，当 S 代码的主轴速度偏高或偏低时，可用该按键修调主轴速度。只能用于修调变频主轴的主轴转速，不能用于修调机械齿轮换档的机床主轴转速。主轴修调的范围是 0～150%。加工螺纹时无效	主轴修调按键
14	快速修调　−　100%　＋	在自动或 MDI 运行方式下，可用该按键修调 G00 快速移动时系统参数"最高快移速度"设置的速度。快速修调的范围是 0～100%	快速修调按键
15	进给修调　−　100%　＋	该按键用于修调手动进给速度和程序中设置的合成进给速度。修调的范围是 0～150%。在程序校验时，还可用此功能提高程序校验速度	进给修调按键

（续）

序号	名　称	功能介绍	备　注
16	-X -Z 快进 +Z +X	"-X" "+X" "-Z" 和 "+Z" 按键用于在手动进给或回参考点方式下，选择进给坐标轴及进给方向。同时按压中间的"快进"键和坐标轴键，则控制机床快速运动	进给轴和方向选择按键
17	循环启动	在自动、单段或 MDI 运行方式下，按下该按键，用来启动程序运行，此时该按键指示灯亮	循环启动按键
18	进给保持	在自动、单段或 MDI 运行方式下，按下该按键，该按键指示灯亮，此时进入暂停状态；但是 M、S、T 功能仍然有效。若想恢复到暂停前的状态继续运行，按一下"循环启动"键即可。在加工螺纹时"进给保持"键无效	进给保持按键
19		按下急停按钮时，机床立即停止工作。红色的蘑菇头按钮为急停按钮	急停按钮
20	空运行 卡盘松紧 +C -C	和其余的 □ 键均为机床配置键，无实际功能	机床配置键

4. MPG 手持单元

MPG 手持单元由手摇脉冲发生器、手摇进给轴选择开关、手摇进给倍率开关和"急停"按钮组成，用于手摇方式连续进给坐标轴。手摇进给不能同时移动两个坐标轴。

手持单元上"急停"按钮与操作面板上"急停"按钮的作用相同；手摇进给轴选择开关用于选择要移动的坐标轴；手摇进给倍率开关用于选择机床移动的倍率。

9.2.3.2　数控车床的主菜单及菜单树

菜单命令条中的每个功能包括不同的操作，菜单采用层次结构，即在主菜单下选择一个菜单项后，数控系统会显示该功能下的子菜单，用户可以根据子菜单的内容选择所需的操作，当要返回主菜单时，单击子菜单下的"返回 F10"按钮即可。数控车床的主菜单，如图 9-24 所示。数控车床的菜单树，如图 9-25 所示。

图 9-24　数控车床的主菜单

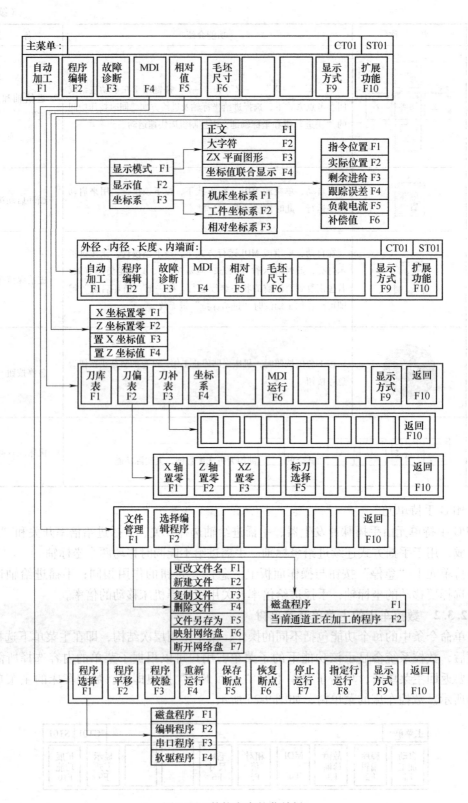

图 9-25 数控车床的菜单树

9.2.3.3 数控车床的基本操作

1. 上电

车床上电的操作步骤：检查车床状态是否正常→按下"急停"按钮（操作台或手持单元上的任意一个皆可）→合上车床电源开关→检查风扇电动机运转是否正常→检查控制面板上的指示灯是否正常。

电源接通后，HNC-21T自动运行系统软件，进入软件操作界面，此时液晶显示器显示加工方式为"急停"。

2. 复位

车床上电进入软件操作界面时，系统的加工方式为"急停"，CNC处于急停状态。为控制系统运行，需顺时针方向旋转"急停"按钮，按钮会自动弹起，使CNC系统复位，接通伺服电源。此时系统默认进入"手动"方式，液晶显示器显示的加工方式变为"手动"。

3. 回零（回参考点）

控制机床运动的前提是建立机床坐标系，为此，系统上电、复位后首先应进行机床各轴回零（回参考点）操作，以此建立机床坐标系。

车床回零的操作步骤：按"回零"键→按"+X"键→按"+Z"键。当"+X"和"+Z"键指示灯亮时，完成回零操作，即建立了机床坐标系。

在回参考点前，应确保回零轴位于参考点的"回参考点方向"相反侧，否则应手动移动该轴直到满足此条件。

4. 急停

机床运行过程中，在危险或紧急情况下，应立刻按下"急停"按钮，CNC即进入急停状态。

5. 关机

车床关机的操作方法：将车床回零→向 $-X$ 轴、$-Z$ 轴方向移动车床刀架约 20mm→按下操作台或手持单元上的任意一个"急停"按钮→断开车床电源开关。

6. 超程解除

在伺服轴行程的两端各有一个极限开关，作用是防止伺服机构碰撞而损坏。每当伺服机构碰到行程极限开关时，就会出现超程。当某轴出现超程时，系统视其状况为紧急停止。

退出超程的操作步骤：顺时针方向旋转"急停"按钮且置加工方式为"手动"或"手摇"→一直按压"超程解除"键→在手动（手摇）方式下，使超程轴向超程反方向移动，运行状态栏恢复"运行正常"显示→松开"超程解除"键。

7. 手动进给操作

车床的手动进给操作包括坐标轴的手动连续进给、手动连续快速进给、手摇进给和增量间断进给。

1）手动连续进给的操作步骤：按"手动"按键（指示灯亮）→按"+X"或"-X"键、按"+Z"或"-Z"键，X、Z 轴将产生正向或负向连续移动；松开按键，坐标轴即减速停止。

2）手动连续快速进给的操作步骤：在手动连续进给时，若同时按压"快进"键，则产生相应轴的正向或负向连续快速运动。

3）手摇进给的操作步骤：手持单元的坐标轴选择波段开关置于"X"或"Z"档→

按"增量"键（指示灯亮）→选择手摇进给倍率开关控制增量（"×1"、"×10"或"×100"）→顺时针或逆时针旋转手摇脉冲发生器，可手摇进给相应坐标轴的正向或负向连续运动。

4）增量间断进给的操作步骤：手持单元的坐标轴选择波段开关置于"OFF"档→按"增量"键（指示灯亮）→选择控制面板上的增量倍率选择键（"×1"、"×10"、"×100"或"×1000"）→按"+X"或"−X"键、按"+Z"或"−Z"键，X、Z轴将向正向或负向移动一个增量值。

8. 手动数据输入（MDI）运行

在 MDI 方式下可以编制一个程序段加以运行。

MDI 运行的操作步骤：在主菜单下，按"MDI F4"键→按"MDI 运行 F6"键→在命令行光标闪烁处输入一个程序段（如 M03S200）→按"Enter"键→按"自动"键→按"循环启动"键，系统即开始运行所输入的 MDI 指令。

9. 输入新程序（新建文件）

输入一个新程序的操作步骤：在主菜单下，按"程序编辑 F2"键→按"文件管理 F1"键→按"新建文件 F2"键→在命令行输入新文件名→按〈Enter〉键，系统进入编辑界面→依次输入各程序段→输入程序结束后，保存文件。

注意：新文件不能和当前目录中已经存在的文件同名。

10. 选择编辑程序（修改程序）

修改目录中已有程序的操作步骤：在主菜单下，按"程序编辑 F2"键→按"选择编辑程序 F2"键→按"磁盘程序 F1"键→弹出零件程序目录，用翻页键和光标移动键选中要编辑的磁盘程序的文件名→按〈Enter〉键，将程序调入到图形显示窗口进行编辑→编辑结束后，保存文件。

11. 选择运行程序

选择目录中已有程序进入加工状态的操作步骤：在主菜单下，按"自动加工 F1"键→按"程序选择 F1"键→按"磁盘程序 F1"键→弹出零件程序目录，用翻页键和光标移动键选中要运行的磁盘程序的文件名→按〈Enter〉键。

12. 程序校验

校验程序的操作步骤：在主菜单下，按"自动加工 F1"键→按"程序选择 F1"键→按"磁盘程序 F1"键→弹出零件程序目录，用翻页键和光标移动键选中要校验的磁盘程序的文件名→按〈Enter〉键→按机床控制面板上的"自动"键（指示灯亮）→按"程序校验 F3"键→按"循环启动"键。

13. 程序自动加工（启动零件程序）

启动零件程序的操作步骤：在主菜单下，按"自动加工 F1"键→按"程序选择 F1"键→按"磁盘程序 F1"键→弹出零件程序目录，用翻页键和光标移动键选中要加工的磁盘程序的文件名→按〈Enter〉键→按机床控制面板上的"自动"按键（指示灯亮）→按"循环启动"键，自动执行加工程序，进行零件加工。

14. 正文显示

正文显示的操作步骤：在主菜单下，按"显示方式 F9"键→按"显示模式 F1"键→按"正文 F1"键，图形显示窗口将显示当前加工程序的正文。

15. *ZX* 平面图形显示

ZX 平面图形显示的操作步骤：在主菜单下，按"显示方式 F9"键→按"显示模式 F1"键→按下"*ZX* 平面图形 F3"键，图形显示窗口将显示 *ZX* 平面上的刀具轨迹。

注意：要准确显示 *ZX* 平面图形，应合理设置毛坯的外径、内径、长度和内端面四个尺寸参数。

16. 毛坯尺寸设置

设置毛坯尺寸参数的操作步骤：在主菜单下，按"毛坯尺寸 F6"键，弹出毛坯尺寸参数设置对话框，如图 9-26 所示→在对话框内依次输入外径、内径、长度、内端面的参数值→按〈Enter〉键。

在输入毛坯尺寸参数时，各参数之间要有空格。可用〈PgUp〉和〈PgDn〉键调节图形显示窗口上图形的大小。

图 9-26　毛坯尺寸参数设置对话框

17. 刀具补偿数据设置

刀具补偿数据设置是针对用 T 功能建立工件坐标系对刀操作时的数据输入。刀具补偿数据设置主要包括刀偏数据设置和刀补数据设置。

1）输入刀偏数据的操作步骤：在主菜单下，按"MDI F4"键→按"刀偏表 F2"键，图形显示窗口将显示刀偏数据设置对话框，如图 9-27 所示→用翻页键和光标移动键移动蓝色亮条选择要编辑的选项→按〈Enter〉键，蓝色亮条所指刀具数据的颜色和背景都发生变化，同时有一光标在闪烁→用〈◄〉〈►〉〈BS〉和〈Del〉键进行编辑修改→修改完毕后按〈Enter〉键。

HNC 华中数控			自动	运行正常		09:58:55		运行程序索引	
当前加工行：	N1 T0101							O1234	L00001
刀偏表：								机床坐标	
刀偏号	*X* 偏置	*Z* 偏置	*X* 磨损	*Z* 磨损	试切直径	试切长度	X	0.000	
#0001	0.000	0.000	0.000	0.000	0.000	0.000	Z	0.000	
#0002	0.000	0.000	0.000	0.000	0.000	0.000	F	0.000	
#0003	0.000	0.000	0.000	0.000	0.000	0.000	S	0.000	
#0004	0.000	0.000	0.000	0.000	0.000	0.000	工件坐标零点		
#0005	0.000	0.000	0.000	0.000	0.000	0.000	X	0.000	
#0006	0.000	0.000	0.000	0.000	0.000	0.000	Z	0.000	
#0007	0.000	0.000	0.000	0.000	0.000	0.000			
#0008	0.000	0.000	0.000	0.000	0.000	0.000			
#0009	0.000	0.000	0.000	0.000	0.000	0.000			
#0010	0.000	0.000	0.000	0.000	0.000	0.000	辅助机能		
直径　毫米　分进给				进给 %100　快速 %100　主轴 %100			M00	T0000	
刀偏表编辑：								CT02	ST02
X轴置零 F1	Z轴置零 F2	XZ置零 F3		标刀选择 F5					返回 F10

图 9-27　刀偏数据设置对话框

2）输入刀补数据的操作步骤：在主菜单下，按"MDI F4"键→按"刀补表 F3"键，图形显示窗口将显示刀补数据设置对话框，如图 9-28 所示→用翻页键和光标移动键移动蓝色亮条选择要编辑的选项→按〈Enter〉键，蓝色亮条所指刀具数据的颜色和背景都发生变化，同时有一光标在闪烁→用〈◄〉〈►〉〈BS〉和〈Del〉键进行编辑修改→修改完毕后按〈Enter〉键。

HNC 华中数控	加工方式：自动	运行正常　09：40：18	运行程序索引	
当前加工程序行：			O1234	L0001
刀补表：			机床实际坐标	
刀补号	半径	刀尖方位	X	0.000
#0001	0.000	3	Z	0.000
#0002	1.000	3	F	0.000
#0003	−1.000	3	S	0.000
#0004	0.000	3	工件坐标零点	
#0005	1.000	3	X	0.000
#0006	−1.000	3	Z	0.000
#0007	3.000	3		
#0008	−3.000	3		
#0009	0.000	3		
#0010	1.000	3	辅助机能	
直径 毫米 分进给 快速进给 %100 进给修调 %100 主轴修调 %100			M00	T00001
刀补表编辑：			CT02	ST02
			返回 F10	

图 9-28　刀补数据设置对话框

数控车床对刀操作的具体步骤及操作说明参见下一节"项目一"。

9.3　数控车削基本技能训练

9.3.1　实训守则

数控车床是自动化程度较高、结构较复杂的先进加工设备。操作人员除了要掌握数控车床的性能，做到熟练操作外，还必须养成良好的实训习惯和严谨的工作作风。结合工程训练中心数控车削加工实训的实际情况，实训人员应遵守相应守则。

1）树立"安全第一"的意识，把"安全"放在全部实训过程的首位。

2）严格遵守作息制度和考勤制度。

3）进入实训区，必须穿好工作服和安全鞋，袖口及每个纽扣一定要扣紧，长头发的同学要戴安全帽，并将长发盘入帽内。

4）严禁戴手套操作数控车床，以免造成人身事故。

5）严禁随意修改系统参数、擅自拆卸设备零部件。

6）严禁将刀具、量具和工件等物品堆放在设备上。

7）实训应在车间内指定的设备上进行，未经允许严禁动用其他设备，实训时不得脱岗、串岗、追逐打闹、大声喧哗，不做与实训无关的事情。

8）学生若需操作车床，必须征得指导教师同意方可操作。

9）操作时不得离开车床，遇到紧急情况，立刻按"急停"按钮，并保持现场，将情况汇报给指导教师。

10）编写的程序必须经过指导教师审阅，输入车床后须经两人以上校对，程序校验运行无误后，在指导教师批准下才能执行自动加工运行。

11）车床出现故障时，必须立即向指导教师汇报，查明原因，及时处理，不得擅自拆卸维修。

12）车床完全停止前，不得触摸运动部件及拆卸加工零件。

13）不允许两人同时操作车床。

14）主轴起动前一定要关好防护门，程序运行时严禁打开防护门，严禁用手拉切屑，以免造成人身伤害。

15）夹持较重工件时，应该用木板保护床面。

16）非专业维护人员不得随意打开电源柜和配电箱。

17）实训结束后，必须切断电源，擦拭车床并加油润滑，打扫卫生。

18）爱护公共财物。

19）学生除遵守本守则外，还应遵守实训车间内其他相应安全操作规程。

9.3.2　项目实例

本节主要包括数控车床对刀操作和编程加工练习，其目的在于熟悉数控车床的手工编程方法和操作加工技术，掌握数控车床的基本操作技能，并能熟练完成典型零件的数控加工。

项目一：数控车床的对刀操作

1. 数控车床的对刀

对刀是数控车削加工前的一项重要工作，关系到被加工零件的尺寸精度，因此它也是加工成败的关键因素之一。工件安装在卡盘上，机床坐标系与工件坐标系是不重合的，在数控车削加工前，应首先确定工件的加工原点，以建立工件坐标系。

对刀的目的是为了确定工件坐标系原点在机床坐标系中的位置。有 3 种方法可以建立工件坐标系：①用 T 指令建立工件坐标系；②用 G54 ~ G59 指令选择工件坐标系；③用 G92 指令设定工件坐标系。这里最简单也是最实用的方法是用 T 指令建立工件坐标系。

2. 数控车床对刀操作的具体步骤

下面以 T 指令建立工件坐标系为例，加以介绍。

（1）对刀操作前提条件　假设加工过程中用到 4 把车刀，依次安装 1 号外圆粗加工理想尖刀（T0101），2 号外圆精加工圆弧刀（T0202），3 号内孔理想尖刀（T0303），4 号切断刀（T0404）；用 2 号圆弧刀的 3 号刀尖方位作为刀位点对刀，其刀尖圆弧半径为 0.5mm；用 4 号切断刀的右刀尖点编程、对刀；4 把车刀的工件坐标系原点均设在回转中心线与工件右端面的交点。

（2）对刀操作的具体步骤

1）车床上电、复位、回零、依次安装 4 把车刀、安装工件。

2）用 1 号刀车削工件右端面，如图 9-29a 所示，车端面后，Z 向不能移动，沿 X 轴正向退出。

3）在主菜单下，按"MDI F4"键，再按"刀偏表 F2"键，图形显示窗口显示刀偏表，如图 9-27 所示。

4）将光标移动到刀偏号"#0001"行的"试切长度"一项，按〈Enter〉键激活光标，按〈BS〉键删除原来的数值，输入"0"，按〈Enter〉键，1 号刀 Z 向对刀完成。

5）用 1 号刀车削工件外圆，如图 9-29b 所示，X 向不能移动，沿 Z 轴正向退出后主轴停转，测量出试切后的外圆直径（假设直径为 35mm），在刀偏表中，将光标移动到"#0001"行的"试切直径"一项，按〈Enter〉键激活光标，再按〈BS〉键将原来数值删除，然后输入测得的数值"35"，最后按〈Enter〉键，1 号刀 X 向对刀完成。

6）移动 1 号刀到安全换刀位置，手动换 2 号刀，主轴正转。

7）移动 2 号圆弧刀，使其刀尖与工件右端面刚好接触，如图 9-30a 所示。在刀偏表中，将光标移动到"#0002"行的"试切长度"一栏，按〈Enter〉键激活光标，再按〈BS〉键删除原来的数值，输入"0"，按〈Enter〉键，2 号刀 Z 向对刀完成。

8）用 2 号圆弧刀车削工件外圆，如图 9-30b 所示，X 向不能移动，沿 Z 轴正向退出后主轴停转，测量出试切后的外圆直径（假设直径为 34.94mm），在刀偏表中，将光标移动到"#0002"行的"试切直径"一项，按〈Enter〉键激活光标，再按〈BS〉键将原来数值删除，然后输入测得的数值"34.94"，最后按〈Enter〉键，2 号刀 X 向对刀完成。

9）在主菜单下，按"MDI F4"键，再按"刀补表 F3"键，图形显示窗口显示刀补表，如图 9-28 所示。

10）将光标移动到刀补号"#0002"行的"半径"一项，按〈Enter〉键激活光标，按〈BS〉键删除原来的值，输入"0.5"，按〈Enter〉键；再将光标移动到刀补号"#0002"行的"刀尖方位"一项，按〈Enter〉键激活光标，按〈BS〉键删除原来的数值，输入"3"，按〈Enter〉键。2 号圆弧刀的刀尖圆弧半径参数输入完成。

11）移动 2 号刀到安全换刀位置，手动换 3 号刀，主轴正转。

12）移动 3 号内孔车刀，使其刀尖与工件右端面刚好接触（对齐），如图 9-31a 所示，在刀偏表中，将光标移动到"#0003"行的"试切长度"一栏，按〈Enter〉键激活光标，再按〈BS〉键删除原来的数值，输入"0"，按〈Enter〉键，3 号刀 Z 向对刀完成。

13）用 3 号刀车削工件内孔，如图 9-31b 所示，X 向不能移动，沿 Z 轴正向退出后主轴停转，测量出试切后的内孔直径（假设直径为 15.58mm），将光标移动到"#0003"行的"试切直径"一栏，按〈Enter〉键激活光标，按〈BS〉键删除原来的数值，输入"15.58"，按〈Enter〉键，3 号刀 X 向对刀完成。

14）移动 3 号刀到安全换刀位置，手动换 4 号刀，主轴正转。

15）移动 4 号切断刀，使其右刀尖点与工件右端面对齐，如图 9-32a 所示，在刀偏表中，将光标移动到"#0004"行的"试切长度"一栏，按〈Enter〉键激活光标，再按〈BS〉键删除原来的数值，输入"0"，按〈Enter〉键，4 号刀 Z 向对刀完成。

16）用 4 号刀车削工件外圆，如图 9-32b 所示，车外圆后 X 向不能移动，沿 Z 轴正向退出后主轴停转，测量出试切后的工件直径（假设直径为 34.92mm），将光标移动到"#0004"行的"试切直径"一栏，按〈Enter〉键激活光标，〈BS〉键删除原来的数值，输入"34.92"，按〈Enter〉键，4 号刀 X 向对刀完成。

（3）对刀操作说明

1）对刀时，选择的背吃刀量、进给速度及切削速度，应尽量和精加工接近，以保证切削变形一致，提高对刀精度。

2）对刀初期，要查看刀偏表中相应刀偏号所在行的"X 磨损"和"Z 磨损"是否为零，如果不为零，一般应设置为零。

3）使用刀偏表中的"X 磨损"和"Z 磨损"功能，可以调整零件加工尺寸。

4）对刀时，不能过切零件。

5）上述对刀操作步骤是采用绝对补偿形式的对刀操作步骤。相对补偿形式的对刀操作步骤，这里不做介绍，实训人员可以通过查找资料或咨询指导教师自主学习，以扩展知识面。

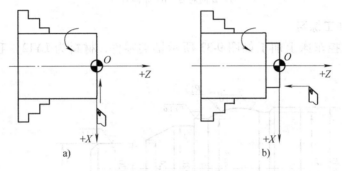

图 9-29　外圆粗加工理想尖刀对刀
a）Z 向对刀　b）X 向对刀

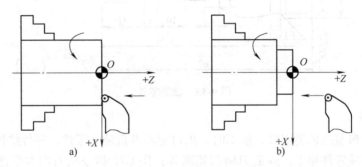

图 9-30　外圆精加工圆弧刀对刀
a）Z 向对刀　b）X 向对刀

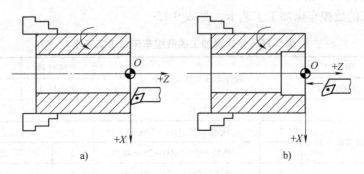

图 9-31　内孔理想尖刀对刀
a）Z 向对刀　b）X 向对刀

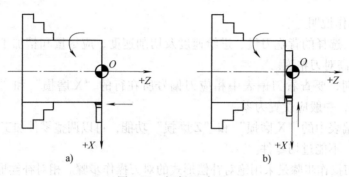

图 9-32　切断刀对刀
a) Z 向对刀　b) X 向对刀

项目二：外轮廓加工练习

例 9-9　在数控车床上加工如图 9-33 所示轴类零件，材料为 LY12，毛坯尺寸 $\phi40\text{mm} \times 100\text{mm}$。

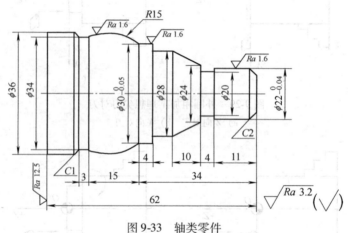

图 9-33　轴类零件

1. 实训分析

此零件属于典型的轴类零件，加工时，用自定心卡盘装夹零件，零件结构比较简单，一次装夹就可以完成零件加工，除退刀槽和切断外，用 G71 指令从右向左顺序加工，退刀槽和切断用 G01 指令加工。

2. 数控车床加工工艺卡

外轮廓加工的数控车床加工工艺卡，见表 9-15。

表 9-15　外轮廓加工的数控车床加工工艺卡

零件图号	图 9-33	数控车床加工工艺卡		毛坯材料	LY12
车床型号	CJK6032-4			毛坯尺寸	$\phi40\text{mm} \times 100\text{mm}$
刀具		量具		夹具、工具	
T0101	93°外圆尖形车刀	1	游标卡尺（0~150mm）	1	自定心卡盘
		2	外径千分尺（0~25mm）	2	垫刀片若干
T0202	4mm 宽切断刀	3	外径千分尺（25~50mm）	3	车床常用辅具
		4	深度尺、游标万能角度尺、R 规	4	毛刷、油枪

（续）

工序	工序内容	切削用量			备注
		主轴转速 /(r/min)	进给速度 /(mm/min)	背吃刀量 /mm	
1	开机、复位、回零				建立机床坐标系
2	分别将外圆车刀和切断刀对应地装到刀架上				注意装刀高度和伸出长度
3	用自定心卡盘装夹毛坯，伸出长度 75mm				注意毛坯找正夹紧
4	用 1 号刀手动车右端面，试切对刀，先对 T0101 外圆刀，再对 T0202 切断刀，并输入相应的参数				工件坐标系原点设在右端面，以切断刀右刀尖点编程、对刀
5	手工编写、输入程序				
6	程序校验，通过轨迹显示来验证程序的正确性				在 ZX 平面图形上校验，正确设置毛坯尺寸
7	粗加工外轮廓，留加工余量 0.3mm	500	100	1.3	
8	精加工外轮廓至图样要求尺寸	800	70	0.15	
9	用 T0202 切断刀切槽至 φ20mm	400	50		切断刀必须与工件轴线垂直
10	用 T0202 切断刀切断工件，并保证总长达到要求	400	50		
11	去毛刺				用锉刀处理
12	零件精度检验				
13	清理、保养机床				

3. 参考程序及注释

外轮廓加工的参考程序及注释，见表 9-16。

表 9-16 外轮廓加工的参考程序及注释

程 序	注 释
%1009	程序名
T0101	换 1 号外圆尖形车刀，导入 1 号刀补，建立工件坐标系
M03 S500	主轴正转，转速 500r/min
G00 X100 Z100	快速定位至起刀点
G00 X40 Z1	快速定位至外径粗车复合循环起点
G71 U1.3 R1 P3 Q4 X0.3 Z0 F100	外径粗车复合循环，设定参数
S800	精加工主轴变速，转速为 800r/min
N3 G00 X16 Z1	精加工轮廓起点，到达倒角延长线上

（续）

程　序	注　释
G01 X21.98 Z–2 F70	精加工 C2 倒角
Z–15	精加工 φ22mm 的外圆
X24	精加工台阶端面
X28 W–10	精加工锥面
Z–30	精加工 φ28mm 的外圆
X29.975	精加工台阶端面
Z–34	精加工 φ30mm 的外圆
G03 X34 W–15 R15	逆圆插补精加工 R15mm 的圆弧面
G01 W–3	精加工 φ34mm 的外圆
X36 W–1	精加工 C1 倒角
N4 Z–66.5	精加工 φ36mm 的外圆，为切断刀延长加工长度 4.5mm
G00 X100 Z100	退至起刀点
T0202	换 2 号切断刀，导入 2 号刀补，建立工件坐标系
S400	主轴变速，转速为 400r/min
G00 X25 Z–11	快速定位至切槽起点，以切断刀右刀尖点编程、对刀
G01 X20 F50	直线插补切 φ20mm 的槽
X25	退出加工表面
G00 X41	沿 X 轴方向快速定位至切断起点
Z–62	沿 Z 轴方向快速定位至切断起点
G01 X0	直线插补切断零件，以切断刀右刀尖点编程、对刀
G00 X100 Z100	快速退回起刀点
M05	主轴停转
M30	程序结束并复位

项目三：内轮廓加工练习

例 9-10　在数控车床上加工如图 9-34 所示套类零件，材料为 LY12，毛坯尺寸 φ66mm×47mm，内孔直径 φ30mm。

1. 实训分析

此零件属于套类零件，零件结构简单，加工时，用自定心卡盘装夹零件，一次装夹完成零件加工，用 G71 复合循环指令从右向左顺序加工内孔。

2. 数控加工工艺卡

内轮廓加工的数控车床加工工艺卡，见表 9-17。

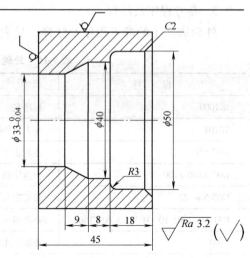

图 9-34　套类零件

表 9-17 内轮廓加工的数控车床加工工艺卡

零件图号	图 9-34	数控车床加工工艺卡		毛坯材料	LY12
车床型号	CJK6032-4			毛坯尺寸	φ66mm×47mm

刀具		量具			夹具、工具	
T0101	端面车刀	1	游标卡尺（0~150mm）	1	自定心卡盘
		2	内径量表（18~35mm）	2	垫刀片若干
T0303	内孔车刀	3	深度尺	3	车床常用辅具
				4	毛刷、油枪

工序	工序内容	切削用量			备注
		主轴转速 /(r/min)	进给速度 /(mm/min)	背吃刀量 /mm	
1	开机、复位、回零				建立机床坐标系
2	分别将端面车刀和内孔车刀对应地装到刀架上				注意装刀高度和伸出长度
3	用自定心卡盘装夹毛坯，伸出长度20mm				注意毛坯找正夹紧
4	用1号刀手动车右端面至零件总长度45mm，3号刀试切对刀，并输入相应的参数				工件坐标系原点设在右端面，1号刀不用对刀
5	手工编写、输入程序				
6	程序校验，通过轨迹显示来验证内轮廓程序的正确性				在ZX平面图形上校验，正确设置毛坯尺寸
7	粗加工内轮廓，留加工余量0.3mm	500	70	1	
8	精加工内轮廓至图样尺寸要求	800	60	0.15	
9	去毛刺				用锉刀处理
10	零件精度检验				
11	清理、保养机床				

3. 参考程序及注释

内轮廓加工的参考程序及注释，见表 9-18。

表 9-18 内轮廓加工的参考程序及注释

程 序	注 释
%1010	程序名
T0303	换3号内孔车刀，导入3号刀补，建立工件坐标系
M03 S500	主轴正转，转速500r/min
G00 X100 Z100	快速定位至起刀点
G00 X30 Z4	快速定位至内径循环起点
G71 U1 R1 P3 Q4 X-0.3 Z0.1 F70	内径粗车复合循环，设定参数

（续）

程　序	注　释
S800	精加工主轴变速，转速为 800r/min
N3 G00 X58 Z2	精加工内轮廓起点，到达倒角延长线上
G01 X50 Z－2 F60	精加工 C2 内倒角
Z－15	精加工 φ50mm 的内轮廓
G03 X44 Z－18 R3	逆圆插补精加工 R3mm 的内圆弧面
G01 X40	精加工内台阶端面
W－8	精加工 φ40mm 的内轮廓
X32.98 W－9	精加工内锥面
N4 Z－46	精加工 φ33mm 的内轮廓，延长加工 1mm
G00 X30	快速退刀，略离开加工表面
Z10	快速从零件内孔退出
X100 Z100	退至起刀点
M05	主轴停转
M30	程序结束并复位

项目四：螺纹加工

例 9-11　在数控车床上加工如图 9-35 所示螺纹类零件，材料为 LY12，毛坯尺寸 φ40mm×100mm。

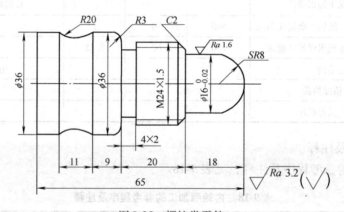

图 9-35　螺纹类零件

1. 实训分析

此零件属于螺纹类零件，零件结构简单，加工时，用自定心卡盘装夹零件，一次装夹完成零件加工。在不考虑螺纹和退刀槽的情况下，用 G71 指令从右向左顺序加工，单线螺纹用 G82 指令加工，用 G01 指令切退刀槽和切断零件。

2. 数控加工工艺卡

螺纹加工的数控车床加工工艺卡，见表 9-19。

表 9-19　螺纹加工的数控车床加工工艺卡

零件图号	图 9-35	数控车床加工工艺卡		毛坯材料	LY12
车床型号	CJK6032-4			毛坯尺寸	$\phi40mm \times 100mm$

刀具		量具		夹具、工具	
T0101	93°外圆圆弧刀	1	游标卡尺（0～150mm）	1	自定心卡盘
T0202	4mm 宽切断刀	2	外径千分尺（0～25mm）	2	垫刀片若干
T0303	三角形外螺纹刀	3	M24×1.5 螺纹环规	3	螺纹对刀样板
	（牙型角60°）	4	深度尺、R 规	4	车床常用辅具

工序	工序内容	切削用量			备注
		主轴转速 /(r/min)	进给速度 /(mm/min)	背吃刀量 /mm	
1	开机、复位、回零				建立机床坐标系
2	分别将外圆圆弧刀、切断刀和三角形外螺纹刀对应装到刀架上				注意装刀高度和伸出长度
3	用自定心卡盘装夹毛坯，伸出长度78mm				毛坯找正夹紧
4	用 1 号刀手动车右端面，试切对刀，先对 T0101 外圆圆弧刀，再对 2 号刀和 3 号刀，并输入相应的参数				工件坐标系原点设在右端面，以切断刀左刀尖点编程、对刀
5	手工编写、输入程序				
6	程序校验，通过轨迹显示来验证程序的正确性				在 ZX 平面图形上校验，正确设置毛坯尺寸
7	粗加工外轮廓，留加工余量 0.3mm	500	100	1.5	
8	精加工外轮廓至图样要求尺寸	800	70	0.15	
9	用 T0202 切断刀切槽至 $\phi20mm$	400	50		切断刀必须与工件轴线垂直
10	用 T0303 加工 M24×1.5 螺纹至要求	300	1.5mm/r	分层	用螺纹环规检测螺纹的正确性
11	用 T0202 切断刀切断零件，并保证总长达到要求	400	50		
12	去毛刺				用锉刀处理
13	零件精度检验				
14	清理、保养机床				

3. 参考程序及注释

螺纹加工的参考程序及注释，见表 9-20。

表 9-20　螺纹加工的参考程序及注释

程　序	注　释
%1011	程序名
T0101	换 1 号外圆圆弧刀，导入 1 号刀补，建立工件坐标系

（续）

程　序	注　释
M03 S500	主轴正转，转速500r/min
G00 X100 Z100	快速定位至起刀点
G00 X40 Z2	快速定位至外径循环起点
G71 U1.5 R1 P3 Q40 X0.3 Z0 F100	外径粗车复合循环，设定参数
S800	精加工主轴变速，转速为800r/min
N3 G42 G00 X0 Z2	加入刀尖圆弧半径补偿，靠近加工起点
G01 X0 Z0 F70	精加工轮廓起点
G03 X15.99 W−8 R8	逆圆插补精加工 SR8mm 半球面
G01 Z−18	精加工 ϕ16mm 的外圆
X20	精加工台阶端面
X23.85 W−2	精加工 C2 倒角
Z−38	精加工螺纹位置的外圆，延长至退刀槽
X30	精加工台阶端面
G03 X36 W−3 R3	逆圆插补精加工 R3mm 圆弧面
G01 Z−47	精加工 ϕ36mm 的外圆
G02 W−11 R20	顺圆插补精加工 R20mm 圆弧面
N40 G01 Z−69.5	精加工 ϕ36mm 的外圆
G40 G00 X60 Z2	取消刀尖圆弧半径补偿
G00 X100 Z100	快速退回起刀点
T0202	换2号切断刀，导入2号刀补，建立工件坐标系
S400	主轴变速，转速为400r/min
G00 X37 Z−38	快速定位至切槽起点，以切断刀左刀尖点编程、对刀
G01 X20 F50	直线插补切4mm×2mm的退刀槽
X36	退出加工表面
G00 X100 Z100	快速退回起刀点
T0303	换3号外螺纹刀，导入3号刀补，建立工件坐标系
S300	主轴变速，转速为300r/min
G00 X37 Z−14	快速定位至加工螺纹的循环起点
G82 X23.2 Z−36 F1.5	调用螺纹切削循环指令，加工外螺纹第一刀
X22.6 Z−36 F1.5	循环切削螺纹第二刀
X22.2 Z−36 F1.5	循环切削螺纹第三刀
X22.04 Z−36 F1.5	循环切削螺纹第四刀
X22.04 Z−36 F1.5	光整切削螺纹
G00 X100	退出加工表面
Z100	快速退回起刀点
T0202	换2号切断刀，导入2号刀补，建立工件坐标系

（续）

程 序	注 释
S400	主轴变速，转速为 400r/min
G00 X42 Z－69	快速定位至切断起点，以切断刀左刀尖点编程、对刀
G01 X0 F50	直线插补切断零件
G00 X100 Z100	快速退回起刀点
M30	程序结束并复位

9.3.3 练习件

1. 外轮廓加工练习件

外轮廓加工练习件，如图 9-36 所示。学生可任选进行编程仿真训练或用数控车床加工。毛坯尺寸为 φ36mm×77mm，材料为铝合金。切断（切槽）时以 4mm 宽切断刀的右刀尖为刀位点编程对刀。练习件粗糙度值 Ra 为 6.3μm。

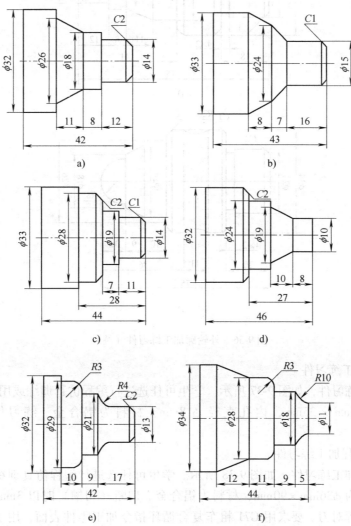

图 9-36 外轮廓加工练习件

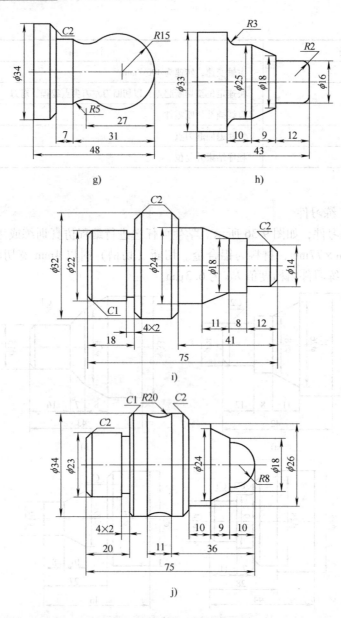

图 9-36 外轮廓加工练习件（续）

2. 内轮廓加工练习件

内轮廓加工练习件，如图 9-37 所示。学生可任选进行编程仿真训练或用数控车床加工。毛坯尺寸为 $\phi50mm \times 35mm$，内孔直径 $\phi18mm$，材料为铝合金。练习件粗糙度值 Ra 为 $6.3\mu m$。

3. 子程序编程加工练习件

子程序编程加工练习件，如图 9-38 所示。学生可任选进行编程仿真训练或用数控车床加工。毛坯尺寸为 $\phi36mm \times 90mm$，材料为铝合金。切断（切槽）时以 3mm 宽切断刀的左刀尖为刀位点编程对刀。要求用 G71 粗车复合循环指令加工零件表面，用子程序功能编写切槽程序。练习件粗糙度值 Ra 为 $6.3\mu m$。

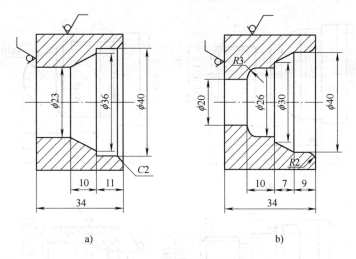

图 9-37　内轮廓加工练习件

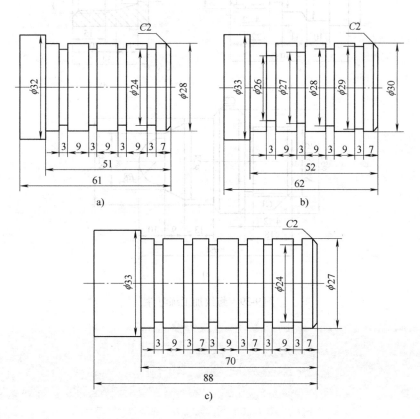

图 9-38　子程序编程加工练习件

4. 螺纹加工练习件

螺纹加工练习件，如图 9-39 所示。学生可任选进行编程仿真训练或用数控车床加工。毛坯尺寸为 $\phi36\text{mm} \times 67\text{mm}$，材料为铝合金。切断（切槽）时以 4mm 宽切断刀的右刀尖为刀位点编程对刀。练习件粗糙度值 Ra 为 6.3μm。

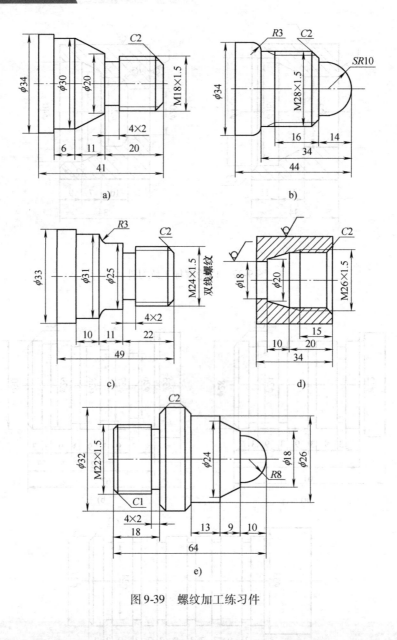

图 9-39　螺纹加工练习件

第 10 章　数控铣削加工及其基本技能训练

10.1　数控铣削加工概述

10.1.1　数控铣削加工范围

数控铣削加工是数控加工中最为常见的加工方法之一，广泛应用于机械设备制造、模具加工等领域。数控铣削加工设备主要有数控铣床和加工中心，可以对零件进行平面轮廓铣削、曲面轮廓铣削加工，还可以进行钻、扩、铰、镗、锪孔加工及螺纹加工等。它主要加工以下几类常见的零件。

（1）平面类零件　平面类零件是指加工面平行或垂直于水平面，或加工面与水平面的夹角为定角的零件。它的特点是各个加工面是平面，或者可以展开为平面。目前，数控铣削的主要加工对象是平面类零件，也是加工对象中最简单的一类零件，一般只需要用三坐标数控铣床的两个坐标联动就可以完成加工。

（2）变斜角类零件　变斜角类零件是指加工面与水平面的夹角呈连续变化的零件，如飞机的整体梁、框与肋等，检验夹具与装配型架等。变斜角类零件的特点是其变斜角加工面不能展开为平面，但在加工中，加工面与铣刀圆周接触的瞬间为一条线。它最好采用四坐标或五坐标数控铣床摆角加工。

（3）曲面类零件　曲面类零件是指加工面为空间曲面的零件，如模具、叶片、螺旋桨等。曲面类零件的特点是加工面不能展开为平面，加工时，加工面与铣刀始终为点接触。加工曲面类零件一般采用三坐标数控铣床。当曲面较复杂、通道较狭窄、会伤及毗邻表面及需要刀具摆动时，则要采用四坐标或者五坐标数控铣床。

10.1.2　数控铣床的分类

1. 按主轴的位置分类

（1）数控立式铣床　数控立式铣床在数量上，一直占据数控铣床的大多数，应用范围也最广。从机床数控系统控制的坐标数量来看，目前三坐标数控立式铣床仍占大多数，一般可进行三坐标联动加工，但也有部分机床只能进行三个坐标中的任意两个坐标联动加工（常称为 2.5 坐标加工）。此外，还有机床主轴可以绕 X、Y、Z 坐标轴中的一个或两个轴做数控摆角运动的四坐标和五坐标数控立式铣床。

（2）数控卧式铣床　与普通卧式铣床相同，其主轴轴线平行于水平面。为了扩大加工范围和扩充功能，数控卧式铣床通常采用增加数控转盘或万能数控转盘来实现四、五坐标加工。这样，不但工件侧面上的连续回转轮廓可以加工出来，而且可以实现在一次安装中，通过转盘改变工位，进行"四面加工"。

（3）立卧两用数控铣床　目前，这类数控铣床已不多见。这类铣床的主轴方向可以更换，能达到在一台机床上既可以进行立式加工，又可以进行卧式加工，同时具备上述两类机床的功能，其使用范围更广，功能更全，选择加工对象的余地更大，特别是生产批量小，品种较多,又需要立、卧两种方式加工时,给用户带来很大方便。

2. 按构造分类

(1) 工作台升降式数控铣床　这类数控铣床采用工作台升降,而主轴不动的方式。小型数控铣床一般采用此种方式。

(2) 主轴头升降式数控铣床　这类数控铣床采用工作台纵向和横向移动,且主轴沿垂向溜板上下运动。主轴头升降式数控铣床在精度保持、承载重量、系统构成等方面具有很多优点,已成为数控铣床的主流。

(3) 龙门式数控铣床　这类数控铣床主轴可以在龙门架的横向与垂向溜板上运动,而龙门架则沿床身做纵向运动。大型数控铣床,因要考虑到扩大行程,缩小占地面积及刚性等技术上的问题,往往采用龙门式数控铣床。

10.1.3　数控铣削加工工艺基础

1. 工艺性分析

数控铣削加工工艺性分析是编程前的重要工艺准备工作之一,在制订零件的数控铣削加工工艺时,首先要对零件图进行工艺性分析,其主要内容是数控铣削加工内容的选择。数控铣床的工艺范围比普通铣床宽,但其价格比普通铣床高很多,因此,选择数控铣削加工内容时,应从实际需要和经济性两个方面考虑。同时,应充分发挥数控铣床的优势和关键作用。通常选择以下加工部位为其主要加工内容。

1) 工件上的曲线轮廓,特别是由数学表达式给出的非圆曲线与列表曲线等曲线轮廓。

2) 已给出数学模型的空间曲面。

3) 形状复杂、尺寸繁多、画线与检测困难的部位。

4) 用普通铣床加工时难以观察、测量和控制进给的内外凹槽。

5) 各参数严格以某代数关系变化的高精度孔或面。

6) 能在一次安装中顺带铣出来的简单表面或形状。

7) 用数控铣削方式加工能成倍提高生产率,大大减轻劳动强度的一般加工内容。

2. 加工工艺路线的确定原则

在数控加工中,刀具刀位点相对于工件运动的轨迹称为加工工艺路线。编程时,加工工艺路线的确定原则主要有以下几点:①应能保证工件的加工精度和表面粗糙度的要求;②应使进给路线最短,减少刀具空行程时间,提高加工效率;③应使数值计算简单,程序段数量少,以减少编程工作量;④为保证工件轮廓表面加工后的粗糙度要求,最终轮廓一次进给完成;⑤选择使工件在加工后变形小的路线。

3. 加工方法的选择

加工平面、曲面、孔和螺纹等,需要考虑到所选加工方法要与零件的表面特征、所要求达到的精度及表面粗糙度相适应。

平面、平面轮廓及曲面在镗铣类加工设备上唯一的加工方法是铣削。经粗铣的平面,尺寸公差等级可达 IT14～IT12 级,表面粗糙度 Ra 值可达 $25～12.5\mu m$。经精铣的平面,尺寸公差等级可达 IT9～IT7 级,表面粗糙度 Ra 值可达 $3.2～1.6\mu m$。

孔加工的方法比较多,有钻削、扩削、铰削和镗削等,具体方法如下。

1) 对于直径大于 $\phi30mm$ 的已经铸出或锻出的毛坯孔的孔加工,一般采用粗镗、半精镗、孔口倒角、精镗的加工方案,孔径较大的孔可采用立铣刀粗铣、精铣的加工方案。有空刀槽时可用锯片铣刀在半精镗之后、精镗之前铣削完成，也可用镗刀进行单刀镗削，但单刀镗削效率较低。

2）对于直径小于 $\phi30mm$ 的无毛坯孔的加工，通常采用锪平端面、钻中心孔、钻、扩、孔口倒角、铰的加工方案。对有同轴度要求的小孔，需采用锪平端面、钻中心孔、钻、半精镗、孔口倒角、精镗（或铰）的加工方案。为提高孔的位置精度，在钻孔工步前需安排锪平端面和钻中心孔工步。孔口倒角安排在半精加工之后、精加工之前，以防孔内产生毛刺。

3）螺纹的加工根据孔径的大小，一般情况下，M6～M20 之间的螺纹，通常采用攻螺纹的方法加工。M6 以下的螺纹，在加工中心上完成基孔加工再通过其他手段攻螺纹，因为加工中心上攻螺纹不能随机控制加工状态，小直径丝锥容易折断；M20 以上的螺纹，可采用镗刀镗削加工。

4. 加工顺序的安排

在确定了某个工序的加工内容后，要进行详细工步设计，即安排这些工序内容的加工顺序，同时考虑程序编制时刀具运动轨迹的设计。一般将一个工步编制为一个加工程序，因此，工步顺序实际上也就是加工程序的执行顺序。

一般数控铣削采用工序集中的方式，这时工步的顺序就是工序分散时的工序顺序，通常按照以下原则安排。

（1）先粗后精原则　当加工零件精度要求较高时都要经过粗加工、半精加工阶段，如果精度要求更高，还包括光整加工等几个阶段。

（2）基准面先行原则　用作精基准的表面应先加工。任何零件的加工过程总是先对定位基准进行粗加工和精加工。例如：轴类零件总是先加工中心孔，再以中心孔为精基准加工外圆和端面；箱体类零件总是先加工定位用的平面及两个定位孔，再以平面和定位孔为精基准加工孔系和其他平面。

（3）先面后孔原则　对于箱体、支架等零件，平面尺寸轮廓较大，用平面定位比较稳定，而且孔的深度尺寸又是以平面为基准的，故应先加工平面，后加工孔。

（4）先主后次原则　即先加工主要表面，后加工次要表面。

用数控铣床加工零件，一般需要多个工步，使用多把刀具，因此加工顺序安排得是否合理，直接影响加工精度、加工效率、刀具数量和经济效益。因此除以上基本原则，在安排数控铣削加工工序的顺序时还应注意以下问题。

1）上道工步的加工不能影响下道工步的定位与夹紧，中间穿插有普通机床加工工步的也要综合考虑。

2）一般先进行内形内腔加工工步，后进行外形加工工步。

3）相同定位、夹紧方式或同一把刀具加工的工步，最好连续进行，以减少重复定位次数与换刀次数。

4）在同一次安装中进行的多道工步，应先安排对工件刚性破坏较小的工步。

总之，顺序的安排应根据工件的结构和毛坯状况以及定位安装与夹紧的需要综合考虑。

10.2　数控铣床编程与操作

10.2.1　数控铣床特点及组成

1. 数控铣床坐标系统

（1）机床坐标系　数控铣床是以数字形式进行信息控制的机床，是按照事先编制好的加工程序自动地对工件进行加工的高效自动化设备。数控系统依照程序控制机床进行自动加工的过程实质是控制刀具和工件的相对运动。因此，需要在机床上建立能够描述刀具和工件相对位置关系的坐标系统，即机床坐标系。

机床坐标系为右手笛卡儿坐标系，满足右手定则，以华中世纪星 HNC-21M 系统数控铣床为例，其坐标轴的规定如图 10-1 所示。

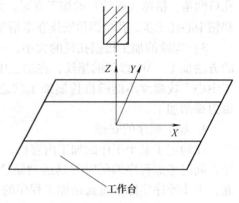

1）Z 轴。产生切削力的轴线方向。主轴（刀具）远离工件的方向作为坐标轴的正方向，切入工件方向为负方向。

2）X 轴。X 轴为工作台水平移动方向，垂直于 Z 轴，平行于工件的装夹面。

3）Y 轴。确定 X、Z 坐标轴正方向后，按右手笛卡尔坐标系确定 Y 轴的方向。

4）机床坐标系原点。机床坐标系原点也称为机床零点或者机床原点，由厂家设计机床的时候确定，通常取在 X、Y、Z 坐标轴的正方向的极限位置上。

图 10-1　机床坐标轴

（2）工件坐标系　工件坐标是指编程时，编程人员在工件上设立的坐标系统，也称为编程坐标系。工件坐标系的坐标轴与机床坐标系一致。工件坐标系的原点也称为工件零点或工件原点，由编程人员根据零件图样及加工工艺要求设定，其位置的确定尽量满足编程简单、尺寸换算少、引起的加工误差少等条件。一般情况下，数控铣床的工件原点可设在工件外轮廓的某一角上，或设在对称工件的对称中心上，Z 轴方向的零点一般设在工件表面上。数控铣床的两种坐标系如图 10-2 所示。

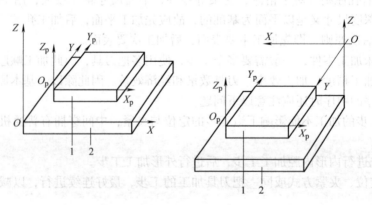

图 10-2　数控铣床的两种坐标系
1—工件　2—工作台　XYZ—机床坐标系　$X_pY_pZ_p$—工件坐标系

2. 数控铣床的功能特点

不同档次的数控铣床的功能有较大的差别，但是都具备下列主要功能特点。

（1）铣削加工　数控铣床一般应具有三坐标以上的联动功能，能够进行直线插补和圆弧插补，自动控制旋转的铣刀相对于工件运动进行铣削加工。

（2）孔加工及螺旋加工　可以采用孔加工刀具进行钻、扩、铰、镗、锪等加工，也可以采用铣刀铣削不同尺寸的孔。

（3）刀具半径补偿功能　使用刀具半径补偿功能，编程时可以非常方便地按照工件的实际轮廓尺寸进行编程。在加工过程中，刀具中心自动偏离工件轮廓一个刀具半径的距离，从而加工出符合标准尺寸的轮廓表面。

（4）刀具长度补偿功能　利用该功能可以自动改变切削平面高度，同时降低在制造与返修时对刀具长度尺寸的精度要求，还可以弥补轴向对刀误差。

（5）固定循环功能　利用数控铣床对孔进行钻、扩、铰、镗和锪加工时，加工的基本动作是刀具中心无切削快速到达孔位中心、慢速切削进给、快速退回。对于这种典型化动作，系统有相应的循环指令，也可以专门设计一段程序（子程序），在需要的时候进行调用来实现上述加工循环。

（6）镜像加工功能　镜像加工也称为轴对称加工，对于一个轴对称工件来说，利用这一功能，只要编写出一半形状的加工程序就可完成全部加工。

（7）子程序功能　对于需要多次重复的加工动作或加工区域，可以将其编制成子程序，在主程序需要的时候调用，并且可以实现子程序的多级嵌套，以简化程序的编写。

（8）数据输入、输出及 DNC 功能　数控铣床一般通过 RS232C 接口进行数据的输入及输出，包括加工程序、机床参数等，可以在机床与机床、机床与计算机之间进行，以减少编程占机时间。

（9）自诊断功能　自诊断是数控系统在运转过程中的自我诊断，即当数控系统一旦发生故障，系统即出现报警，并有相应的报警信息出现。

3. 数控铣床的组成

（1）机床的主要部件　机床的铣头、床身、底座、升降台、滑鞍、工作台、变速箱等大件均采用高强度、低应力耐磨铸铁材料制造，并经人工两次时效处理。

（2）机床的主传动系统　机床的主传动系统采用普通交流电动机驱动，通过弹性联轴器驱动主传动箱，主传动箱内有三组滑动齿轮。主传动箱内采用电磁制动器，达到主轴制动迅速、平稳。

（3）机床的进给系统　机床 X、Y、Z 三个坐标的进给系统均采用交流伺服电动机驱动，半闭环控制系统。电动机通过同步齿轮带驱动滚珠丝杠，从而使部件沿导轨移动。垂直向电动机带有制动器，当断电时，垂向刹紧。

（4）机床的导轨　机床 X 向的导轨采用燕尾导轨，Y、Z 向导轨采用矩形导轨。为了减小机床导轨的摩擦系数，增加机床导轨的耐磨性，移动导轨表面均采用聚四氟乙烯耐磨塑料导轨板贴面处理。

（5）机床的润滑系统　润滑系统是由手动润滑油泵、分油器、节流阀、油管等组成。

（6）机床的冷却系统　机床的冷却系统是由冷却泵、出水管、回水管、开关及喷嘴等组成。冷却泵安装在机床底座的内腔里，冷却泵将切削液从底座内储液池打至出水管，然后经喷嘴喷出，对切削区进行冷却。

（7）机床的数控装置　数控装置是数控铣床的控制核心，其功能是接受程序输入装置输入的加工信息，经译码、处理与计算，发出相应的脉冲送给伺服系统，通过伺服系统使机床按预定的轨迹运动。一般一台机床专用计算机包括印制电路板、各种电器元件、屏幕显示器和键盘等部分。

10.2.2 数控铣床的编程特点

数控铣床自动加工的过程实质是控制刀具中心的轨迹，可以将加工过程中刀具中心移动的轨迹按一定的顺序和方式编写为程序，将程序输入到数控系统中，实现数控铣床自动加工。因此，在加工前，编程人员应了解所用数控铣床的规格、性能、数控系统具备的功能及编程指令格式等。根据加工路线计算出的刀具运动轨迹数据和已确定的工艺参数及辅助动作，编写出零件加工程序。

数控铣削的程序结构及程序段格式请参考9.2.1.3节，同时，需要注意以下几点。

1）数控铣削的程序名只有一种形式：%××××，即%后加4位数字（如%0102），该4位数字可为任意数字，但不能同时为"0"。

2）数控铣削程序指令字中不包含T，其他的程序指令字与数控车削相同。另外，数控铣削常用的尺寸字为X、Y、Z。

10.2.3 数控铣削编程指令及其应用

在实际的编程中，必将出现大量的重复指令，为了避免冗长，在数控系统中规定了两类指令（代码），即模态指令和非模态指令，其定义已在数控车削中说明，在此不再赘述。华中世纪星 HNC-21M 系统中常用的指令为 M 和 G 指令，其中模态的 M 指令和非模态的 M 指令及其用法与数控车削相同，请参考 9.2.2.1 节及表9-3。G 指令中除 G04、G09、G28、G29、G52、G53、G60、G65、G92 为非模态指令外，其他均为模态指令，见表 10-1。

表 10-1 华中世纪星 HNC-21M 系统数控铣床 G 指令

G 指令	功　能	参　数	G 指令	功　能	参　数
G00	快速定位	X，Y，Z	G43	刀具长度正补偿	H
* G01	直线插补	X，Y，Z	G44	刀具长度负补偿	H
G02	顺圆插补	X，Y，Z，I，J，K，R	* G49	取消刀具长度补偿	
G03	逆圆插补	X，Y，Z，I，J，K，R	* G50	取消缩放	
G04	暂停	P	G51	建立缩放	X、Y、Z、P
* G17	XY 平面选择	X，Y	G52	局部坐标系设定	X、Y、Z
G18	XZ 平面选择	X，Z	G53	直接机床坐标系编程	X、Y、Z
G19	YZ 平面选择	Y，Z	* G54		
G20	英制输入		G55		
* G21	米制输入		G56	选择工件坐标系	
G22	脉冲当量		G57		
G24	建立镜像	X，Y，Z	G58		
			G59		
* G25	取消镜像	X，Y，Z	G60	单方向定位	X、Y、Z
G28	返回到参考点	X，Y，Z	* G61	准确停止校验	
G29	由参考点返回	X，Y，Z	G64	连续方式	
* G40	取消刀具半径补偿		G65	宏指令简单调用	P，A ~ Z
G41	刀具半径左补偿	D	G68	建立旋转	X，Y，Z，P
G42	刀具半径右补偿	D	* G69	取消旋转	X，Y，Z，P

(续)

G 指令	功　能	参　数	G 指令	功　能	参　数
G73	高速深孔加工循环		*G90	绝对值编程	
G74	攻反螺纹循环		G91	相对值编程	
G76	精镗循环		G92	建立工件坐标系	X、Y、Z
*G80	固定循环取消		*G94	每分钟进给	
G81	钻孔循环		G95	每转进给	
G82	带暂停的钻孔循环	X, Y, Z, P, Q, R, I, J, F, K	G96	恒线速度切削	S
G83	深孔啄钻循环		G97	取消恒线速度	S
G84	攻螺纹循环		*G98	固定循环返回起始平面	
G85	深孔钻循环				
G86	粗镗循环				
G87	反镗循环		G99	固定循环返回到 R 点平面	
G88	镗孔循环				
G89	精镗阶梯孔循环				

注：*为开机默认值。

10.2.3.1　常用 G 指令应用简介

（1）绝对值编程与相对值编程

格式：G90

　　　　G91

说明：G90 为绝对值编程，即程序中的点的坐标为当前程序段中刀具移动的终点坐标值，坐标的读取是在工件坐标系中相对于工件坐标系原点读取的；G91 为相对值编程，也称为增量值编程，即程序中的点的坐标为当前程序段中刀具移动的位移，该值为刀具沿轴移动的有向距离（当刀具移动与坐标轴方向相同时，坐标值为正值，反之，坐标值为负值）。如图 10-3 所示，编程加工直线 AB，需确定点 B 坐标，如用 G90 绝对值编程，则点 B 坐标为（30，40）；若用 G91 相对值编程，则点 B 坐标为（20，30）。

G90、G91 为一组模态指令，可相互注销，另外，G90 为开机默认值，当程序中并未标注是绝对值编程还是相对值编程时，系统默认为绝对值编程 G90。

（2）建立工件坐标系指令

格式：G92 X_Y_Z_

说明：G92 后的点 X_Y_Z_ 称为对刀点，其坐标值为刀具的起始点相对于工件坐标系原点的有向距离。G92 指令并不驱使机床刀具或工作台运动，系统通过 G92 确定刀

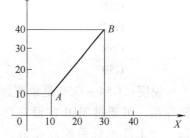

图 10-3　G90、G91 编程区别

具当前在机床坐标系中的位置相对于工件坐标系原点（编程原点）的位置关系，确定工件坐标系在机床坐标系中的位置，从而建立工件坐标系。G92 指令为非模态指令，通常放在程序内容的第一段。

使用 G92 编程建立如图 10-4 所示工件坐标系。

编程程序为 G92　X30　Y30　Z20

（3）局部坐标系设定指令

格式：G52 X_Y_Z_

说明：X_Y_Z_为局部坐标系原点在当前工件坐标系中的坐标值。

G52 指令能在所有的工件坐标系（G92，G54~G59）内形成子坐标系，即局部坐标系如图 10-5 所示。含有 G52 指令的程序段中，绝对值编程方式的指令即为在该局部坐标系中的坐标值。设定局部坐标后，工件坐标系和机床坐标系保持不变。G52 指令为非模态指令，在缩放及旋转功能下不能使用 G52 指令，但在 G52 下能进行缩放及坐标轴旋转。

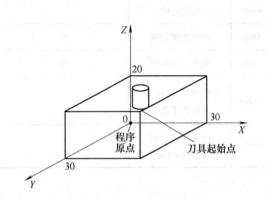

图 10-4 使用 G92 编程建立工件坐标系

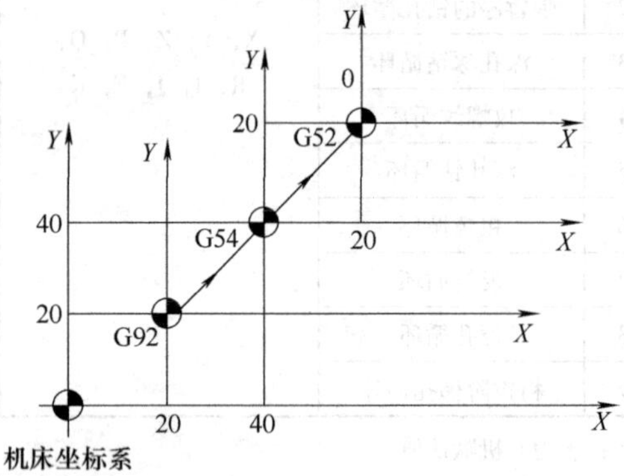

图 10-5 局部坐标系设定

（4）直接机床坐标系编程指令

格式：G53 G90 X_Y_Z_

说明：G53 是机床坐标系编程，指令使刀具快速定位到机床坐标系中的指定位置上，X、Y、Z 后的值为机床坐标系中的坐标值，其尺寸均为负值。该指令在绝对值编程（G90）里有效，在相对值编程（G91）里无效。

（5）选择工件坐标系指令

格式：G54

G55

G56

G57

G58

G59

说明：G54~G59 是系统预置的 6 个工件坐标系，可通过 MDI 在设置参数方式下设置每一个工件坐标系原点在机床坐标系中的位置（相对于机床坐标系原点的偏移量），将数值存储在系统中，编程时可根据需要直接调用，如图 10-6 所示。工件坐标系一旦选定，后续程序段中绝对值编程的指令值均为相对此工件坐标系原点的值。G54~G59 为模态指令，可相互注销。

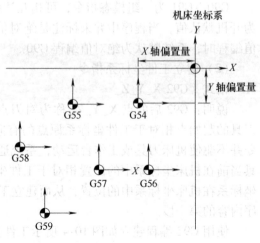

图 10-6 6 个工件坐标系

注：使用该组指令前必须先将 G54～G59 的坐标值设置在原点偏置寄存器中，编程时通过 G54～G59 指令调用。

（6）平面选择指令

格式：G17

　　　G18

　　　G19

说明：G17 指定加工面为 XY 平面，刀具位于 Z 坐标轴；G18 指定加工面为 XZ 平面，刀具位于 Y 坐标轴；G19 指定加工面为 YZ 平面，刀具位于 X 坐标轴。G17、G18、G19 为模态功能指令，可以相互注销，G17 为开机默认值。

（7）快速定位指令 G00

格式：G00 X_Y_Z_

说明：X_Y_Z_为快速定位终点坐标。G00 指令的执行速度较快，用于刀具的快速移动，使用 G00 指令可提高加工效率，一般用于在安全移动范围内把刀具快速定位到某一点或把刀具快速从加工面内退出，不可对工件进行加工。各坐标轴移动的速度由机床厂家在机床参数中预先设定，无法使用进给速度指令 F 改变或指定。G00 为模态功能指令，可由 G01，G02，G03 等指令注销。

另外，在执行 G00 指令时，由于各轴以各自速度移动，不能保证各轴同时到达终点，因而联动合成的轨迹不一定是直线。使用时需注意避免刀具与工件相接触。必要时，可先将刀具沿垂直方向移动到某一安全位置，然后控制刀具沿其他两个坐标快速移动，避免出现三轴联动现象。

（8）直线插补指令

格式：G01 X_Y_Z_

说明：X_Y_Z_为直线进给终点坐标。G01 指令刀具以联动的方式，按进给速度指令 F 指定的进给速度，从当前位置按线性路线移动到指令的终点位置。G01 是模态指令，可以由 G00、G02、G03 等指令注销。

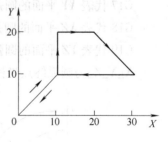

图 10-7　例 10-1 图

例 10-1　分别使用 G90 和 G91 编写如图 10-7 所示的轨迹程序，背吃刀量 2mm。

参考程序：

绝对值编程：	相对值编程：
% 1234	% 1234
G54	G54
M03 S500 F100	M03 S500 F100
G00 X0 Y0 Z20	G00 X0 Y0 Z20
G01 Z－2	G01 Z－2
G01 X10 Y10	G91 G01 X10 Y10
Y20	Y10

X20   X10

X30 Y10   X10 Y–10

X10   X–20

G00 X0 Y0   G00 X–10 Y–10

G00 Z100   G90 G00 Z100

M05   M05

M30   M30

（9）圆弧插补指令

格式：

$$G17\begin{Bmatrix}G02\\G03\end{Bmatrix}X\_Y\_\begin{Bmatrix}I\_J\_\\R\_\end{Bmatrix}F\_$$

$$G18\begin{Bmatrix}G02\\G03\end{Bmatrix}X\_Z\_\begin{Bmatrix}I\_K\_\\R\_\end{Bmatrix}F\_$$

$$G19\begin{Bmatrix}G02\\G03\end{Bmatrix}Y\_Z\_\begin{Bmatrix}J\_K\_\\R\_\end{Bmatrix}F\_$$

说明：

G02 为顺时针圆弧插补指令，如图 10-8 所示。

G03 为逆时针圆弧插补指令，如图 10-8 所示。

G17 代表 XY 平面的圆弧。

G18 代表 XZ 平面的圆弧。

G19 代表 YZ 平面的圆弧。

X_Y_Z_为圆弧终点坐标。

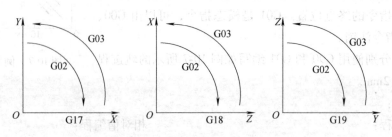

图 10-8 不同平面的 G02 与 G03

I、J、K 的值为圆心在 X、Y、Z 轴上相对于圆弧起点的偏移值（等于圆心的坐标减去圆弧起点的坐标，如图 10-9 所示）。

R 的值为圆弧的半径，当圆弧圆心角小于 180°时（即劣弧），R 取正值；当圆心角大于 180°时（即优弧），R 取负值。

F 为进给速度指令。

圆弧插补指令有两种表达方式，一种用 I、J、K 表达，另一种用 R 表达，编程时可择其一种使用。

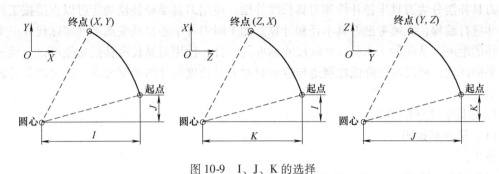

图 10-9　I、J、K 的选择

例 10-2　编写如图 10-10 所示优弧①、劣弧②的圆弧程序。

参考程序：

圆弧①：

绝对值编程：G90 G02 X100 Y50 R–50 F60 或 G90 G02 X100 Y50 I0 J50 F60

相对值编程：G91 G02 X50 Y50 R–50 F60 或 G91 G02 X50 Y50 I0 J50 F60

圆弧②：

绝对值编程：G90 G02 X100 Y50 R50 F60 或 G90 G02 X100 Y50 I50 J0 F60

相对值编程：G91 G02 X50 Y50 R50 F60 或 G91 G02 X50 Y50 I50 J0 F60

注：从例 10-2 可以看出，用 G02/G03 X_Y_R_格式可以简化编程；但对整圆编程则只能使用 G02/G03 I_J_格式，并且终点坐标可省略。

例 10-3　分别以 4 个特殊点（$A_1 \sim A_4$）为圆的起点编写如图 10-11 所示整圆程序。

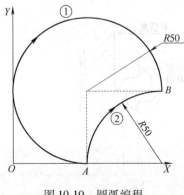

图 10-10　圆弧编程

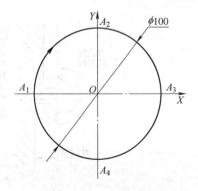

图 10-11　整圆编程

参考程序：

以 A_1 为起点：G02 I50 F60　　（J0 省略）

以 A_2 为起点：G02 J–50 F60　　（I0 省略）

以 A_3 为起点：G02 I–50 F60

以 A_4 为起点：G02 J50 F60

注：当 I 或 J 的值为 0 时可省略，对整圆编程时选择特殊点（$A_1 \sim A_4$）为圆的起点，可以简化编程。

10.2.3.2 刀具补偿功能指令

刀具补偿分为刀具半径补偿和刀具长度补偿。使用刀具半径补偿功能可以直接按工件实际尺寸进行编程，无须考虑刀具半径和计算。加工时刀具中心自动偏离工件实际尺寸一个刀具半径的距离，从而加工出符合实际尺寸标准的工件；使用刀具长度补偿功能可以自动改变切削平面高度，同时可以降低在制造与返修时对刀具长度尺寸的精度要求，还可以弥补轴向对刀误差。

1. 刀具半径补偿指令

（1）格式和说明

格式：

G17 G41/G42 G01/G00 X_Y_D_

G40 G01/G00 X_Y_

或

G18 G41/G42 G01/G00 X_Z_D_

G40 G01/G00 X_Z_

或

G19 G41/G42 G01/G00 Y_Z_D_

G40 G01/G00 Y_Z_

说明：

G41 为刀具半径左补偿指令（沿刀具前进方向看，刀具在加工工件的左侧），如图 10-12a 所示。

G42 为刀具半径右补偿指令（沿刀具前进方向看，刀具在加工工件的右侧），如图 10-12b 所示。

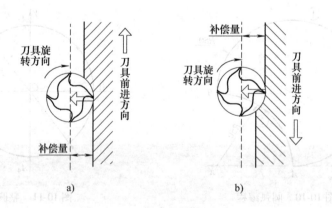

图 10-12　刀具半径补偿原理

a）刀具半径左补偿　b）刀具半径右补偿

G40 为取消刀具半径补偿指令。

G17 刀具半径补偿平面为 XY 平面。

G18 刀具半径补偿平面为 XZ 平面。

G19 刀具半径补偿平面为 YZ 平面。

X_Y_Z_为刀具补偿建立或取消的终点坐标。

D 为 G41/G42 的参数，即刀具补偿号，系统中的刀具补偿存储表由 D00 ~ D99 构成，每个刀具补偿号对应一个半径补偿值，加工前需将半径补偿值输入到刀具补偿存储表中相应的刀具补偿号中并存储。G41、G42、G40 为一组模态指令，可相互注销。

（2）刀具半径补偿过程描述　当刀具补偿指令 G41/G42 被指定时，包含 G41/G42 程序段的下面两句指令被预读。当刀补指令执行完成后，机床的坐标位置由以下方法确定：将含有 G41/G42 程序段的坐标点与其下面两个程序段中最近且在选定平面内有坐标移动的语句的坐标点相连，其连线的垂直方向为偏置方向，若为 G41 则向左偏，若为 G42 则向右偏，偏置大小为指定刀具半径补偿号（D）中对应的刀具半径补偿值。

（3）刀具半径补偿的主要用途　在零件加工过程中采用刀具半径补偿功能，可大大简化编程的工作量，具体体现在以下几方面。

1）实现直接使用零件轮廓尺寸编写加工程序。

2）可避免在加工中由于刀具半径的变化（如刀具损坏等）而重新编程的麻烦。

3）通过加工余量的预留，修改刀补表参数，使用同一程序实现零件的粗、精加工过程。

粗加工刀具半径补偿 = 刀具半径 + 精加工余量。

精加工刀具半径补偿 = 刀具半径 + 修正值。

（4）刀具半径补偿注意事项

1）刀具半径补偿的建立与取消必须在 G00 或 G01 指令下使用，现在有些系统也可以在 G02、G03 指令下使用。

2）建立或取消刀具半径补偿时，刀具必须在所补偿的平面内移动，即 X、Y 至少有一个坐标值有变化，移动距离要大于刀具半径补偿值。

3）建立或取消刀具半径补偿时，刀具路径与加工轮廓之间的角度应小于 180°，因此，要选择合理的进刀点和退刀点位置如图 10-13 所示。

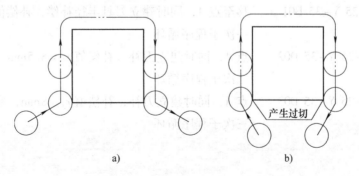

a)　　　　　　　　　　b)

图 10-13　合理的进刀点和退刀点位置

a）正确刀具路径　b）错误刀具路径

（5）刀具半径补偿举例

例 10-4　图 10-14 所示毛坯尺寸 100mm × 100mm，图 10-15 所示零件尺寸 50mm × 50mm，背吃刀量 2mm，使用 ϕ16mm 圆柱键槽铣刀利用 3 次刀具半径补偿完成零件的加工，零件编程轨迹如图 10-15 所示（刀补表参数：$r_1 = 17.5$mm，$r_2 = 8.5$mm，$r_3 = 8$mm）。试编制其加工程序。

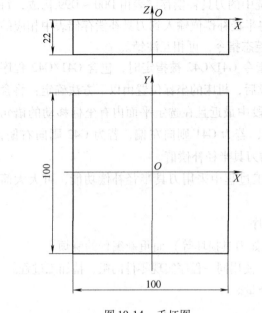

图 10-14　毛坯图

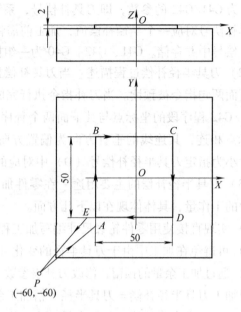

图 10-15　零件图及编程轨迹

参考程序：

% 1234

G92 X0 Y0 Z0

G00 Z20

M03 S600 F100

G00 X－60 Y－60　　　　　　　　点 P

G41G00 X－25 Y－35 D01　　　移至点 A，同时建立刀具半径补偿，补偿值 $r_1 = 17.5$ mm

M98 P1000　　　　　　　　　　一次子程序循环

G41 G00 X－25 Y－35 D02　　　点 A，同时建立刀补，补偿值 $r_2 = 8.5$ mm

M98 P1000　　　　　　　　　　二次子程序循环

G41 G00 X－25 Y－35 D03　　　点 A，同时建立刀补，补偿值 $r_3 = 8$ mm，实际刀具半径

M98 P1000　　　　　　　　　　三次子程序循环

G00 X0 Y0

M05

M30

% 1000

G01 Z－2

Y25　　　　　　　　　　　　　点 B

X25　　　　　　　　　　　　　点 C

Y－25　　　　　　　　　　　　点 D

X－35　　　　　　　　　　　　点 E

G00 Z20

G40 G00 X－60 Y－60　　　　　回到点 P，同时取消刀补

M99

例 10-5　编写如图 10-16 所示零件加工程序，毛坯尺寸 50mm×50mm，零件尺寸 ϕ40mm 圆，背吃刀量 2mm，使用刀具为 ϕ16mm 圆柱立铣刀（刀补表参数 $r_1 = 8.5$mm，$r_2 = 8$mm）。

％1234

G92 X0 Y0 Z0

G00 Z20

M03 S600 F100

G00 X－60 Y－60

G41 G00 X－20 D01

M98 P1000

G41 G00 X－20 D02

M98 P1000

G00 X0 Y0

M05

M30

％1000

G01 Z－2

　　Y0

G02 I20

G01 Y60

G00 Z20

G40 G00 X－60 Y－60

M99

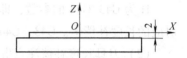

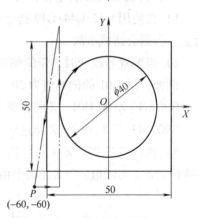

图 10-16　零件及编程轨迹图

2. 刀具长度补偿指令

（1）格式和说明

格式：

G17 G43/G44 G01/G00 Z_ H_

G49 G01/G00 Z_

G18 G43/G44 G01/G00 Y_ H_

G49 G01/G00 Y_

G19 G43/G44 G01/G00 X_ H_

G49 G01/G00 X_

说明：

G17 刀具长度补偿轴为 Z 轴。

G18 刀具长度补偿轴为 Y 轴。

G19 刀具长度补偿轴为 X 轴。

G43 为刀具长度正补偿（补偿轴终点加上偏置值）。

G44 为刀具长度负补偿（补偿轴终点减去偏置值）。

G49 取消刀具长度补偿。

X_Y_Z_为 G01/G00 的参数，即刀补建立或取消的终点坐标。

H 为 G43/G44 的参数，即刀具长度补偿偏置号（H00～H99），代表刀具长度补偿表中对应的长度补偿值。G43、G44、G49 为一组模态指令，可相互注销。

（2）刀具长度补偿注意事项（以 G17 平面为例）

1）在使用 G43/G44/G49 指令时，刀具在 Z 方向要有直线运动，同时要在一定安全高度上，否则会造成事故。

2）当偏置号改变时，新的偏置值并不在上一个补偿后的值上累加。

例如：设 H01 的偏置值为 20，H02 的偏置值为 30，则

G90 G43 Z100 H01　Z 将达到 120

G90 G43 Z100 H02　Z 将达到 130

3）执行 G43 时：Z（实际值）＝ Z（指令值）＋（H_值），如图 10-17a 所示；执行 G44 时：Z（实际值）＝ Z（指令值）－（H_值），如图 10-17b 所示。

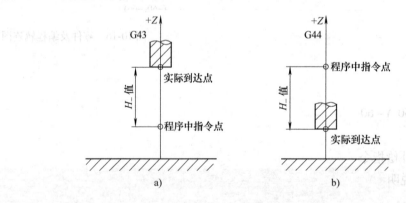

图 10-17　刀具长度补偿

10.2.3.3　简化编程指令

当编程图形具有某些特殊位置关系时，此时只需对零件的一部分进行编程，并将其设为子程序，利用特殊编程指令功能加工整体零件，从而达到简化编程目的，这些特殊编程指令即为简化编程指令。

1. 子程序

子程序是相对于主程序而言的，子程序和主程序一样都是独立的程序，都必须符合程序的一般结构。子程序必须在主程序指令结束后建立，其作用相当于一个固定循环，

供主程序调用。子程序调用结束必须返回到主程序的原来位置并继续执行主程序的下一程序段。

调用子程序格式：

M98 P_L_

说明：

M98 为调用子程序指令。

P 为子程序名。

L 为调用次数，省略时为调用一次。

子程序结束指令格式：

M99

该指令必须放在子程序的最后一程序段，单独占一行。

例 10-6　如图 10-18 所示，铣削 400mm × 300mm 零件平面。编写粗加工程序，粗加工余量 2mm，粗加工路线图，如图 10-19 所示。使用刀具为端铣刀 ϕ63mm，零件材料为铝。

参考程序：

粗铣计算行切时第一下刀点坐标是（250，−150），下刀后运行到点（−250，−150），依工件宽度及刀具直径值进行 Y 向进给，X 向双向铣削。

选择毛坯上平面为工件坐标系的 Z = 0 面，选择距离工件表面 20mm 处为安全平面，G92 建立工件坐标系。

```
% 1234
G92 X0 Y0 Z0
G00 Z20
M03 S600 F80
G00 X250 Y−150
G01 Z−2
M98 P1000 L3
G90 G00 Z20
X0 Y0
M05
M30
% 1000
G91 G01 X−500
Y60
X500
Y60
M99
```

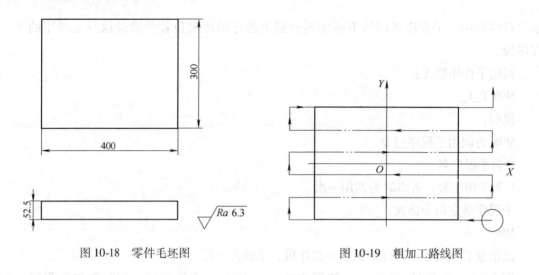

图 10-18 零件毛坯图   图 10-19 粗加工路线图

2. 镜像功能指令

镜像功能编程又称为对称功能加工编程。当零件以某一轴为对称形状时，只需对零件的某一对称部分进行编程，利用镜像功能和子程序，就可加工出整个零件；与坐标轴和原点都对称的零件，只需要编写出位于某一象限的图形加工程序就可以将整个零件加工出来。

格式：

G24 X_Y_Z_

M98 P_

G25 X_Y_Z_

说明：

G24 建立镜像指令。

G25 取消镜像指令。

X_Y_Z_为镜像坐标轴。

G24、G25 为模态指令，可相互注销，G25 为默认值。

有刀补时，先镜像再进行刀具半径补偿、刀具长度补偿。

例 10-7 使用镜像功能指令编写如图 10-20 所示轮廓的加工程序。设刀具起点距工件上表面 100mm，背吃刀量 5mm，使用刀具为 ϕ10mm 圆柱键槽铣刀。

参考程序：

% 1234

G92 X0 Y0 Z100

M03 S600 F100

M98 P1000   加工①

G24 X0   Y 轴镜像（X = 0）

M98 P1000   加工②

G24 Y0   X、Y 轴镜像（0，0）

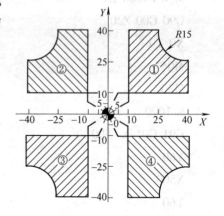

图 10-20 镜像功能指令应用

M98 P1000	加工③

M98 P1000　　　　　加工③

G25 X0　　　　　　取消 Y 轴镜像，X 轴镜像仍有效

M98 P1000　　　　　加工④

G25 Y0　　　　　　取消镜像

M05

M30

%1000　　　　　　子程序（①的加工程序）

G41 G91 G00 X10 Y5 D01

G90 G00 Z5

G01 Z−5

G91 G01 Y35

X15

G03 X15 Y−15 R15

G01 Y−15

X−35

G90 G00 Z100

G40 G00 X0 Y0

M99

3. 缩放功能指令

使用缩放功能指令可实现用同一程序加工出形状相同、尺寸不同的零件。

格式：

G51 X_Y_Z_P_

M98 P_

G50

说明：

G51 建立缩放指令。

G50 取消缩放指令。

X_Y_Z_为缩放中心的坐标。运行 G51 时，以此点为中心，按 P 指定的缩放比例进行计算。

P 为缩放倍数。

G51 即可指定平面缩放，也可指定空间缩放。

G51、G50 为一组模态指令，可相互注销。

有刀补时，先进行缩放，再进行刀具半径补偿、刀具长度补偿。

例 10-8　使用缩放功能指令编写如图 10-21 所示轮廓的加工程序。已知图形 *ABCD*，缩放系数为 0.5 倍，缩放后图形为 *A′B′C′D′*，刀具起点距工件上表面 50mm，使用刀具为 φ10mm 圆柱键槽铣刀。

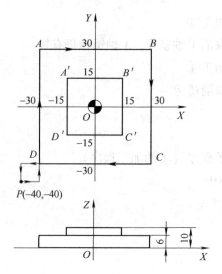

图 10-21　缩放功能指令应用

1）以图形中心点为缩放点，缩放后的图形位置如图 10-21 所示。

参考程序：

% 1234

G92 X0 Y0 Z60

M03 S600 F100

G00 X－40 Y－40 Z15　　　　　移至点 P 且距工件上表面 5mm 处

#51 = 15

M98 P1000　　　　　　　　　第一次调子程序，铣削正方柱 ABCD

G51 X0 Y0 P0.5　　　　　　　缩放点（0，0），缩放倍数 0.5

#51 = 9

M98 P1000　　　　　　　　　第二次调子程序，铣削正方柱 A'B'C'D'

G50

G90 G00 X0 Y0 Z60

M05

M30

% 1000

G41 G00 X－30 D01　　　　　建立刀具半径补偿 r = 5mm

G91 G01 Z［－#51］

G90 G01 Y30　　　　　　　　开始切削正方柱

X30

Y－30

X－40

G91 G00 Z［#51］　　　　　　抬刀 Z15

G40 G00 Y－40　　　　　　　取消刀具半径补偿

M99

2）以点 D（-30，-30）为缩放点，缩放后的图形位置如图 10-22 所示（参考程序略）。

4. 旋转功能指令

使用旋转功能指令可以实现用同一程序加工出形状、大小相同，但位置不同的零件。

格式：

G17 G68 X_Y_P_

M98 P_

G18 G68 X_Z_P_

M98 P_

G19 G68 Y_Z_P_

M98 P_

G69

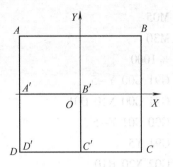

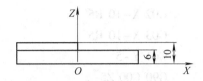

图 10-22　缩放后的图形位置

说明：

G17 指定 XY 平面内旋转。

G18 指定 XZ 平面内旋转。

G19 指定 YZ 平面内旋转。

G68 建立旋转指令。

X_Y_Z_为旋转中心坐标。

P 为旋转角度，单位为（°），$0 \leq P \leq 360°$。

G69 取消旋转指令。

在编程过程中，若同时存在刀具补偿和旋转，应先旋转编程后进行刀具补偿（半径补偿、长度补偿）；若程序中同时存在缩放功能与旋转功能，应先缩放后旋转。G68、G69 为一组模态指令，可相互注销，G69 为默认值。

例 10-9　用旋转功能指令编写如图 10-23 所示轮廓的加工程序。刀具起点距工件上表面 50mm，背吃刀量 5mm，使用刀具为 ϕ5mm 圆柱键槽铣刀（工件坐标系 Z 轴零点建在工件表面上）。

参考程序：

% 1234

G92 X0 Y0 Z50

M03 S600 F100

G00 Z5

M98 P1000

G68 X0 Y0 P90

M98 P1000

G68 X0 Y0 P180

M98 P1000

G69

G00 X0 Y0 Z50

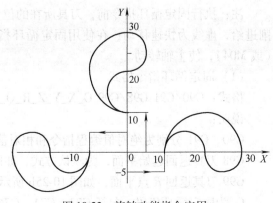

图 10-23　旋转功能指令应用

M05

M30

% 1000

G91 G00 Y−5

G41 G00 X10 D01

G90 G01 Z−5

G91 Y5

G02 X20 R10

G02 X−10 R5

G03 X−10 R5

G01 Y−5

G90 G00 Z5

G40 G00 X0 Y0

M99

5. 钻镗固定循环指令

在数控加工中，某些加工动作的过程已经典型化，并需经常循环使用。例如：钻孔、镗孔的动作是孔位平面定位、快速引进、工作进给、快速退回等，数控系统可将这样一系列典型的加工动作预先编好程序存储在系统中，编程时可使用固定循环的一个 G 代码程序段直接调用，从而简化编程。

固定循环由 6 个动作组成，如图 10-24 所示。

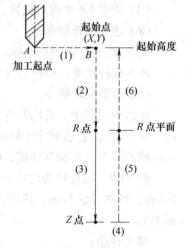

A→B：刀具快速定位到孔中心位置坐标（X，Y），即循环起始点 B（起始高度）。

B→R：刀具沿 Z 轴方向快进至安全平面，即 R 点平面。

R→Z：孔加工动作（如钻孔、镗孔、攻螺纹等）。

Z 点：孔底动作（如进给暂停、刀具偏移、主轴准停、主轴反转等）。

Z→R：刀具快速返回 R 点平面。

R→B：刀具快退至起始高度，即 B 点高度。

图 10-24　固定循环动作

注：执行固定循环指令前，刀具所在的位置高度即为起始高度；图 10-24 所示实线为切削进给，虚线为快速移动；在使用固定循环指令编程时，一定要在前面程序段中指定 M03（或 M04），使主轴转动。

（1）固定循环指令格式

格式：G90/G91 G98/G99 G_X_Y_Z_R_Q_P_I_J_F_L_

说明：

G90、G91 分别为绝对值编程指令和相对值编程指令。

G98 刀具返回起始平面，为默认方式，如图 10-25a 所示。

G99 刀具返回 R 点平面，如图 10-25b 所示。

G_为固定循环代码，包括 G73，G74，G76 和 G81 ~ G89。

X、Y 的值为孔位坐标（G90）或加工起点到孔位的距离（G91）。

Z 值为孔底坐标（G90）或 R 点到孔底的距离（G91），如图 10-26 所示。

R 值用来确定安全平面（R 点平面），G90 方式下为 R 点的坐标，G91 方式下为起始点到 R 点的距离，如图 10-26 所示。

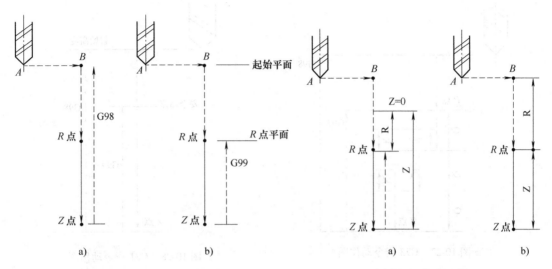

图 10-25　刀具返回平面选择

a）返回起始平面　b）返回 R 点平面

图 10-26　Z 和 R 值的确定

a）G90 方式　b）G91 方式

Q 在 G73 或 G83 方式下，规定分步进给，即指定每次进给的深度；在 G76 或 G87 方式下规定刀具的退让值，即指定刀具的位移量，用增量值给定。Q 值通常在孔较深时使用，使排屑和切削液进入切削区。

I，J 为刀具在轴反向移动时的增量（G76/G87）。

P 为刀具在孔底暂停时间。

F 为切削进给速度。

L 为固定循环次数，执行一次可不写 L1，如果是 L0，则系统储存加工数据，但不执行加工。

G73、G74、G76、G81~G89、Z、R、P、F、Q、I、J、K 都是模态指令。G80、G01~G03 等代码可以取消固定循环。

（2）固定循环分类

钻孔类：一般钻孔、钻深孔。

攻螺纹类：攻右旋螺纹、攻左旋螺纹。

镗孔类：粗镗孔、精镗孔。

（3）常用固定循环指令的参数说明及应用

1）G73：高速深孔加工循环。G73 指令指钻孔时，Z 轴间歇进给，有利于断屑和排屑，减少退刀量，可以进行高效率加工，如图 10-27 所示。

格式：G98/G99 G73 X_Y_Z_R_Q_P_K_F_L_

其中 Q 为每次进给的深度，最后一次进给深度≤Q；K 为每次退刀距离。

2）G81：钻孔循环（中心钻）。

格式：G98/G99 G81 X_Y_Z_R_F_L_

G81 指令一般用于通孔的加工，其动作循环包括 X、Y 坐标定位、快进、工进和快速返回等。G81 指令动作图如图 10-28 所示。

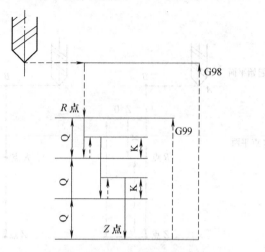

图 10-27　G73 指令动作图

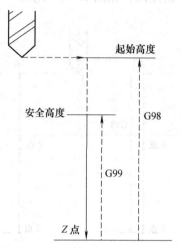

图 10-28　G81 指令动作图

3）G82：带暂停的钻孔循环。

格式：G98/G99 G82 X_Y_Z_R_P_F_L_

G82 指令主要用于不通孔加工，为提高孔深精度，该指令使刀具在孔底有暂停，其他动作与 G81 相同；暂停时间由 P 指定，其动作图如图 10-29 所示。

4）G83：深孔钻削循环。

格式：G98/G99 G83 X_Y_Z_R_Q_P_K_F_L_

G83 指令动作图如图 10-30 所示，其中，Q 为每次进给深度；K 为每次退刀后，再次进给时，由快速进给转为切削进给时距上次加工面的距离。

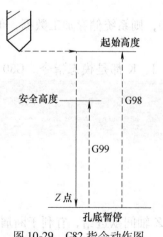

图 10-29　G82 指令动作图

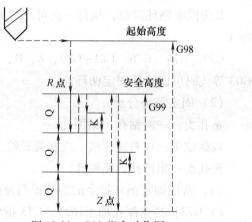

图 10-30　G83 指令动作图

（4）使用固定循环时的注意事项

1）在固定循环指令前应使用 M03 或 M04 指令使主轴起动。

2）在固定循环程序段中 X、Y、Z、R 数据至少应指定一个才能进行孔加工。

3）在使用控制主轴回转的固定循环（G74、G84、G86）中，如果连续加工一些孔间距比较小或者起始平面到 R 点平面的距离比较短的孔时，会出现在进入孔的切削动作前，主轴还没有达到正常转速的情况，遇到这种情况时，应在各孔的加工动作之间插入 G04 指令，以获得必要的提速时间。

4）当用 G00 ~ G03 指令注销固定循环时，若 G00 ~ G03 指令和固定循环出现在同一程序段，按后出现的指令运行。

10.2.4 华中世纪星 HNC-21M 系统数控铣床操作

华中世纪星 HNC-21M 系统数控铣床为三轴联动数控机床，主轴变频调速，集钻、铣、镗多功能为一体，是无检测功能的经济型数控铣床，体积小，价格低，采用彩色 LCD 液晶显示器，内装式 PLC，可与多种伺服驱动单元配套使用。它具有开放性好、结构紧凑、集成度高、可靠性好、操作维护方便等特点，采用国际标准 G 代码编程。

1. 主要技术规格

1）最大控制轴数：4 轴（X、Y、Z、4TH）。

2）最大联动轴数：4 轴（X、Y、Z、4TH）。

3）主轴数：1。

4）最大编程尺寸：99999.999mm。

5）最小分辨率：0.01 ~ 10μm（可设置）。

6）直线、圆弧、螺旋线插补。

7）小线段连续高速插补。

8）用户宏程序、固定循环、旋转、缩放、镜像。

9）自动加、减速控制（S 曲线）。

10）加速度平滑控制。

11）MDI 功能。

12）M、S、T 功能。

13）故障诊断与报警。

14）汉字操作界面。

15）全屏程序在线编辑与校验功能。

16）参考点返回。

17）工件坐标系 G54 ~ G59。

18）加工轨迹三维彩色图像仿真，加工过程实时三维图像显示。

19）加工点保护/恢复功能。

20）双向螺距补偿（最多 5000 点）。

21）反向间隙补偿。

22）刀具长度与半径补偿。

23）主轴转速与进给速度倍率控制。

24）CNC 通信功能：RS-232。

25）网络功能：支持 NT、Novell、Internet 网络。

26）支持 DIN/ISO 标准 G 代码；零件程序存储：硬盘、网络；不需 DNC，最大可直接执行 2GB 的程序。

27）内部二级电子齿轮。

28）内部提供标准 PLC 程序，也可按要求自行编辑 PLC 程序。

2. 机床控制面板与软件操作界面

（1）机床控制面板（MCP） 标准机床控制面板的大部分按键（除"急停"按钮外）位于操作台的下部，"急停"按钮位于操作台的右上角，如图 10-31 所示。机床控制面板用于控制机床的动作或加工过程。

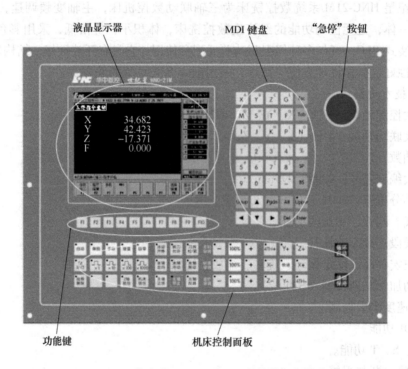

图 10-31　华中世纪星 HNC-21M 数控装置操作台

（2）操作台结构　HNC-21M 数控装置操作台为标准固定结构，如图 10-31 所示，其结构美观、体积小、外形尺寸为 420mm×310mm×110mm（W×H×D）。

（3）显示器　操作台上的左上部为 7.5in 彩色液晶显示器（分辨率为 640×480），用于显示菜单内容、加工状态、程序内容、故障报警和加工轨迹的图形仿真等信息。

（4）NC 键盘　NC 键盘包括精简型 MDI 键盘和 <F1> ~ <F10> 的功能键。MDI 键盘介于显示器和"急停"按钮之间，其中大部分按键具有上档键功能，当 <Upper> 键有效时（指示灯亮），输入的是上档键。NC 键盘用于零件程序的编制、参数输入及系统管理操作等。

（5）软件功能　HNC-21M 软件操作界面如图 10-32 所示，主要由以下几部分组成。

1）当前加工方式及运行状态和时间。

2）当前正在或将要加工的程序段。

3）图像显示窗口，可根据需要通过"F9"切换显示内容。

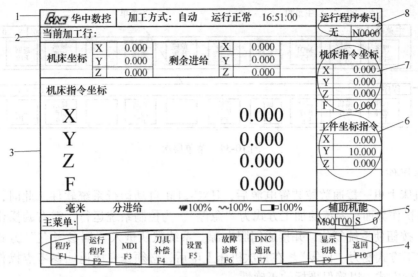

图 10-32 HNC-21M 的软件操作界面

4）菜单命令条，通过命令条中的功能键来完成系统功能的操作。

5）辅助机能，指自动加工中的 M、S、T 代码。

6）工件坐标指令，指在机床坐标系下的坐标。

7）选定坐标系下的坐标值。坐标值可在机床坐标值/工件坐标值/相对坐标值之间切换；显示值可在指令位置/实际位置/剩余进给/跟踪误差/负载电流/补偿值之间切换如图 10-33 所示。

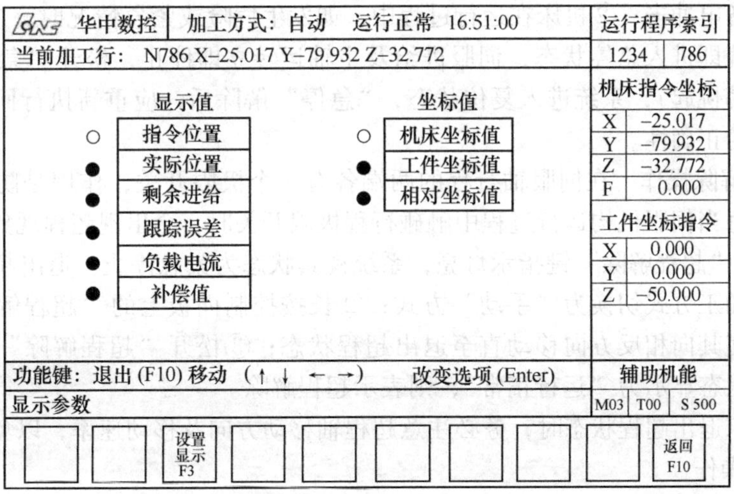

图 10-33 显示值与坐标值设置

8）运行程序索引：自动加工中的程序名和当前程序段行号。

操作界面中最重要的一项是菜单命令条。系统功能的切换及调用主要通过菜单命令条中的功能键来完成。由于每个功能键包括不同的操作，所以每个功能键有扩展菜单，即在主菜单下选择一个菜单项后，数控装置会显示该功能下的子菜单，用户可根据该子菜单的内容选择所需的操作，如图 10-34 所示。当要返回主菜单时，单击子菜单下"F10"即可。

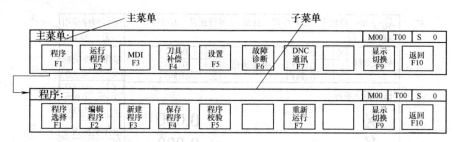

图 10-34　菜单层次

3. 基本操作

（1）机床上电　接通数控装置电源后，HNC-21M 自动运行系统软件。此时，液晶显示器显示软件操作界面，系统的加工方式为"急停"。为控制系统运行，需右旋操作台右上角的"急停"按钮使系统复位，并接通伺服电源。系统默认进入"回参考点"方式，软件操作界面的加工方式变为"回零"。在每次机床上电后，必须先完成返回参考点操作，然后再进行其他运行方式，以确保坐标的正确性。

（2）回零操作　"回零"的目的是建立机床坐标系，这是控制机床运行的前提。方法步骤为：①首先选择控制面板上的"回零"键，确保系统处于"回零"方式；②选择控制面板上的"Z＋""X＋"和"Y＋"，当三个坐标轴自动回到参考点后，"X＋""Y＋"和"Z＋"键的指示灯亮，即代表三轴均回到机床坐标系零点，即建立机床坐标系。回零操作时，为避免机床在运行方向上发生碰撞，一般应先将 Z 轴回零，其次按"X＋"和"Y＋"使 X、Y 轴回零。

（3）急停操作　"急停"按钮有两个功能：①在机床上电和关机之前应按下"急停"按钮以减少设备电冲击；②机床在运行过程中，如发生危险或紧急情况时，应按下"急停"按钮，数控系统即进入急停状态，伺服进给及主轴运转立即停止，松开"急停"按钮（右旋此按钮，自动挑起），系统进入复位状态，"急停"解除后，应重新执行回参考点操作以确保坐标位置的正确性。

（4）超程解除操作　在伺服轴行程的两端各有一个极限开关，作用是防止伺服机构因碰撞而损坏。每当伺服机构运行过程中触碰行程极限开关时，会出现超程现象。当某一伺服轴出现超程时，"超程解除"键指示灯亮，系统视其状态为紧急停止。退出超程状态的操作方法为：①将加工方式切换为"手动"方式；②长按控制面板上的"超程解除"键，同时移动超程轴，使其向相反方向移动直至退出超程状态；③松开"超程解除"键，此时软件界面中的运行状态显示为"运行正常"，则表示超程解除。

在操作机床退出超程状态时，务必注意超程轴移动方向及移动速率，以免发生碰撞。

（5）关机操作

1）按下控制面板上的"急停"按钮（断开伺服电源）。

2）断开数控电源。

3）断开机床电源。

4. 手动控制操作

手动控制操作通过操控机床控制面板上的相关键来完成。机床控制面板如图 10-35 所示。

（1）连续进给操作

1）按下"手动"键，系统处于"手动"加工方式。

2）按住 X、Y、Z 三个轴向的手动功能键，如按住"X＋"或"X－"键（指示灯亮），X 轴将产生正向或负向连续移动。

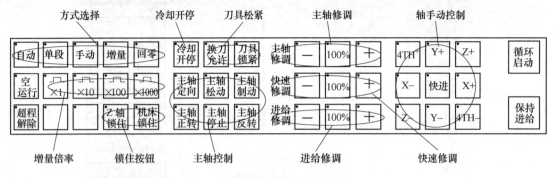

图 10-35 机床控制面板

3）松开 X、Y、Z 三个轴向的手动功能键（指示灯灭），机床的坐标轴停止移动。

4）同时按住多个轴向的手动功能键，可完成多个坐标轴同时连续移动。

5）在手动进给时，同时按住"快进"键，则产生相应轴的正向或负向快速移动。

6）手动进给速度可以通过进给修调进行速度倍率修调，选择进给修调右侧的"100％"键（指示灯亮），进给修调倍率被置为 100％，按"＋"键，修调倍率增加 10％，按"－"键，修调倍率减少 10％。

（2）增量进给操作

1）在系统处于"手动"加工方式下，按控制面板上的"增量"键（指示灯亮），此时可增量移动机床坐标轴。

2）增量进给的增量值由"×1""×10""×100"和"×1000"4 个增量倍率键控制，不同倍率和增量值的对应关系，见表 10-2。

表 10-2 不同倍率和增量值的对应关系

倍率选择	×1	×10	×100	×1000
增量值/mm	0.001	0.01	0.1	1

3）按 X、Y、Z 三个轴向的手动功能键，使机床以增量的形式按照不同的倍率进行移动。例如：选择"×100"的倍率，按"X＋"或"X－"键，每按一次机床会沿 X 轴正向或负向移动 0.1mm。也可同时按一下多个轴向的手动功能键，每次能增量进给多个坐标轴。

（3）MDI 方式操作

MDI 方式下可手动输入数据并运行。

1）在主操作界面（图 10-32）下，按"F3"键进入 MDI 功能子菜单，如图 10-36 所示。

2）在 MDI 功能子菜单下，按"F6"键，进入 MDI 运行方式界面，如图 10-37 所示。

图 10-36 MDI 功能子菜单

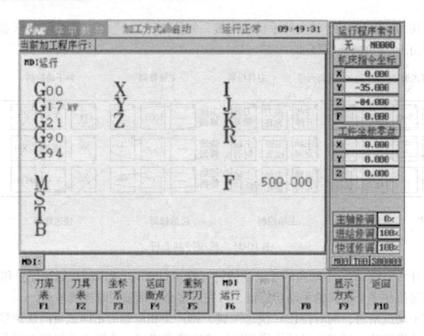

图 10-37　MDI 运行方式界面

3）命令行有光标闪烁，在此输入一段指令后按〈Enter〉键。

4）选择"自动"或"单段"加工方式。

5）按"循环启动"键运行所输入的指令。

注：在自动运行过程中，不能进入 MDI 运行方式，可在进给保持后进入。

（4）主轴控制操作

在机床控制面板上可通过"主轴正转""主轴反转""主轴停止""主轴松动""主轴制动"和"主轴定向"键控制主轴。

（5）机床锁住与 Z 轴锁住

1）机床锁住。在手动方式下，按"机床锁住"键，可以禁止了机床的所有机械运动。

2）Z 轴锁住。在手动运行开始前，按"Z 轴锁住"键，可以禁止 Z 轴移动。

（6）冷却开停　在手动方式下，按"冷却开停"键，切削液开（默认值为切削液关），再按此键为切削液关，如此循环。

（7）保持进给　自动运行过程中，当需要暂时停止自动运行时，可按"保持进给"键，系统会暂时停止执行程序，主轴停止转动，按"循环启动"键可使系统从停止的位置继续运行，暂停期间所有参数保持不变。

5. 数据设置操作

（1）坐标系设置

1）在主菜单下，按"F5"键进入坐标系设置窗口，如图 10-38 所示。

2）选择所需坐标系，在命令行输入坐标系数据，按 < Enter > 键，窗口显示为所选坐标系的位置坐标。

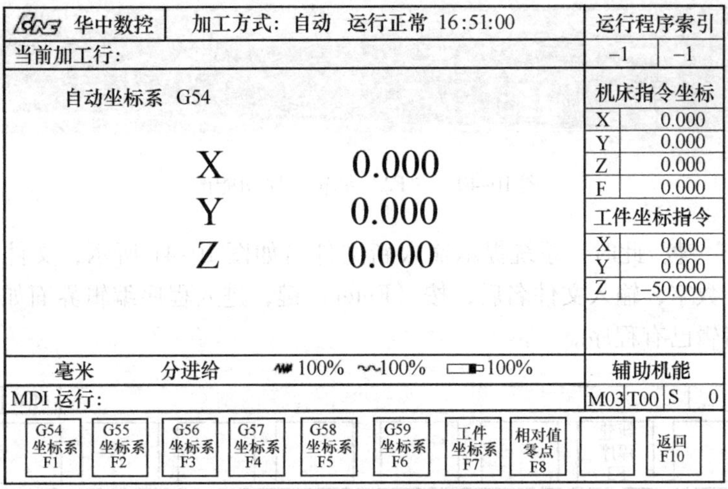

图 10-38 坐标系设置窗口

(2) 刀具表设置

MDI 输入刀具数据的操作步骤如下。

1) 在 MDI 功能子菜单下（图 10-36）按“F2”键，进入刀具表设置，图形显示窗口显示为刀具表，如图 10-39 所示。

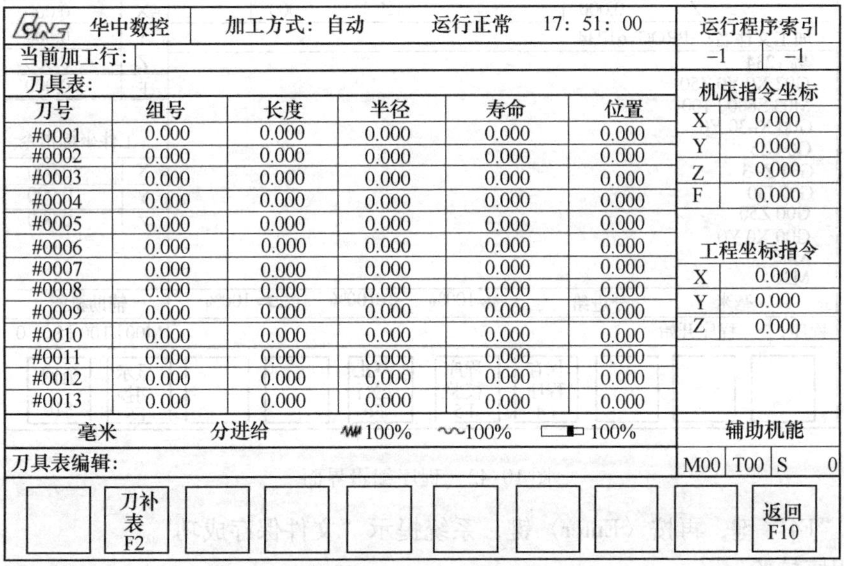

刀号	组号	长度	半径	寿命	位置
#0001	0.000	0.000	0.000	0.000	0.000
#0002	0.000	0.000	0.000	0.000	0.000
#0003	0.000	0.000	0.000	0.000	0.000
#0004	0.000	0.000	0.000	0.000	0.000
#0005	0.000	0.000	0.000	0.000	0.000
#0006	0.000	0.000	0.000	0.000	0.000
#0007	0.000	0.000	0.000	0.000	0.000
#0008	0.000	0.000	0.000	0.000	0.000
#0009	0.000	0.000	0.000	0.000	0.000
#0010	0.000	0.000	0.000	0.000	0.000
#0011	0.000	0.000	0.000	0.000	0.000
#0012	0.000	0.000	0.000	0.000	0.000
#0013	0.000	0.000	0.000	0.000	0.000

图 10-39 刀具表

2) 按〈▲〉〈▼〉〈▶〉〈◀〉〈Pgup〉和〈Pgdn〉键选择要编辑的选项。

3) 按〈Enter〉键后，可编辑修改数据，修改后再按〈Enter〉键确认。

6. 程序输入及校验

(1) 程序输入

1) 在主菜单下按“F1”键，进入程序功能子菜单，如图 10-34 所示。

2) 在子菜单下按“F2”键，如图 10-40 所示。

编辑程序:
M00 T00 S 0
编辑
程序
F2
新建
程序
F3
保存
程序
F4
返回
F10

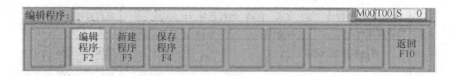

图 10-40 “F2”编辑程序功能键

3）按“F3”键，此时，系统提示输入新文件名如图 10-41 所示，文件名以字母“O”开头，后加 4 位数字，输入文件名后，按〈Enter〉键，进入程序编辑界面如图 10-42 所示，输入新程序或编辑已有程序。

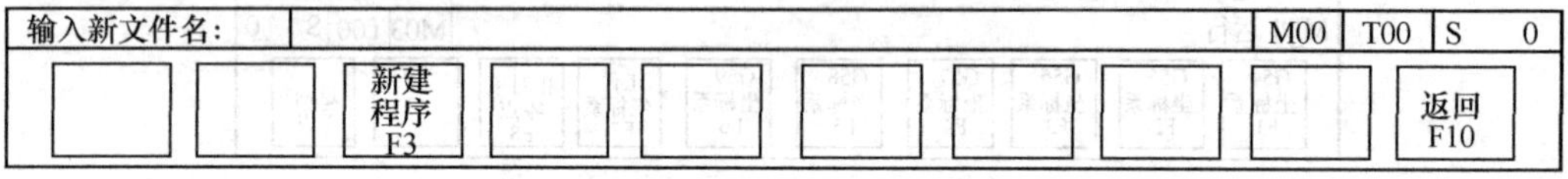
输入新文件名:
M00 T00 S 0
新建
程序
F3
返回
F10

图 10-41 “F3”新建程序功能键

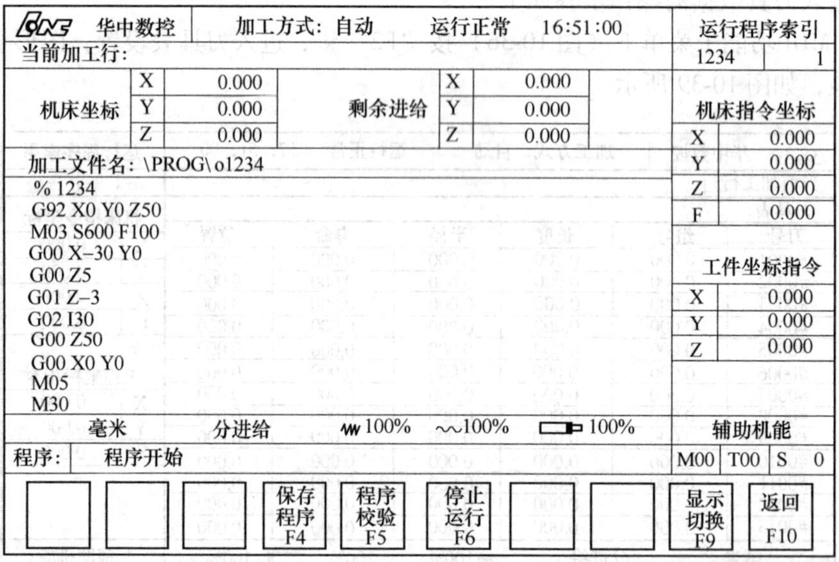
华中数控
加工方式：自动
运行正常
16:51:00
运行程序索引
当前加工行:
1234 1
机床坐标
X 0.000
Y 0.000
Z 0.000
剩余进给
X 0.000
Y 0.000
Z 0.000
机床指令坐标
X 0.000
Y 0.000
Z 0.000
F 0.000
加工文件名：\PROG\o1234
%1234
G92 X0 Y0 Z50
M03 S600 F100
G00 X-30 Y0
G00 Z5
G01 Z-3
G02 I30
G00 Z50
G00 X0 Y0
M05
M30
工件坐标指令
X 0.000
Y 0.000
Z 0.000
毫米
分进给
100%
100%
100%
辅助机能
程序:
程序开始
M00 T00 S 0
保存
程序
F4
程序
校验
F5
停止
运行
F6
显示
切换
F9
返回
F10

图 10-42 程序编辑界面

4）按“F4”键，再按〈Enter〉键，系统提示“文件保存成功”。

（2）程序校验

1）在主菜单下按“F1”键，进入子菜单。

2）在子菜单下按“F1”键，进入程序选择界面如图 10-43 所示，选择相应的校验程序后按 <Enter> 键，进入程序编辑界面。

3）按“F5”键，按“F9”键切换至“联合显示”模式。

4）按控制面板上的“自动”键，将加工方式切换为自动方式。

5）按控制面板上的“循环启动”键，开始程序校验，此时窗口显示程序校验结果如图 10-44所示，即程序控制刀具走过的轨迹。

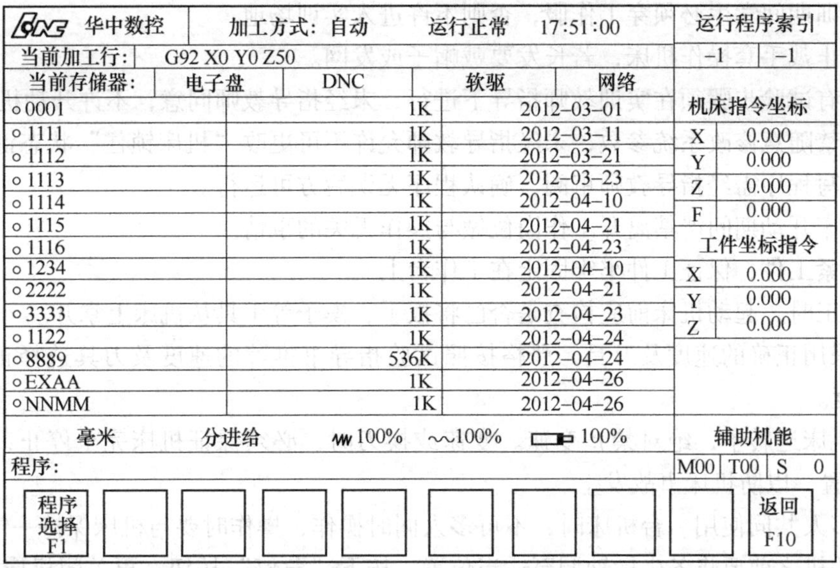

华中数控	加工方式：自动	运行正常	17：51：00	运行程序索引	
当前加工行：	G92 X0 Y0 Z50			−1	−1
当前存储器：	电子盘	DNC	软驱	网络	机床指令坐标

图 10-43 程序选择界面

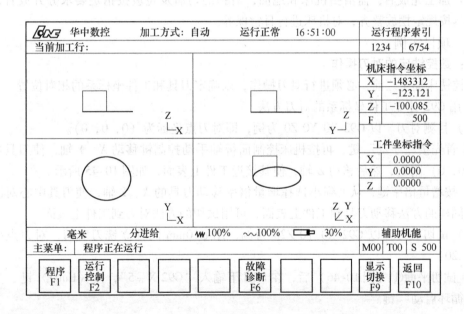

图 10-44 图像联合显示

10.3 数控铣削基本技能训练

10.3.1 实训守则

数控铣削实训期间，学生需遵循的守则如下。

1）爱护设备、工具、量具和其他教学设备，如有损坏应及时报告指导教师，并予以登记、处理。

2）实训期间学生必须穿工作服，否则不许进入实训场地。

3）禁止戴手套操作机床，若长发要戴帽子或发网。

4）所有试验步骤须在实训教师指导下进行，未经指导教师同意，不许开动机床。

5）严禁随意修改系统参数，未经指导教师允许不可更改"机床锁住"状态键。

6）编写程序需经指导教师审阅，确认程序无误后方可运行。

7）机床开动期间严禁离开工作岗位做与操作无关的事情。

8）夹紧工件，保证工件牢牢固定在工作台上。

9）加工时，起动机床前应检查是否已将扳手、楔子等工具从机床上拿开。

10）采用正确的速度及刀具，严格按照试验指导书推荐的速度及刀具选择正确的刀具和加工速度。

11）机床运转中，绝对禁止变速。变速或换刀时，必须保证机床完全停止，开关处于"OFF"位置，以防机床事故发生。

12）多人共同使用一台机床时，不可多人同时操作，操作时要与机床保持一定的距离。

13）关机之前要将各坐标轴调至适当位置，按下"急停"按钮，再关闭机床主机电源，最后关闭机床总电源。

14）加工完成后，需清扫机床和地面，清扫的切屑及垃圾按指定要求分开放置，并将工、量具按规定摆放整齐，对机床进行日常保养。

10.3.2　项目实例

项目一：数控铣床的对刀操作

数控铣床加工之前，必须进行对刀操作，以确定刀具和工件坐标系的相对位置。

1. 用 G92 建立工件坐标系的对刀方法

（1）目测对刀　以 G92 X0 Y0 Z0 为例，即对刀点坐标为（0，0，0）。

1）首先按"手动"键，再按机床控制面板轴手动控制键移动 X、Y 轴，使刀具中心移到点（0，0）附近，然后移动 Z 轴，使其接近工件上表面，如图 10-45 所示。

2）按增量倍率键，从大到小选择增量倍率移动刀具的 X、Y 轴，使刀具中心对准（0，0），用同样的方法移动刀具到工件上表面，可用试切的方法对刀到工件上表面。

（2）试切对刀　以 G92 X0 Y0 Z20 为例，用 φ10mm 圆柱立铣刀对刀，对刀点坐标为（0，0，20）。

1）试切平面①（图 10-46）后，在 MDI 下输入"G92 X－5"，按〈Enter〉键、"单段"键和"循环启动"键。

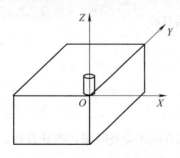

图 10-45　G92 目测对刀

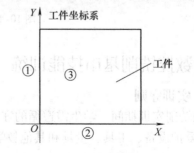

图 10-46　G92 试切对刀

2）试切平面②后，在 MDI 下输入"G92 Y－5"，按〈Enter〉键、"单段"键和"循环启动"键。

3）试切平面③（工件上表面）后，在 MDI 下输入"G92 Z0"，按〈Enter〉键、"单段"键和"循环启动"键。

4）在 MDI 下输入"G00 X0 Y0 Z20"，按〈Enter〉键、"单段"键和"循环启动"键，此时，刀快速移动到点（0，0，20）。

注意：试切量要尽量小，详细试切方法参考 G54 对刀。

2. 用 G54～G59 建立工件坐标系的对刀方法

以 G54 建立工件坐标系为例（使用 φ10mm 圆柱立铣刀对刀），建立工件坐标系的对刀方法如下。

1）首先要建立机床坐标系。按机床控制面板上的"回零"键，再依次按"X＋""Y＋"和"Z＋"键，机床自动回零。然后按"手动"键，将主轴移动到工作台中间位置。

2）在 MDI 功能子菜单下，按"F3"键进入坐标系手动数据输入方式，选择 G54 坐标系。

3）试切平面①（图 10-47）。起动主轴正转，然后将刀具移至 A 点附近，并下降到略低于工件上表面处，手动控制刀具慢慢靠近 A 点，试切 AB 边，试切量尽量少，从"机床坐标系"中读取 X 坐标值 X_1，并记录。

4）试切平面②（图 10-47）。手动控制刀具边缘从 A 点移动到 D 点，试切 AD 边，试切量尽量少，从"机床坐标系"中读取 Y 坐标值 Y_1，并记录。

5）将刀具移动至略高于工件上表面，再移动刀具使刀尖部慢慢接触工件上表面，在"机床坐标系"中读取 Z 坐标值 Z_1，并记录。

6）图 10-47 所示工件坐标系原点在机床坐标系下的坐标为（X_0，Y_0，Z_0）：

$X_0 = X_1 + (BC/2 + 5)$

$Y_0 = Y_1 + (AB/2 + 5)$

$Z_0 = Z_1$

注意："5"为所用刀具半径。

7）在图 10-47 所示 G54 坐标系界面，输入坐标（X_0，Y_0，Z_0）的值，按〈Enter〉键，在 MDI 下输入"G54"，按〈Enter〉键，再按"循环启动"键，返回主菜单，完成对刀操作。

项目二：平面轮廓加工练习

编写如图 10-48 所示零件四边形、五边形的外轮廓加工程序。材料：铝。

1. 操作要点

（1）工艺路线

1）用 φ20mm 的立铣刀铣四边形外轮廓。

2）用 φ20mm 的立铣刀铣五边形外轮廓。

（2）切削用量选择见表 10-3

（3）建立工件坐标系　以工件几何中心为坐标原点，上表面为 Z 轴零点，建立工件坐标系。

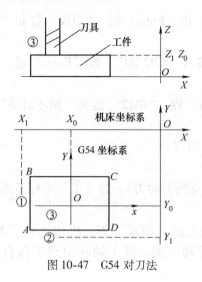

图 10-47 G54 对刀法

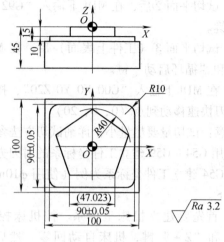

图 10-48 多边体零件图

表 10-3 平面轮廓加工切削用量选择

刀具名称	规格/mm	$f/(\text{mm/min})$	$n/(\text{r/min})$
立铣刀	$\phi 20$	80	500

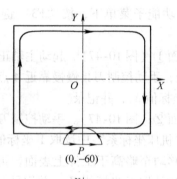

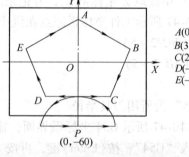

图 10-49 刀具轨迹

（4）刀具轨迹（图 10-49）

2. 参考程序（用 G54 建立工件坐标系）

% 1234

G54

M03 S500 F80

G90 G00 X0 Y0

G43 Z100 H01　　　　　　　调用刀具长度补偿，补偿号 H01

Y-60　　　　　　　　　　　　P 点

Z5　　　　　　　　　　　　　快速接近工件

G01 Z-15　　　　　　　　　　下刀至四边形深

G41 G01 X15 D01　　　　　　 调用刀具半径补偿，补偿号 D01

G03 X0 Y-45 R15　　　　　　 圆弧切入

G01 X-35

G02 X-45 Y-35 R10

G01 Y35

G02 X-35 Y45 R10

G01 X35

G02 X45 Y35 R10

G01 Y-35

G02 X35 Y-45 R10

G01 X0

G03 X-15 Y-60 R15　　　　　圆弧切出

G40 G01 X0　　　　　取消刀具半径补偿，铣四边形外轮廓结束

G00 Z-10　　　　　提刀，准备铣五边形

G41 G01 X27.64 D01　　　　　调用刀具半径补偿，补偿号 D01

G03 X0 Y-32.36 R27.64

G01 X-23.51

X-38.04 Y12.36

X0 Y40

X38.04 Y12.36

X23.51 Y-32.36

X0

G03 X-27.64 Y-60 R27.64

G40 G01 X0　　　　　取消刀具半径补偿，铣五边形结束

G49 G00 Z100 Y0

M05

M30

项目三：凹槽加工练习

编写如图 10-50 所示零件凹槽的加工程序（槽深 2mm）。材料：铝。

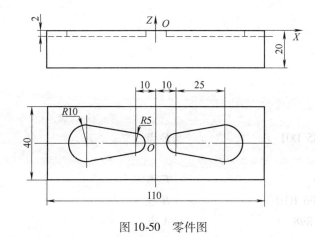

图 10-50　零件图

1. 操作要点

（1）工艺路线

1）用 φ10mm 键槽铣刀粗加工凹槽，单边余量 1mm。

2）用 ϕ10mm 立铣刀半精加工凹槽，单边余量 0.2mm。

3）用 ϕ10mm 立铣刀精加工凹槽到尺寸要求。

（2）切削用量选择见表 10-4。

表 10-4　凹槽加工切削用量选择

刀具号	刀具名称	规格/mm	f/(mm/min)	n/(r/min)
T01	键槽铣刀	ϕ10	60	400
T02	立铣刀	ϕ10	80	500

（3）建立工件坐标系　工件几何中心为坐标原点，上表面为 Z 轴零点，建立工件坐标系。

（4）刀具轨迹（图 10-51）

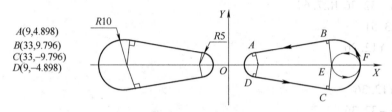

图 10-51　刀具轨迹

2. 参考程序（G92 对刀）

% 1234

G92 X0 Y0 Z50

M03 S400 F60

M98 P1000

G49 G06 Z50

G68 X0 Y0 P180

G43 G06 Z5 H01

M98 P1000

G69

M05

M30

% 1000

G91 G41 G00 X35 D01　　　　　　　E 点

G90 G01 Z – 2

G91 G03 X10 R5　　　　　　　　　F 点

G03 X– 12 Y9.796 R10　　　　　　B 点

G01 X– 24 Y– 4.898　　　　　　　A 点

G03 Y– 9.796 R5　　　　　　　　　D 点

G01 X24 Y– 4.898　　　　　　　　C 点

G03 X12 Y9.796 R10　　　　　　　F 点

G03 X– 10 R5　　　　　　　　　　E 点

G90 G00 Z5

G40 X0 Y0

M99

注意：

1）用 T01 号刀粗铣凹槽时，刀具半径补偿值 $r = 6.00\text{mm}$，长度补偿值 $\varepsilon = 0$，$n = 400\text{r/min}$，$f = 60\text{mm/min}$。

2）用 T02 号刀半精铣凹槽时，刀具半径补偿值 $r = 5.20\text{mm}$，长度补偿值 $\varepsilon = \Delta\varepsilon$，$n = 500\text{r/min}$，$f = 80\text{mm/min}$。

3）用 T02 号刀精铣凹槽时，刀具半径补偿值 $r = 5\text{mm}$，长度补偿值 $\varepsilon = \Delta\varepsilon$，$n = 500\text{r/min}$，$f = 80\text{mm/min}$。

4）每道工序只需修改相应的参数，程序不变。

项目四：孔加工练习

试用固定循环指令加工如图 10-52 所示零件上 37 个通孔，零件厚为 10mm（工件上表面已加工）。

1. 操作要点

（1）工艺路线

1）钻各个孔的中心孔（为保证钻头的方向不变，采用中心钻打底孔的方法来引正钻头）。

2）钻 $37 \times \phi10\text{mm}$ 通孔。孔加工顺序由上至下，第一排由左向右；第二排由右向左，以此类推。

（2）切削用量选择（表 10-5）

表 10-5　孔加工切削用量选择

刀具号	刀具名称	规格/mm	$f/(\text{mm/min})$	$n/(\text{r/min})$
T01	中心钻	A2	80	600
T02	麻花钻	$\phi10$	80	300

（3）建立工件坐标系　以工件几何中心为坐标原点，上表面为 Z 轴零点，建立工件坐标系。

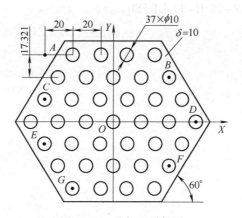

图 10-52　孔加工零件图

2. 参考程序（G92 对刀）

% 1234	主轴上装 T 01 号刀
G92 X0 Y0 Z100	
G00 X−50 Y51.963	定位到 A 点
M03 S600	
M08	
G43 H01 Z20	长度补偿
G91 G99 G81 X20 Y0 Z−3.4 R−17 L4 F80	向右依次钻 4 个孔
X10 Y−17.321	钻 B 点孔
X−20 L4	向左依次钻 4 个孔
X−10 Y−17.321	钻 C 点孔
X20 L5	向右依次钻 5 个孔
X10 Y−17.321	钻 D 点孔
X−20 L6	向左依次钻 6 个孔
X10 Y−17.321	钻 E 点孔
X20 L5	向右依次钻 5 个孔
X−10 Y−17.321	钻 F 点孔
X−20 L4	向左依次钻 4 个孔
X10 Y−17.321	钻 G 点孔
X20 L3	向右依次钻 3 个孔
G80 M09	取消固定循环
G90 G49 G00 Z100	取消长度补偿
M05	
M00	程序暂停，手动换 T02 号刀
G00 X−50 Y51.963	以下动作同上
M03 S300	
M08	
G43 H02 Z20	
G91 G99 G81 X20 Y0 Z−18 R−17 L4 F80	
X10 Y−17.321	
X−20 L4	
X−10 Y−17.321	
X20 L5	
X10 Y−17.321	
X−20 L6	
X10 Y−17.321	
X20 L5	
X−10 Y−17.321	
X−20 L4	

X10 Y‑17.321

X20 L3

G80 M09

G90 G49 G00 Z100

X0 Y0

M05

M30

10.3.3　练习件

图 10-53 所示为一组数控铣削实训零件图样，学生可任选进行数控铣削编程或加工训练。毛坯尺寸为 100mm×80mm×20mm，材料为铝合金，零件表面粗糙度值 Ra 为 3.2 μm。

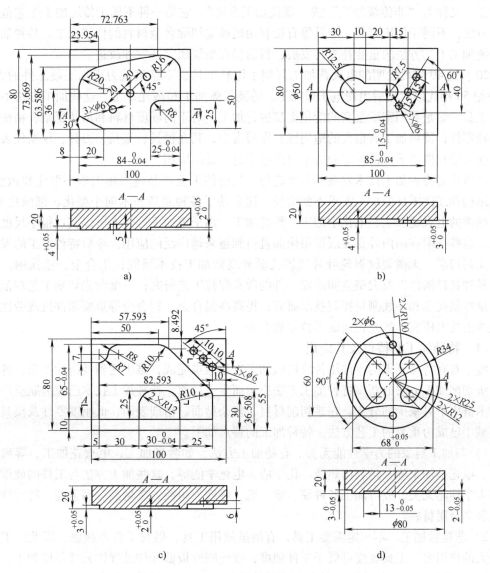

图 10-53　数控铣削练习件

第 11 章　电火花线切割及其基本技能训练

11.1　特种加工概述

从广义上来定义特种加工，即将电、磁、声、光、化学等能量或其组合施加在工件的被加工部位上，从而实现材料被去除、变形、改变性能或被镀覆等的非传统加工方法统称为特种加工，又称为"非传统加工"或"现代加工方法"。它是一种不属于传统加工工艺范畴的加工方法，不同于使用刀具、磨具等直接利用机械能切除多余材料的传统加工。特种加工是对传统加工工艺方法的重要补充与发展，目前仍在继续研究开发和改进。

20 世纪 40 年代发明的电火花加工开创了用软工具、不靠机械力来加工硬工件的方法。20 世纪 50 年代以后先后出现电子束加工、等离子弧加工和激光加工。这些加工方法不用成形的工具，而是利用密度很高的能量束流进行加工。对于高硬度材料和形状复杂、精密细微的特殊零件，特种加工有很大的适用性和发展潜力，其在模具、量具、刀具、仪器仪表、飞机、航天器和微电子元器件等制造中得到越来越广泛的应用。

细微化是特种加工技术发展的重要趋势。当前的工业产品越来越追求小型化和微型化，细微结构和细微零件的加工需求不断增长，这带动了各种制造技术向小型化、细微化发展。比如细微的电火花加工、电化学加工、激光加工、离子束加工等技术可以实现很小尺度内的加工，这些技术在国内外都发展得很快而且得到越来越广泛的应用。今后特种加工的发展趋势：无再铸层、无微裂纹涡轮叶片气膜孔激光高效加工技术研究；铝合金、超强钢、钛合金、异种材料构件以及大型空间曲面零件的激光焊接工艺研究；三维激光切割工艺规范及表面质量控制技术和在线测量控制技术研究；提高高温合金、铝合金等重要部件抗疲劳性能的激光冲击技术研究；激光快速成形技术研究等。

11.1.1　特种加工的特点及其应用

鉴于对有特殊要求的零件用传统机械加工方法很难完成，难于达到经济性要求，各种异于传统切削加工方法的新型特种加工方法应运而生。目前，特种加工技术已成为航空产品制造技术群中不可缺少的分支，在难切削材料、复杂型面、精细表面、低刚度零件及模具加工等领域中已成为重要的工艺方法。特种加工的特点如下。

1）与加工对象的力学性能无关。有些加工方法，如激光加工、电火花加工、等离子弧加工、电化学加工等，是利用热能、化学能、电化学能等，这些加工方法与工件的硬度、强度等力学性能无关，故可加工各种硬、软、脆、热敏、耐蚀、高熔点、高强度、特殊性能的金属和非金属材料。

2）非接触加工。不一定需要工具，有的虽使用工具，但与工件不接触，因此，工件不承受大的作用力，工具硬度可低于工件硬度，故使刚性极低元件及弹性元件得以加工。

3）细微加工。工件表面质量高，有些特种加工，如超声波、电化学、水喷射、磨料流等，加工余量都是细微进行，故不仅可加工尺寸微小的孔或狭缝，还能获得高精度、极低表面粗糙度值的加工表面。

4）不存在加工中的机械应变或大面积的热应变，可获得较低的表面粗糙度值，其热应力、残余应力、冷作硬化等均比较小，尺寸稳定性好。

5）两种或两种以上的不同类型的能量可相互组合形成复合加工，其综合加工效果明显，且便于推广使用。

6）特种加工对简化加工工艺、变革新产品的设计及零件结构工艺性等产生积极的影响。

特种加工的应用范围如下。

1）难加工材料。钛合金、耐热不锈钢、高强钢、复合材料、工程陶瓷、金刚石、红宝石、硬化玻璃等高硬度、高韧性、高强度、高熔点材料。

2）难加工零件。复杂零件三维型腔、型孔、群孔和窄缝等的加工。

3）低刚度零件。薄壁零件、弹性元件等零件的加工。

4）以高能量密度束流实现焊接、切割、制孔、喷涂、表面改性、刻蚀和精细加工。

11.1.2　特种加工的加工技术

常见的特种加工技术主要包括电火花加工、激光加工、电子束加工、离子束加工、电解加工、超声波加工。

1. 电火花加工

电火花加工是利用工具电极与工件电极之间脉冲性的火花放电，产生瞬时高温将金属蚀除，又称为放电加工、电蚀加工、电脉冲加工。电火花加工主要用于加工各种高硬度的材料（如硬质合金和淬火钢等）和复杂形状的模具、零件以及切割、开槽和去除折断在工件孔内的工具（如钻头和丝锥）等。

2. 激光加工

根据激光束与材料相互作用的机理，大体可将激光加工分为激光热加工和光化学反应加工两类。激光热加工是指利用激光束投射到材料表面产生的热效应来完成加工过程，包括激光焊接、激光切割、表面改性、激光打标、激光钻孔和微加工等。光化学反应加工是指激光束照射到物体，借助高密度高能光子引发或控制光化学反应的加工过程。

3. 电子束加工

电子束加工是利用高能量的会聚电子束的热效应或电离效应对材料进行的加工。利用电子束的热效应可以对材料进行表面热处理、焊接、刻蚀、钻孔、熔炼或者直接使材料升华。作为加热工具，电子束的特点是功率高和功率密度大，能在瞬间把能量传给工件，电子束的参数和位置可以精确和迅速地调节，能用计算机控制并在无污染的真空中进行加工。根据电子束功率密度和电子束与材料作用时间的不同，可以完成各种不同的加工。

4. 离子束加工

离子束加工的原理和电子束加工基本类似。在真空条件下，先由电子枪产生电子束，再引入已抽成真空且充满惰性气体的电离室中，使低压惰性气体离子化。由负极引出阳离子又经加速、集束等步骤，获得具有一定速度的离子投射到材料表面，产生溅射效应和注入效应。由于离子带正电荷，其质量比电子大数千、数万倍，所以离子束比电子束具有更大的撞击动能，其是靠微观的机械撞击能量来加工的。离子束的加工装置主要由包括离子源、真空系统、控制系统和电源等组成。

5. 电解加工

基于电解过程中的阳极溶解原理并借助于成形的阴极，将工件按一定形状和尺寸加工成形的一种工艺方法，称为电解加工。加工时，工件接直流电源的正极，工具接负极，两极之间保持较小的间隙。电解液从极间间隙中流过，使两极之间形成导电通路，并在电源电压下产生电流，从而形成电化学阳极溶解。随着工具相对工件不断进给，工件金属不断被电解，电解产物不断被电解液冲走，最终两极间各处的间隙趋于一致，工件表面形成与工具工作面基本相似的形状。电解加工对于难加工材料、形状复杂或薄壁零件的加工具有显著优势。

6. 超声波加工

超声波加工是利用超声频做小振幅振动的工具，并通过它与工件之间游离于液体中的磨料对被加工表面的锤击作用，使工件材料表面逐步破碎的特种加工。超声波加工常用于穿孔、切割、焊接、套料和抛光。

本章主要介绍电火花线切割加工。

11.2 电火花线切割加工

11.2.1 电火花线切割加工概述

电火花线切割加工（Wire Cut EDM，WEDM）是在电火花加工的基础上发展起来的一种新的工艺形式，其加工过程与传统的机械加工完全不同，加工时线状电极丝（铜丝或钼丝）靠火花放电对工件进行切割，故称为电火花线切割加工。

1. 电火花线切割加工的工作原理

电火花线切割加工的工作原理是利用连续移动的细金属丝（铜丝或钼丝）作为工具电极（接高频脉冲电源负极），对工件（接高频脉冲电源正极）进行脉冲火花放电，蚀除金属，切割成形。在加工过程中，工件与电极丝并不接触，而是保持一定的放电间隙，在电极丝与工件之间施加脉冲电压，并置于乳化液或去离子水等工作液中，使其不断产生火花放电，放电产生的瞬时高温将工件表面材料熔化甚至汽化，逐步蚀除工件。通过连续不断火花放电，就可以将工件材料按照预先设定好的要求予以蚀除，达到加工的目的。图 11-1 所示为电火花线切割加工的工作原理。

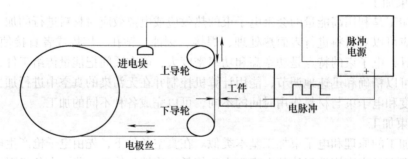

图 11-1　电火花线切割加工的工作原理

2. 电火花线切割加工的分类

电火花线切割加工按控制方式分：靠模仿型控制，光电跟踪控制，数字程序控制及微机控制等；按脉冲电源形式分：RC 电源、晶体管电源、分组脉冲电源及自适应控制电源等；按加工特点分：大、中、小型以及普通直壁切割型与锥度切割型等；按走丝速度分：低速走丝和高速走丝。

3. 电火花线切割加工的特点

电火花线切割加工精度可达 0.01mm，表面粗糙度 Ra 值为 2.5 ~ 0.32μm。电火花线切割可以加工用一般切割加工方法难以加工或无法加工的硬质合金和淬火钢等一切导电的高硬度、复杂轮廓形状的板状金属工件。它是机械制造中不可缺少的一种先进的加工方法，主要特点如下。

1) 采用丝状材料做工具电极，不需要制造成形工具电极，大大降低了成形工具电极的设计和制造费用，工件材料的预加工量少，缩短了生产准备时间，加工周期短。

2) 由于电极丝比较细，能方便地加工复杂截面的型柱、型孔、细微异型孔、窄缝和复杂形状的工件。实际金属去除量很少，材料的利用率很高，这对节约贵重金属有重要意义。

3) 脉冲电源的加工电流较小，脉冲宽度较窄，属中、精加工范畴。脉冲电源的负极接电极丝，正极接工件，即采用正极性加工。

4) 由于电极丝是运动长金属丝，单位长度电极丝损耗较小，所以当切割面积的周边长度不长时，对加工精度影响小。特别在低速走丝线切割加工时，电极丝一次性使用，电极丝损耗对加工精度的影响更小。

5) 只对工件进行图形加工，故余料还可以使用。

6) 电极丝与工件之间存在着"输送接触式"轻压放电现象。

7) 工作液选用水基乳化液或去离子水，而不是煤油，不易引发火灾，而且可以节省能源物资，容易实现安全无人运转。

8) 自动化程度高，操作方便，成本低，较安全。

4. 电火花线切割加工的应用

电火花线切割加工为新产品试制、精密零件加工及模具制造开辟了一条新的工艺途径，主要应用范围包括以下几个方面。

1) 模具加工。电火花线切割加工时，调整不同的偏移补偿值，只需一次编程就可以切割凸模、凸模固定板、凹模及卸料板等。模具配合间隙、加工精度通常都能达到 0.01 ~ 0.02mm（快走丝）和 0.002 ~ 0.005mm（慢走丝）的要求。此外，还可加工挤压模、粉末冶金模、弯曲模、塑压模等，也可加工带锥度的模具。

2) 切割电火花成形加工用的电极。一般穿孔加工用的电极和带锥度型腔加工用的电极以及铜钨、银钨合金之类的电极材料，用线切割加工特别经济。同时也适用于加工细微复杂形状的电极。

3) 难加工零件的加工。精密型孔、凸轮、样板、成形刀具及精密狭槽等微型零件的加工中，利用机械切削加工很困难，采用电火花线切割加工则比较合适。

4) 新产品试件的加工。新产品试制时，用线切割在板料上直接割出零件。由于不需另行制造模具，可大大缩短制造周期，降低成本。

5) 贵重金属的下料。由于线切割加工用的电极丝尺寸比切削刀具尺寸小，故可用它切割薄片和贵重金属材料。

11.2.2　电火花线切割机床

11.2.2.1　机床型号及主要技术参数

电火花线切割机床按电极丝运动的速度分为高速走丝电火花线切割机床和低速走丝电火花线切割机床。高速走丝的电极丝运动速度一般为 8 ~ 10m/s，低速走丝的电极丝运动速度低于0.2m/s。国内现有的电火花线切割机床大多为高速走丝电火花线切割机床，国外生产的机床及国内近些年开发的电火花线切割机床大多为低速走丝电火花线切割机床。

机床型号包括汉语拼音字母和阿拉伯数字两部分，代表机床的类别、特性及基本参数。数控电火花线切割机床型号DK7763的含义如下：D为机床类代号（电加工机床）；K为机床特性代号（数控）；第一个7为组别代号（电火花加工机床）；第二个7为系代号（线切割机床，7为高速走丝，6为低速走丝）；63为基本参数代号（工作台横向行程630mm）。

数控电火花线切割机床的主要技术参数包括：工作台行程（纵向行程×横向行程）、最大承载重量、工件尺寸（最大宽度、最大长度、最大切割厚度）、加工表面粗糙度、切割速度以及数控系统的控制功能等。

11.2.2.2 高速走丝电火花线切割机床的组成

高速走丝电火花线切割机床主要由机床本体、脉冲电源、控制系统、工作液循环系统和机床附件几个部分组成。图11-2所示为高速走丝电火花线切割机床。

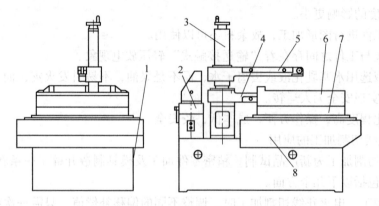

图11-2 高速走丝电火花线切割机床

1—床身 2—卷丝筒 3—立柱 4—下丝架 5—上丝架 6—上滑板 7—下滑板 8—主机部分

1. 机床本体

机床本体主要由床身、坐标工作台、运丝机构和丝架等几部分组成。

（1）床身 床身一般为铸件，是坐标工作台、运丝机构及丝架的支承和固定基础。它通常采用箱式结构，应有足够的强度和刚度。床身内部安置电源和工作液箱，考虑电源的发热和工作液泵的振动，有些机床将电源和工作液箱移出床身另行安放。

（2）卷丝筒 卷丝筒采用铝合金材料制成，电极丝均匀卷绕在卷丝筒上。卷丝筒的往复运动是利用电动机正反转来达到的。直流电动机经联轴器带动卷丝筒，再经齿轮传动带动丝杠转动，拖板便做往复运动，拖板移动的行程可通过调整左右撞块的距离来达到。

卷丝筒装在绝缘法兰盘上，并紧固在卷丝筒轴上，装配时已调整好动平衡，请勿随意拆下以免失去动平衡，影响加工速度。如需手动卷丝筒，可将手摇柄（随机附件）套入卷丝筒轴端方向头上摇动。摇好后应立即取下手摇柄，以免开动电动机后手摇柄飞出造成事故。

（3）立柱 可根据切割工件的厚度调节Z轴升降。通过摇动立柱上方手柄可调节丝架的高度，从而有利于加工不同厚度的工件。

（4）坐标工作台　用于安装丝架并带动工件在水平面内做 X、Y 两个方向的移动。线切割机床的加工是通过坐标工作台和电极丝的相对运动来完成工件的切割。一般采用"十"字滑板、滚动导轨和滚珠丝杠传动副将伺服电动机的旋转运动变为工作台的直线运动，通过 X、Y 两个方向的进给移动，可合成获得各种平面图形曲线轨迹。

（5）运丝机构　运丝机构使电极丝以一定的速度运动并保持一定张力。在高速走丝机床上，一定长度的电极丝平整地卷绕在卷丝筒上，电极丝张力与排绕时的拉紧力有关，卷丝筒通过联轴器与驱动电动机相连。为了重复使用电极丝，电动机由专门的换向装置控制做正反向交替运转。

（6）丝架　丝架与运丝机构一起构成电极丝的运动系统。在运动过程中，电极丝由丝架支承，并依靠导轮保持电极丝与工作台垂直或在锥度切割时倾斜一定的几何角度。

（7）导轮　导轮安装在导轮套中，可以通过调整上下导轮套保证电极丝和工作台完全垂直。导轮套是由有机玻璃制成，保证导轮与丝架绝缘。导轮平时的维护很重要，一般每天下班前需用黄油枪从轴承压盖注孔打入 4#精密机床主轴油，把原有润滑油挤干净，这能大大提高导轮寿命。如果导轮因使用时间过长而出现抖动、精度不够时，应及时更换导轮或导轮轴承。

2. 脉冲电源

脉冲电源又称为高频电源，其作用是把普通的 50Hz 交流电转换成高频率的单向脉冲电压，加工中供给火花放电的能量。电火花线切割加工脉冲电源与电火花成形加工所用的电源在原理上相同，不过受加工表面粗糙度和电极丝允许承载电流的限制，线切割加工脉冲电源的脉宽较窄（$2\sim60\mu m$），单个脉冲能量、平均电流（$1\sim5A$）一般较小，所以线切割加工总是采用正极性加工，即电极丝接脉冲电源负极，工件接脉冲电源正极。

3. 控制系统

控制系统主要功用是轨迹控制，其控制精度为 $\pm0.001mm$，机床切割加工精度为 $\pm0.01mm$。

4. 工作液循环系统

在线切割加工中，工作液对加工工艺指标的影响很大，如对切割速度、表面粗糙度、加工精度等都有影响。低速走丝电火花线切割机床大多采用去离子水作为工作液，只有在特殊精加工时才采用绝缘性能较高的煤油。高速走丝电火花线切割机床在加工时的工作液采用线切割专用乳化液。工作液循环系统放置在机床右后侧，一般由工作液泵、箱液、过滤器、管道和流量控制阀等组成。工作液由泵通过管道输送到丝架，用过的工作液经回水管流回工作液箱。

11.2.2.3　机床使用及保养

电火花线切割机床是技术密集型产品，属于精密加工设备，为了安全、合理、有效地使用机床，操作人员必须遵守使用保养守则。

电火花线切割机床维护保养的目的是为了保持机床能正常可靠的工作，延长其使用寿命。一般维护保养内容如下。

（1）定期润滑　主要是使用油枪注入的方法。定期润滑包括机床导轨、丝杠螺母、传动齿轮、导轮轴承等部件。轴承和滚珠丝杠有保护套的，可以经半年或一年后拆开注油。

（2）定期调整　要根据使用时间、间隙大小或沟槽深浅调整丝杠螺母、导轨及电极丝挡块和进电块等。挡块和进电块使用较长时间后，会摩擦出沟痕，须转动或移动一下，以改变接触位置。

（3）定期更换　需定期更换的部件包括机床上的导轮、馈电刷（或进电块）、挡块、导轮轴承等易损部件，磨损后应及时更换。

11.2.3　电火花线切割操作

11.2.3.1　切割步骤

电火花线切割按照如图 11-3 所示的步骤进行加工。

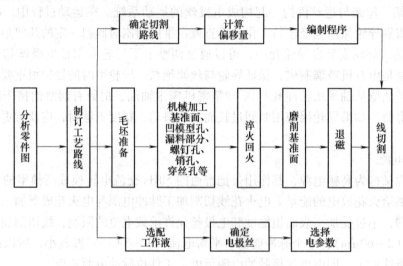

图 11-3　电火花线切割加工步骤

1. 工艺分析

对零件图进行分析，明确加工要求。确定工艺基准，如采用什么方法定位。对于以底平面作为主要定位基准的工件，当其上具有相互垂直而且又同时垂直于底平面的相邻侧面时，应选择这两个侧面作为电极丝的定位基准。

2. 切割路线的确定

1）应将工件夹持部分安排在切割路线的末端，如图 11-4 所示。

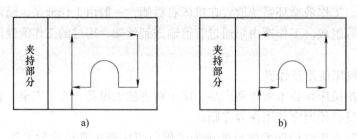

图 11-4　切割路线的确定

a）错误的切割路线　b）正确的切割路线

2）切割按由外向内顺序切割，靠近夹持部分最后切割，降低零件的变形，同时还可以预制穿丝孔，进一步降低零件变形，如图 11-5 所示。

3）两次切割法。切割孔类工件，为减少变形，采用两次切割，如图 11-6 所示。

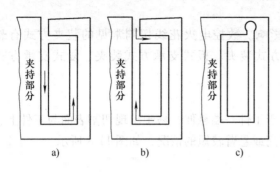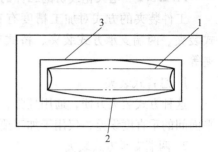

图 11-5　由外向内顺序切割

a）错误的切割路线　b）正确的切割路线　c）预制穿丝孔

图 11-6　两次切割

1—第一次切割路线　2—第一次切割后
的实际图形　3—第二次切割的实际图形

4）在一块毛坯上要切出两个以上工件时，不应连续一次切割出来，而应从该毛坯的不同预制穿丝孔开始加工，如图 11-7 所示。

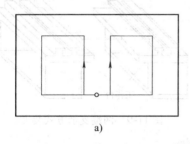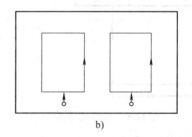

图 11-7　在一块毛坯上切出两个以上工件

a）错误方案，从同一个穿丝孔开始加工　b）正确方案，从不同穿丝孔开始加工

5）加工的路线距离端面（侧面）应大于 5mm。

3. 加工条件的选择

（1）电参数的选择　可改变的电参数主要有脉冲宽度、电流峰值、脉冲间隔、空载电压、放电电流等，选择方法见表 11-1。

表 11-1　高速走丝线切割加工电参数的选择

应　用	脉冲宽度 $t_w/\mu s$	电流峰值 I_e/A	脉冲间隔 $t/\mu s$	空载电压/V
高速切割或加工大厚度工件，$Ra > 2.5\mu m$	20 ~ 40	大于 12	为实现稳定加工，一般选择 $t/t_w = 3 \sim 4$ 以上	一般为 70 ~ 90
半精加工，$Ra = 1.25 \sim 2.5\mu m$	6 ~ 20	6 ~ 12		
精加工，$Ra < 2.5\mu m$	2 ~ 6	4.8 以下		

（2）工作液的选配　高速走丝电火花线切割机床的工作液为专用乳化液，低速走丝电火花线切割机床的工作液为蒸馏水。

（3）电极丝选择　高速走丝电火花线切割机床大都选用钼丝作为电极丝，直径在 $\phi 0.08 \sim \phi 0.2mm$ 范围内。电极丝直径的选择应根据切缝宽窄、工件厚度和拐角尺寸大小来选择。若加工带尖角、窄缝的小型工件宜选用较细的电极丝；若加工大厚度的工件或大电流切割时应选较粗的电极丝。低速走丝机床一般选用铜丝作为电极丝。

11.2.3.2　电火花线切割工件的装夹

工件装夹的方式对加工精度有直接影响。数控电火花线切割常见的装夹方式有悬臂式装夹、两端支承方式装夹、桥式支承方式装夹、板式支承方式装夹、复式支承方式装夹等。

1. 悬臂式装夹

这种方式装夹方便，通用性强，但由于工件一端悬伸，易于出现切割表面与工件上、下平面间的垂直度误差，仅用于加工要求不高或悬臂较短的情况，如图 11-8 所示。

2. 两端支承方式装夹

这种方式装夹方便、稳定，定位精度高，但不适于装夹较大的工件，如图 11-9 所示。

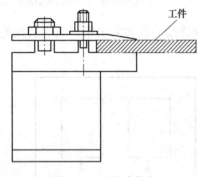

图 11-8　悬臂式装夹

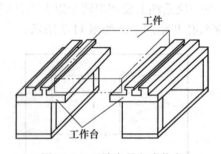

图 11-9　两端支承方式装夹

3. 桥式支承方式装夹

这种方式是在通用夹具上放置垫铁后再装夹工件，装夹方便，对大、中、小型工件都能采用，是高速走丝线切割最常用的装夹方法，如图 11-10 所示。

4. 板式支承方式装夹

根据常用的工件形状和尺寸，采用有通孔的支承板装夹工件。这种方式装夹精度高，但通用性差，如图 11-11 所示。

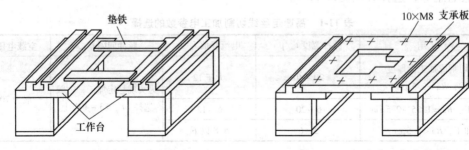

图 11-10　桥式支承方式装夹　　　　　图 11-11　板式支承方式装夹

5. 复式支承方式装夹

它是在桥式夹具上装上专用夹具组合而成，装夹方便，适用于成批工件加工。

11.2.3.3　电火花线切割电极丝的安装与位置调整

线切割加工之前，通过上丝操作将电极丝安装好，并调整到切割的起始坐标位置上。

1. 电极丝安装

（1）上丝　将固定在摆杆上的重锤从定滑轮上取下，推动摆杆沿滑枕水平右移，插入定位销暂时固定摆杆的位置，装在摆杆两端的上、下张紧轮随之固定；牵引电极丝剪断端依次穿过各个过渡轮、张紧轮、主导轮、导电块等处，用卷丝筒的螺钉压紧并剪断多余丝头；取下定位销，挂回重锤，受其重力作用，摆杆带动上、下张紧轮左移，电极丝便以一定的张力自动张紧；使卷丝筒移向中间位置，利用左、右行程撞块调整好其移动行程，至两端仍各余有数圈电极丝为止；使用卷丝筒操作面板上的运丝开关，机动操作卷丝筒自动地进行正反向运动，并往返运动两次，使张力均匀。

（2）Z 轴行程的调整　松开 Z 轴锁紧把手；根据工件厚度转动 Z 轴升降手轮，使工件大致处于上、下主导轮中部；锁紧把手。

（3）电极丝垂直校正　在具有 U、V 轴的线切割机床上，电极丝运行一段时间、重新穿丝之后或者加工新件之前，需要重新调整电极丝对坐标工作台表面垂直度。校正时可以使用校正器。校正器是一个各平面相互平行或垂直的长方体。

2. 电极丝相对工件位置调整

加工前，工件和电极丝需要调整到一定距离，如果距离太远，会降低加工效率；距离太近，会发生短路，无法进行加工；如果电极丝进给方向和距离不满足工件结构要求，则加工出的产品不合格。

（1）目测法　对于加工要求较低的工件，在确定电极丝与工件基准面间的相对位置时，可以直接利用目测或借助 2～8 倍的放大镜来进行观察。如图 11-12 所示，穿丝处划出十字基准线，分别沿划线方向观察电极丝与基准线的相对位置，根据两者的偏离情况移动工作台，当电极丝中心分别与纵横方向基准线重合时，工作台纵横方向的读数就确定了电极丝中心的位置。

（2）火花法　移动工作台使工件的基准面逐渐靠近电极丝，在出现火花放电的瞬时，记下工作台的相应坐标值，再根据放电间隙计算出电极丝中心的坐标。此法简单易行，但往往因电极丝靠近基准面时产生的放电间隙，与正常切割条件下的放电间隙不完全相同而产生误差，如图 11-13 所示。

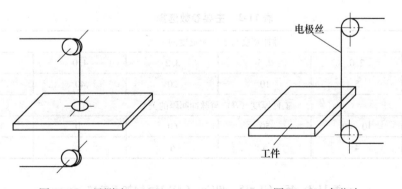

图 11-12　目测法　　　　　　　　　图 11-13　火花法

（3）自动找中心　就是让电极丝在工件孔或穿丝孔的中心自动定位。此法是根据电极与工件的短路信号，来确定电极丝的中心位置。数控功能较强的线切割机床常采用此种方法。如图 11-14 所示，首先让电极在 X 轴方向移动至与孔壁接触，则此时当前点的 X 坐标为

X_1，接着电极往反方向移动与孔壁接触，此时当前点的 X 坐标为 X_2，系统自动计算 X 方向中点坐标 X_0，即 $X_0 = (X_1 + X_2) /2$，并使电极到达 X 方向 X_0；接着在 Y 轴方向进行上述过程，求出 Y 方向中点。这样重复几次就可以找到孔的中心位置。当精度达到所要求的允许值之后，就确定了孔的中心。影响自动找中心精度的关键是孔的精度、粗糙度及清洁程度，特别是热处理后孔的氧化层难以清除，因此，最好对定位孔进行磨削。

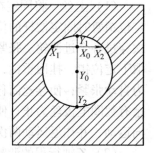

图 11-14　自动找中心

（4）接触感知法　目前装有计算机数控系统的线切割机床都具有接触感知功能，用于电极丝定位最为方便。该功能是利用电极丝与工件基准面由绝缘到短路的瞬间，两者间的电阻值突然变化的特点来确定电极丝接触到了工件，并在接触点自动停下来，显示该点的坐标，即为电极丝中心的坐标值。

11.2.3.4　电火花线切割加工参数调整

1. 电加工参数

切割加工前，要根据加工材料和精度要求调整好电加工参数。电加工参数主要有脉冲宽度 t_w、脉冲间隔 t、开路电压 u_0、放电峰值 i_p 等。

脉冲宽度 t_w 增大，单个脉冲能量增多，切割速度提高，表面粗糙度值变大，放电间隙增大，加工精度下降。粗加工时一般采用较大的脉宽。

脉冲间隔 t 增大，单个脉冲能量减少，切割速度下降，表面粗糙度值下降。精加工及厚工件加工时，一般采用较大的脉冲间隔，有利于排屑和提高加工的稳定性，防止断丝。

开路电压 u_0 增大，放电间隙增大，排屑容易，可以提高切割速度和加工稳定性，但会使工件的表面粗糙度变差。开路电压一般在 $60 \sim 150V$。

放电峰值 i_p 是决定单脉冲能量的主要因素之一。i_p 增大，切割速度迅速提高，表面粗糙度值增大，电极丝损耗加大，容易断丝。一般精加工时，采用较小的 i_p。

主要参数选择见表 11-2。45、GCr15、40Cr、CrWMn 钢加工参数见表 11-3。切割规范见表 11-4。

表 11-2　主要参数选择

脉冲宽度与表面粗糙度的关系				
Ra	2.0	2.5	3.2	4.0
$t_w/\mu s$	5	10	20	40
工件厚度（H）与脉冲间隔的关系				
H/mm	10 ~ 40	50	60	70	80 ~ 100
t/ t_w	4	5	6	7	8

表 11-3　45、GCr15、40Cr、CrWMn 钢加工参数

工件厚度/mm	脉宽/档	进给/（mm/min）	电流（管子个数）	线速/档
0 ~ 5	5	6 ~ 7	5	1
5 ~ 10	6 ~ 7	6	5	1（2）

（续）

工件厚度/mm	脉宽/档	进给/（mm/min）	电流（管子个数）	线速/档
10 ~ 40	7 ~ 8	5	5 ~ 6	2
40 ~ 100	8	4	6	2
100 ~ 200	8	3.3 ~ 4	6 ~ 7	2
200 ~ 300	8 ~ 9	3 ~ 3.3	7 ~ 8	3
300 ~ 500	9 ~ 10	2.3 ~ 3	7 ~ 9	3

表 11-4　切割规范

序号	工件厚度/mm	加工电压/V	加工电流/A	脉冲宽度/μs	脉冲间隔/μs	功率输出/只	粗糙度/μm	切割速度（mm²/min）	波形选择
1	20 ~ 30	70	15	12	60	3	≤2.5	≥30	矩形脉冲
2	30 ~ 50	75	5 ~ 15	28	112	3	≤3.2	≥50	
3	30	80	1	25 × 4	75	3	≤1.25	≥15	分组脉冲
4	50	80	2	40 × 4	80	5	≤2.5	≥40	
5	60	75	35	48	144	5	≤5	≥80	矩形脉冲
6	80 ~ 100	85	25	52	260	4	≤3.2	≥60	
7	150 ~ 180	85	10	36	196	4	≤2.5	≥40	
8	250 ~ 280	85	25	40	280	5	≤2.5	≥40	

注：本表数据来自北京迪蒙卡特线切割机床使用说明书。

2. 加工工艺指标

电火花线切割加工工艺指标主要包括切割速度、表面粗糙度、加工精度等。此外，放电间隙、电极丝损耗和加工表面层变化也是反映加工效果的重要内容。

电火花线切割的切割速度通常用单位时间内工件切割的面积来衡量，高速走丝的切割速度一般在 40 ~ 80mm²/min。它与加工电流大小关系密切。一般情况下，放电间隙为 0.01mm，电极丝损耗为每切割 10000mm² 电极丝直径减小小于 0.01mm。

影响工艺指标的因素很多，如机床精度、脉冲电源的性能、工作液脏污程度、电极丝与工件材料和切割工艺路线等。表 11-5 给出了根据进给状态调整变频的方法。

表 11-5　根据进给状态调整变频的方法

变频状态	进给状态	加工面状况	切割速度	电极丝	变频调整
过跟踪	慢而稳	焦褐黄	慢	略焦，老化快	减慢进给速度
欠跟踪	不均匀	不光洁，易出深痕	较快	易烧丝，丝上有白斑痕迹	加快进给速度
欠佳跟踪	慢而稳	略焦黄，有条纹	慢	焦色	稍增加进给速度
最佳跟踪	很稳	发白，光洁	快	发白，老化慢	不需调整

11.2.3.5　电火花线切割机床操作

机床控制柜分为 4 个部分，即控制面板、手控盒、显示器和键盘。图 11-15 所示为 DM-CUT 电火花线切割机床的控制柜。下面分别介绍各个部分的操作方法。

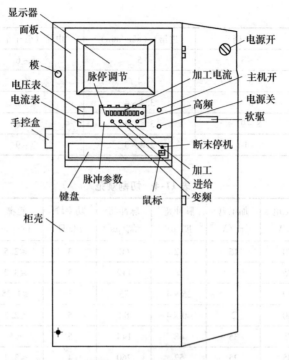

图 11-15　DM-CUT 电火花线切割机床的控制柜

1）控制面板。电源关（红色蘑菇头）：按下该按钮，电源关闭；主机开（绿色）：旋开"电源开"按钮，再按下"主机开"按钮，机床开；脉冲参数：选择脉冲参数；脉停调节：用于调节加工电流大小；变频：按下此键，压频转换电路向计算机输出脉冲信号，加工中必须将此键按下；进给：按下此键，驱动机床拖板的步进电动机进入工作状态，切割时必须将此键按下；加工：按下此键，压频转换电路以高频取样信号作为输入信号，跟踪频率受放电间隙影响，反之，压频转换电路自激振荡产生变频信号，切割时必须将此键按下；高频：按下此键，高频电源处于工作状态；加工电流：此键用于调节加工峰值电流。

2）手控盒。手控盒主要用于移动机床，另外还可以控制开丝开水。

3）显示器。显示器显示加工菜单及加工中的各种信息。

4）键盘。控制柜的输入设备。

控制柜操作分为菜单操作和加工操作。菜单操作包括进入加工状态、进入自动编程、从断点处开始加工、自动对中心、靠边定位、磁盘文件拷贝、磁盘格式化以及磁盘文件列目录八个部分。

1. 菜单操作

先将控制柜右侧面的总电源开关置于"1"的位置，然后旋出控制柜正面的红色开关，再按下绿色开关，控制系统被启动，进入系统桌面单击桌面 TCAD 快捷方式文件即可进行绘图软件操作。需要加工工件时，必须重新启动计算机，并且切换到 MS-DOS 状态后，输入"CD \ "，按〈Enter〉键，再输入"CNC2"，按〈Enter〉键，即可进入加工状态切割工件，如图 11-16 所示。

图 11-16　进入加工状态

（1）进入加工状态　选择第一项"进入加工状态"，系统进入图 11-17 所示界面，操作者选择"无锥度加工"或"有锥度加工"。选择"无锥度加工"，系统进入图 11-18 所示界面。

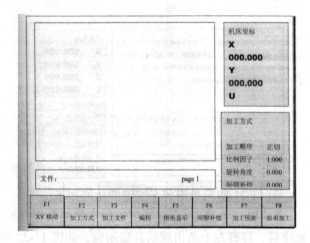

无锥度加工
有锥度加工

图 11-17　"无锥度加工"和"有锥度加工"选择界面

图 11-18　"无锥度加工"界面

图 12-18 所示界面各个按键的功能如下。

1）F1（XY 移动）。按下"F1"键，并将"进给"键按下，操作者在手控盒上选择"+ X""- X""+ Y"和"- Y"键，可以实现工作台快速移动。操作完毕后按〈Esc〉键退出。

2）F2（加工方式）。按下"F2"键，屏幕显示图 11-19 所示画面，分别可以对编制好的加工程序进行切割方向调换、角度旋转和倍数缩放。全部输入完毕后，按〈Esc〉键，操作完毕。

3）F3（加工文件）。按"F3"键后，出现信息提示窗，如图 11-20 所示。

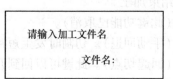

输入加工参数		
加工顺序	正切	倒切
旋转角度	0.000	
缩放比例	1.000	

请输入加工文件名

文件名:

图 11-19　"输入加工参数"界面

图 11-20　文件名输入

操作者输入文件名，调出该文件。文件名由字母和数值组成，同时还要输入盘符和路径，如 C: \ AB。

4）F4（编程）。此键用于编辑已输入的加工程序。

5）F5（图形显示）。此键用于对已编制完毕的加工程序进行校验，以检查加工的图形是否与图样相符。

6）F6（间隙补偿）。此键用于输入间隙补偿量。

7）F7（加工预演）。此键用于对已编制好的加工程序进行模拟加工，系统不输出任何控制信号。

8）F8（结束加工）。当一切准备工作就绪后开始加工，按"F8"键，结束加工。

开始加工状态下，界面显示如图 11-21 所示。

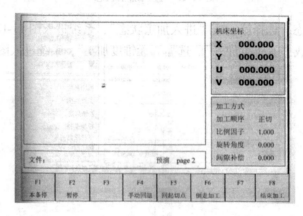

图 11-21 开始加工界面

图 11-21 所示界面各个按键的功能如下。

1）F1（本条停）。此键用于加工完某条程序后自动停机。按"F1"键，当加工完该条程序后，屏幕左上角出现信息提示窗，如图 11-22 所示。

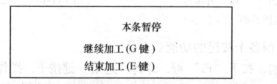

图 11-22 本条暂停

继续加工按"G"键，加工程序按顺序进行；结束加工按"E"键，系统将停止该条程序之后的加工程序；按〈Esc〉键，屏幕回到图 11-18 所示界面。

2）F2（暂停）。此键用于加工过程中，程序暂时停止执行，操作者可以按照提示选择继续加工和结束加工。

3）F3（此键功能已取消）。

4）F4（手动回退）。切割时发生短路现象，通过此键可控制沿原切割轨迹回退。

5）F5（回起切点）。此键可以回到开始加工的起始点。

6）F6（倒走加工）。此键用于对加工程序进行逆向切割。

7）F7（此键未用）。

8) F8（结束加工）。此键用于结束当前加工程序。

（2）进入自动编程　实现自动编程，编程方法见下节训练项目。

（3）从断点处开始加工　控制系统具有掉电记忆功能，加工过程中如果掉电，上电开机后，选择从断点处加工，可以从断点处继续加工。

（4）自动对中心　进入该界面，可以找正圆孔的中心。操作为：首先将钼丝穿过找正的圆孔，按下"变频"和"进给"键，然后在主菜单中选择"自动对中心"即可。

（5）靠边定位　首先将工件装夹在工作台上，按下"变频"和"进给"键，在主菜单中选择"靠边定位"，系统提示定位方向 L1、L2、L3 或 L4，根据基准面进行必要的选择，然后按屏幕提示操作。

（6）磁盘文件拷贝　文件拷贝包括"单个文件拷贝"和"整盘文件拷贝"。单个文件拷贝需要输入被复制的文件名，然后根据系统提示将目的盘插入软驱中，就可以实现将文件复制到目的盘中备份。整盘文件拷贝的目的盘必须是空盘或没有格式化的磁盘，否则目的盘的文件会丢失。

（7）磁盘格式化　此功能是将新磁盘进行格式化。

（8）磁盘文件列目录　此功能是对已存有多个文件的磁盘进行文件名检索。将磁盘插入驱动器中，选中该功能按〈Enter〉键，屏幕就会显示该磁盘中所有文件，以供查询。

2. 加工操作

（1）开机　先将控制柜右侧面的总电源开关置于"1"的位置，然后旋出控制柜正面的红色开关，再按下绿色开关，控制系统被启动。

（2）输入加工程序　将存有加工程序的磁盘插入软盘驱动器中，把加工程序调入计算机。

（3）开始加工　根据加工工件的材质和高度，选择高频电源标准，即利用控制柜面板选择脉冲宽度和脉停宽度。

按下控制柜面板"进给"和"加工"键，选择"加工电流"大小，按下"高频"键，按下"F8"键，将进给旋钮调到进给速度比较慢的位置，按下控制柜面板的"变频"键。机床步进电动机开始动作，开始切割工件。注意观察加工放电状态，逐步调大进给速度，使控制柜面板上的电压表和电流表指示比较稳定为止。

（4）关机　关机前先关闭乳化液，然后关闭卷丝筒，以防止乳化液进入轴承，损坏轴承。该设备有自动关机和手动关机两种关机方法。自动关机需按下操作面板上的"断末停机"键 NC 程序运行结束后，计算机将自动发出信号断掉控制电源。这一功能是为了操作者需要长时间离开，防止程序在离开时间段运行结束机床空运行而设计的。手动关机要在自动加工前，关闭操作面板上的"断末停机"键，加工结束后，按下"高频"键、"进给"键、"加工"键、"变频"键，按下电源关闭按钮，将电控柜右侧的电源总开关旋转至"0"。加工完毕后，取下工件，擦去上面的乳化液，清理机床卫生。

11.3　电火花线切割基本技能训练

11.3.1　实训守则

数控电火花线切割加工实训守则，可以从两方面考虑，一方面是人身安全，另一方面是设备安全，具体包括以下内容。

1）实训时，操作者必须熟悉数控电火花线切割加工机床的操作，禁止未经培训的人员擅自操作机床。

2）初次操作机床者，必须仔细阅读数控电火花线切割加工机床操作说明书，并在实训教师指导下操作。

3）操作者必须熟悉线切割加工工艺，恰当地选取加工参数，按规定操作步骤操作，防止造成断丝等故障。

4）废丝要放在规定的容器里，防止混入电路和走丝系统中去，造成电气短路、触电和断丝等事故。

5）正式加工之前，应确认工件位置已安装正确，支承工件的工装位置必须在工件加工区域之外，否则，加工时会连同工件一起割掉。工件及装夹工件的夹具高度必须低于机床线架高度，否则，加工过程中会发生工件或夹具撞上线架而损坏机床。

6）质量大的工件，在搬移、安放的过程中要注意安全，在工作台上要轻放轻移。

7）加工之前应该安装好机床的防护罩，并尽量消除工件的残余应力，防止切割过程中工件爆裂伤人。

8）不允许戴手套操作机床。在加工过程中，操作者不能离岗或远离机床，要随时监控加工状态，对加工中的异常现象及时采取相应的处理措施。

9）在加工中发生紧急问题时，可按紧急停止按钮来停止机床的运行。

10）加工中严禁用手或者手持导电工具同时接触加工电源的两端（电极丝与工件），防止触电。

11）手工穿丝时，注意防止电极丝扎手。

12）机床运行时，不要把身体靠在机床上。不要把工具和量具放在移动的工件或部件上。

13）禁止用湿手按开关或接触电器部分，防止工作液等导电物进入电器部分，一旦发生因电气短路造成的火灾时，应迅速切断电源，立即用四氯化碳等合适的灭火器灭火，不准用水救火，操作者应知道如何使用灭火器材。

14）机床附近不得放置易燃、易爆物品，防止因工作液一时供应不足产生的放电火花引起事故。

15）机床电气设备的外壳应采用保护措施，防止漏电，使用触电保护器来防范触电的发生。

16）实训时，衣着要符合安全要求：要穿绝缘的工作鞋，长发操作者要戴安全帽，长辫要盘起。

11.3.2　项目实例

（1）目的

1）熟悉数控电火花线切割机床的工作原理、基本结构及工件工艺处理方法。

2）掌握数控电火花线切割机床的加工数据结构格式及基本编程方法。

3）掌握数控电火花线切割加工的基本操作技能，能独立完成简单工件加工。

（2）要求

1）掌握数控电火花线切割机床加工数据的一般格式（3B格式），能使用3B格式编写简单的数控加工程序。

2）熟悉数控电火花线切割机床面板上各按键功用，掌握数控程序的输入，熟悉数控机床程序的模拟及修改方法。

3）掌握电火花线切割机床加工操作步骤及内容，能独立完成简单工件加工。

项目：用 DM-CUT 机床自动编程软件 TurboCAD 编制加工程序

用 DM-CUT 机床加工如图 11-23 所示的凸模，用该机床自带的自动编程软件 TurboCAD 编制加工程序。

1. 画图

所要加工的零件图形可以通过两种途径获得。一种途径是在 CAD 软件上绘制完成后导入机床进行加工；另外一种途径是用加工机床自带的功能进行绘图，具体操作如下。

在 DM-CUT 机床上，单击"编辑一"按钮后单击"删除"按钮，单击"ALL"按钮删除所有图形；右击"画图"按钮选择"多边形"后按照提示输入边数 5（按〈Enter〉键），指定多边形的中心点（0，0）（按〈Enter〉键），指定起始顶点（0，20）（按〈Enter〉键）；分别选择"画面""全景""画图""线段"后按照提示生成五角星外形；单击"编

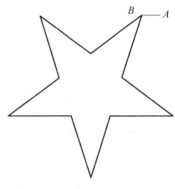

图 11-23　凸模加工

辑一"按钮后单击"删除"按钮，选择五边形的任一条边后右击（五边形消失）；单击"编辑一"按钮后单击"修齐"按钮，单击"ALL"按钮后五角星变成虚线，消除相应的线段；单击"编辑二"按钮后选择"单一串接"，单击任一边选取起始图元后单击"ALL"按钮后右击，共有几个图元串成一复线，且复线已封闭，图形绘制完成。

注意：必须出现复线封闭后，才可进行下一步。

2. 起割点

绘制 AB 段，单击"画图"按钮，选择"线段"，把交点 B 作为线段的起点，单击"DI"按钮选择"0 度角"（按〈Enter〉键），线长 AB 设定为 5mm（按〈Enter〉键），起割点绘制完成。

3. 生成加工程序

单击"线切割"按钮，右侧出现 S、M、O、P 等，单击"M"按钮，单击"引入"后选择起割点 A，选取交点 B 作为进入点后选择切割方向，单击出现箭头和坐标，随后双击右键，出现 S、M、O、P 等，单击"P"按钮后单击"S"按钮，设定程式路径补偿，单击左上角"退出"按钮，右击输入自己学号的后两位作为档案名称，单击"OK"按钮，生成加工程序。

4. 加工工件

返回主菜单，进入加工状态，选择无锥度加工，单击"F3"按钮选择加工文件后按〈Enter〉键，单击"F7"按钮进行加工预演。

5. 退出

按"Esc"键返回主菜单，进入自动编程界面。

加工时，按存储路径调出加工程序即可按照加工步骤进行加工。

11.3.3 练习件

用 DM-CUT 机床加工如图 11-24 所示零件，用机床自带的自动编程软件 TurboCAD 编制加工程序。

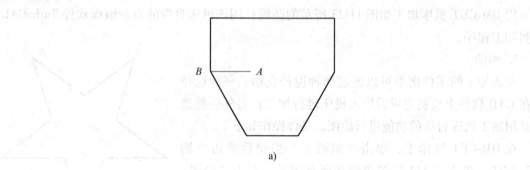

a)

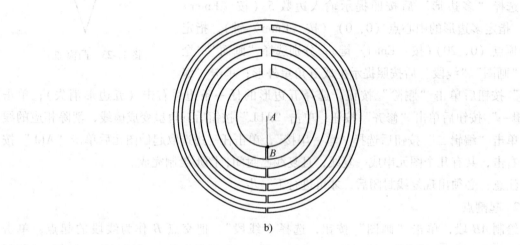

b)

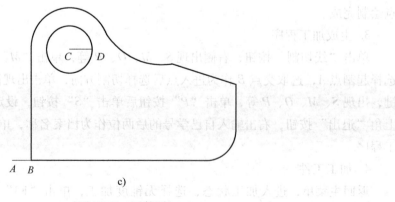

c)

图 11-24 零件图

a) 零件1 b) 零件2 c) 零件3

参 考 文 献

[1] 唱鹤鸣，杨晓平，张德惠. 感应炉熔炼与特种铸造技术［M］. 北京：冶金工业出版社，2002.

[2] 中国机械工程学会，中国模具设计大典编委会. 中国模具设计大典；铸造工艺装备与压铸模设计［M］. 南昌：江西科学技术出版社，2003.

[3] 王录才，宋延沛. 铸造设备及其自动化［M］. 北京：机械工业出版社，2013.

[4] 游震洲，董军勇，庄千芳. 金工实训［M］. 北京：清华大学出版社，2010.

[5] 徐永礼，田佩林. 金工实训［M］. 广州：华南理工大学出版社，2006.

[6] 魏峥. 金工实习教程［M］. 北京：清华大学出版社，2004.

[7] 骆莉，陈仪先. 金工实训［M］. 北京：机械工业出版社，2010.

[8] 魏华胜. 铸造工程基础［M］. 北京：机械工业出版社，2002.

[9] 曹瑜强. 铸造工艺及设备［M］. 北京：机械工业出版社，2003.

[10] 丁德全. 金属工艺学［M］. 北京：机械工业出版社，2000.

[11] 陈君若. 制造技术工程实训［M］. 北京：机械工业出版社，2003.

[12] 卢秉恒. 机械制造技术基础［M］. 3版. 北京：机械工业出版社，2008.

[13] 司乃钧，许小村. 机械制造技术基础［M］. 北京：高等教育出版社，2009.

[14] 赵玲. 金属工艺学实习教材［M］. 北京：国防工业出版社，2002.

[15] 王茂元. 机械制造技术［M］. 北京：机械工业出版社，2011.

[16] 周伯伟. 金工实习［M］. 南京：南京大学出版社，2006.

[17] 刘胜青，陈金水. 工程训练［M］. 北京：高等教育出版社，2005.

[18] 张远明. 金属工艺学实习教材［M］. 2版. 北京：高等教育出版社，2003.

[19] 朱爱斌，朱永生. 机械优化设计技术与实例［M］. 西安：西安电子科技大学出版社，2012.

[20] 孙康宁. 现代工程材料成形与机械制造基础［M］. 北京：高等教育出版社，2005.

[21] 陆茵. 冲压工艺与模具设计［M］. 武汉：武汉理工大学出版社，2012.

[22] 庄佃霞，崔朝英. 机械制造基础［M］. 北京：机械工业出版社，2009.

[23] 刘全坤. 材料成形基本原理［M］. 北京：机械工业出版社，2004.

[24] 王熙福. 金工实训［M］. 杭州：浙江大学出版社，2004.

[25] 张学政，李家枢，清华大学金属工艺学教研室. 金属工艺学实习教材［M］. 3版. 北京：高等教育出版社，2007.

[26] 朱世范. 机械工程训练［M］. 哈尔滨：哈尔滨工程大学出版社，2003.

[27] 董玉红. 数控技术［M］. 北京：高等教育出版社，2004.

[28] 杨伟群. 数控工艺培训教程（数控车部分）［M］. 北京：清华大学出版社，2002.

[29] 盛定高，郑晓峰. 现代制造技术概论［M］. 北京：机械工业出版社，2003.

[30] 周桂莲，等. 制造技术基础［M］. 北京：机械工业出版社，2013.

[31] 张宝忠，等. 现代机械制造技术基础实训教程［M］. 北京：清华大学出版社，北京交通大学出版社，2004.

［32］曾霞文，模具设计［M］．2 版．西安：西安电子科技大学出版社，2012.

［33］李志华，顾培民．现代制造技术实训教程［M］．杭州：浙江大学出版社，2005.

［34］黄康美．数控加工实训教程［M］．北京：电子工业出版社，2004.

［35］周桂莲，付平，李镇江．工程实践训练［M］．西安：西安电子科技大学出版社，2007.

［36］王爱玲．机床数控技术［M］．2 版．北京：高等教育出版社，2013.

［37］卢小平．现代制造技术［M］．北京：清华大学出版社，2003.